陕西师范大学优秀著作出版基金资助出版
陕西师范大学一流学科建设经费资助出版

# 幸福神经科学
—— 关于幸福的生物学

孔 风 著

陕西师范大学出版总社

图书代号　ZZ23N2077

**图书在版编目(CIP)数据**

幸福神经科学：关于幸福的生物学／孔风著．—西安：陕西师范大学出版总社有限公司，2024.1
ISBN 978-7-5695-3991-2

Ⅰ.①幸… Ⅱ.①孔… Ⅲ.①幸福—神经科学 Ⅳ.①B82 ②Q189

中国国家版本馆CIP数据核字(2023)第233536号

### 幸福神经科学：关于幸福的生物学
XINGFU SHENJING KEXUE：GUANYU XINGFU DE SHENGWUXUE
孔　风　著

| 责任编辑 | 古　洁 |
|---|---|
| 责任校对 | 王红凯 |
| 封面设计 | 鼎新设计 |
| 出版发行 | 陕西师范大学出版总社 |
|  | （西安市长安南路199号　邮编710062） |
| 网　　址 | http://www.snupg.com |
| 经　　销 | 新华书店 |
| 印　　刷 | 陕西日报印务有限公司 |
| 开　　本 | 720 mm×1020 mm　1/16 |
| 印　　张 | 21.5 |
| 字　　数 | 320千 |
| 版　　次 | 2024年1月第1版 |
| 印　　次 | 2024年1月第1次印刷 |
| 书　　号 | ISBN 978-7-5695-3991-2 |
| 定　　价 | 68.00元 |

读者购书、书店添货或发现印装质量问题，请与本社高等教育出版中心联系。
电话：(029)85303622（传真）　85307864

# 前　言

幸福是一个古老而永恒的话题。古往今来,不管是哲学家、心理学家,还是经济学家、社会学家,都无时不在思考幸福的真谛和探寻如何幸福。直到积极心理学(或幸福科学)的兴起,研究者才开始从科学的视角探讨人类的优势和幸福。随后,愈来愈多的心理学家涉足这一领域,并逐渐形成了一场研究幸福科学的运动。

在 2009 年读硕士研究生的时候,一个偶然的机会,我接触到了情绪智力这一领域,随后对情绪智力与主观幸福感的关系这一主题产生了浓厚的兴趣。在做这方面研究的过程中,我越发感受到积极心理学的魅力。关于情绪智力与主观幸福感的相关研究发表在 *Personality and Individual Differences*。2012 年,我顺利考入北京师范大学脑与认知科学研究院,攻读博士学位,师从著名心理学家刘嘉教授。在刘嘉教授课题组,我感受到另外一个学科——认知神经科学的魅力。认知神经科学是认知科学与神经科学相结合的产物,旨在阐明认知活动的脑机制。这一学科帮我们打开了大脑黑箱的一部分,让我们能够理解大脑的奥秘。认知神经科学的学习经历也为我日后从事幸福神经科学奠定了基础。当时,刘嘉教授正好在做一个关于基因、环境、脑与行为(Gene, Environment, Brain & Behavior, GEB^2)的研究项目。因为我对幸福科学比较感兴趣,在做这个测试的过程中,幸运地收集了许多与主观幸福感相关的测量,如主观幸福感量表、情绪智力量表、自尊量表等。

在读博士的几年中,我集中探讨了幸福感的认知神经机制。后来,我采用静息态功能磁共振成像技术和结构态磁共振成像技术分别探讨了主观幸福感的功能和结构神经基础，相关研究成果发表在国际权威期刊 *Neuroimage* 和 *Social Cognitive and Affective Neuroscience*。最后，在我的博士生导师刘嘉教授的指导下，我顺利地完成了我的毕业论文《主观幸福感的认知神经机制》。

事实上，在我求学的那些年里，国际上也开始有一些学者尝试将积极（幸福）心理学和神经科学相结合。例如，2010 年，受到邓普顿基金会的支持，美国宾夕法尼亚大学塞利格曼教授设立了邓普顿积极神经科学基金。2010 年，莫滕·克林格尔巴赫（Morten L. Kringelbach）和肯特·贝丽奇（Kent C. Berridge）发表了题为"The neuroscience of pleasure and well-being"的论文，总结了关于愉悦和幸福的神经基础的进展。2019 年，玛西·金（Marcie L. King）从神经影像学和神经心理学的角度进一步总结回顾了幸福感的神经机制。这些研究基础在一定程度上标志着幸福神经科学的诞生。当然，这一学科之所以发展，与科学方法的进步密不可分。近年来，功能磁共振成像技术、近红外光谱成像、结构态磁共振成像等多模态影像技术的快速发展，全面提高了我们对人脑机制的认识。科学方法的成熟性是幸福神经科学诞生的重要前提。

2016 年博士毕业后，我来到陕西师范大学心理学院工作。在工作的这些年里，我建立了自己的课题组"幸福科学实验室"，继续探讨幸福的心理与神经机制。2019 年 1 月起，我非常荣幸担任 *Journal of Positive Psychology* 副主编（Associate Editor），成为担任该期刊副主编的唯一亚洲学者。2021 年 3 月，应主编安东内拉·黛尔·法维教授（Antonella Delle Fave）的邀请，我开始担任 *Journal of Happiness Studies* 的共同主编（Co-Editor）。*Journal of Positive Psychology* 和 *Journal of Happiness Studies* 两个期刊是幸福科学领域的权威期刊，具有较大的国际影响力，是 JCR 一区期刊。这两个期刊主要刊登幸福科学各领域，如人类优势和美德、个人和社会幸福感、积极心理治疗和咨询应用等方面的高水平科技论文。2020

年,在我的主导下,我与迈阿密大学的亚伦·赫勒教授(Aaron Heller),雷丁大学的卡琳·万·雷库姆教授(Carien van Reekum)以及京都大学的佐藤亘教授(Wataru Sato)在 Frontiers in Human Neuroscience 期刊共同主办了 Positive Neuroscience: the Neuroscience of Human Flourishing 的特刊。这一特刊吸引了来自国内外19个团队的研究成果,自发布以来,共有超过26万余次的浏览量。

本书大部分篇章来源于我在读博士期间和工作期间对幸福神经科学的研究总结,也吸收了世界上幸福神经科学主要研究者的论文中的思想观点。因此,本书内容涉及个人化的幸福神经科学,是我对幸福神经科学的理解。本书共包括十二章。第一章是幸福概论,主要介绍了为何幸福,何为幸福,如何幸福、幸福的结构和测量等问题。第二章是幸福神经科学概论,主要介绍了幸福神经科学的产生渊源,并介绍了目前主流的幸福神经科学领域的研究方法。第三章介绍了神经系统的结构和功能,这是心智活动(包括幸福)的物质基础。第四章介绍了主观幸福感的神经基础,重点介绍了主观幸福感的结构神经基础、功能神经基础以及神经化学基础。从第五章到第十一章,分别从大五人格、积极自我、情绪智力、积极预期、心理弹性、感恩和正念等七个角度,介绍了这些积极的个人品质与主观幸福感的关系及其神经机制。第十二章介绍了幸福的误区及其未来展望。

本书在完成过程中,我有幸得到许多老师和朋友的支持、鼓励和帮助,也想借此机会表达一下对他们的谢意。感谢我的博士生导师刘嘉教授为我开启了通向幸福神经科学的大门并引领我不断探索、不断前进。也感谢刘老师对我的学术训练和悉心指导,以及对我学术事业的支持和帮助。感谢我的硕士生导师游旭群教授。感谢游老师将我领进学术之门,对我学术研究的指导。感谢我的研究合作者和挚友们,在艰难的日子里,幸得他们的鼓励和支持。感谢我实验室的每一位成员,感谢他们为本书的校对做了认真细致的工作,也感谢他们的陪伴、鼓励和支持。感谢心理学院领导和同事的支持。感谢陕西师范大学出版总社和编辑团队，没有他们，可能也没有这本书的问世。最后，感谢我的家人，感谢他们的理解、支持、鼓励和帮助，他们永远是我最坚强的后盾。

总之，本书是第一部关于幸福神经科学的书籍。既可以作为心理学、教育学、社会学和医学等相关专业大学生和研究生学习的教材或教学参考书，又可以作为广大普通读者开发自身潜能、培养积极心理品质、获得幸福生活的读物。

孔风

2023 年 8 月

于陕西师范大学心理学院

# 目　录

第一章　幸福概论 ………………………………………………… 1
　　第一节　为何幸福 ………………………………………………… 1
　　第二节　何为幸福 ………………………………………………… 6
　　第三节　主观幸福感的结构 ……………………………………… 9
　　第四节　主观幸福感的测量 ……………………………………… 15
　　第五节　幸福的原因 ……………………………………………… 25
第二章　幸福神经科学概论 ………………………………………… 42
　　第一节　幸福神经科学的诞生 …………………………………… 42
　　第二节　幸福神经科学的研究方法 ……………………………… 51
第三章　神经系统的结构和功能 …………………………………… 64
　　第一节　神经系统的基本结构 …………………………………… 64
　　第二节　神经系统 ………………………………………………… 69
第四章　主观幸福感与大脑 ………………………………………… 78
　　第一节　愉悦的脑神经基础 ……………………………………… 79
　　第二节　主观幸福感的神经基础的早期研究 …………………… 82
　　第三节　主观幸福感的结构神经基础的近期研究 ……………… 85
　　第四节　主观幸福感的功能神经基础的近期研究 ……………… 97
　　第五节　主观幸福感的神经化学基础 …………………………… 111
第五章　大五人格、主观幸福感与大脑 …………………………… 117
　　第一节　人格与主观幸福感关系的研究现状 …………………… 117

  第二节 大五人格影响主观幸福感的神经机制……………… 125

## 第六章 积极自我、主观幸福感与大脑……………………… 139
  第一节 自尊、主观幸福感与大脑 ……………………… 139
  第二节 自我控制、主观幸福感与大脑 …………………… 151

## 第七章 情绪智力、主观幸福感与大脑……………………… 163
  第一节 情绪智力与主观幸福感关系的研究现状 ………… 163
  第二节 情绪智力影响主观幸福感的神经机制 …………… 171

## 第八章 积极预期、主观幸福感与大脑……………………… 180
  第一节 积极预期:乐观和希望 ……………………… 180
  第二节 乐观影响主观幸福感的神经机制 ………………… 189
  第三节 希望影响主观幸福感的神经机制 ………………… 192

## 第九章 心理弹性、主观幸福感与大脑……………………… 199
  第一节 心理弹性的概述 ……………………………… 199
  第二节 心理弹性与主观幸福感关系的研究现状 ………… 203
  第三节 心理弹性影响主观幸福感的神经机制 …………… 204

## 第十章 感恩、主观幸福感与大脑…………………………… 221
  第一节 感恩与主观幸福感关系的研究现状 ……………… 221
  第二节 感恩影响主观幸福感的神经机制 ………………… 227

## 第十一章 正念、主观幸福感与大脑………………………… 236
  第一节 正念与主观幸福感关系的研究现状 ……………… 236
  第二节 正念影响主观幸福感的神经机制 ………………… 241

## 第十二章 幸福的误区及其未来展望………………………… 251
  第一节 幸福的研究取向 ……………………………… 251
  第二节 幸福神经科学的未来展望 …………………… 254

**参考文献** ………………………………………………………… 257

# 第一章　幸福概论

幸福(happiness 或 well-being)是一个古老而永恒的话题。古往今来,不管是哲学家、心理学家,还是经济学家、社会学家,都无时不在思考幸福的真谛和探寻如何幸福。什么是幸福?这是一个十分复杂的问题,也许每个人都有自己的标准。目前多数心理学家是从主观层面去探讨幸福,并且把这种个体主观感受到的幸福称之为主观幸福感(subjective well-being)。那么,为什么要研究幸福?何为幸福?它包括什么样的结构?我们如何科学地对个体的幸福水平进行测量?哪些因素会影响个体的幸福?在这一章里,我们将主要讨论这几个问题。

## 第一节　为何幸福

幸福是全人类共同关注的话题。在中国的思想文化中,尽管"幸福"一词是缺失的,然而却形成了"乐""福""禄""吉"等一系列有关幸福的字词。最早出现幸福观念的是《尚书·洪范》提出的五福,即寿、富、康宁、攸好德、考终命。在我国的早期文化中,儒家、道家、佛家都对幸福有着自己不同的诠释。"孔颜之乐"和"君子之乐"是儒家德性幸福的典范(孙汇鑫,张方玉,2021)。孔颜之乐出自《论语·雍也》:"贤哉,回也!一箪食,一瓢饮,在陋巷,人不堪其忧,回也不改其乐。""君子之乐"出自《孟子·尽心上》:"君子有三乐,而王天下不与存焉。父母俱存,兄弟无故,一乐也;仰不愧于天,俯不怍于人,二乐也;得天下英才而教育之,三乐也。"道家认为,万物的本然状态是最好的状态,能顺其自然之性就能得到最大的幸福,如"与天和者,谓之天乐"。佛教主张人们通过向善和不争,进而获得幸福,最终达到"常乐我净"的涅槃境界。在西方思想史上,对幸福问题作出最早系统回答的是古希腊七贤之一的梭伦。他将人的幸福概括为中等财富、身体健康、心情愉快、好的儿孙、善终五个方面,这与我国五福幸福观相近(黄文娟,2017)。"希腊三哲"苏格拉底、柏拉图和亚里士多德,注重德行,强调"需有德行才可得幸福"的观点,与我国儒家思想极为相近(孔德生,蔡丽,2010)。

幸福不只是哲学家们思考的问题,对于每一个人也尤其重要。英国哲学家大卫·休谟指出,人类刻苦勤勉的终点就是获得幸福。这是一种典型的幸福终极观,即把幸福作为我们人类追求的终极目标。这足以说明幸福对于人类的重要意义。当然,这种观点也存在一定的局限性。一方面,研究表明,如果生活中我们过分重视追求幸福,反而会损害我们当下的幸福感(Mauss et al.,2011)。另一方面,我们中的一部分人其实已经在当下体验到了很强的幸福感,而不是将幸福作为终极目标。事实上,我们每个人都有机会在生活中体验到较强的幸福感。大量研究发现,当我们拥有很强的幸福感时,我们的生活也会向美而行,向好发展。那么,幸福对我们的生活有哪些影响呢?

### 一、幸福的人有更好的心脏功能

英国伦敦大学学院的斯特普托和瓦德尔对47—59岁的成年人进行了3年的追踪调查(Steptoe,Wardle,2005)。他们的研究发现,在白天和晚上的平均动态收缩压和幸福之间有显著的负相关。在调整了年龄、性别、就业等级、吸烟情况、身体健康状况,以及抗高血压药物的使用情况后,这一关系仍是显著的。并且,幸福的人(47—59岁)有更低的心率(每分钟约慢6次),并且有更健康的血压(收缩压低6 mmHg)。也就是说,幸福感高的人,他们的血压和心率指标更健康。

研究者还发现了快乐和另一种心脏健康指标——心率变异性

(heart rate variability,HRV)之间有联系。心率变异性指的是心跳之间的时间间隔,反映了通过迷走神经对心率的自主神经系统调节,它与患各种疾病的风险有关。那么,对于那些可能有心脏病的人来说,幸福也与更健康的心脏有关吗?在2008年的一项研究中,研究人员对76名疑似患有冠状动脉疾病的患者进行了研究。结果发现,那些在心脏测试那天认为自己更快乐的参与者,他们的心率变异性也更健康(Bhatta-charyya et al.,2008)。

幸福也会纵向影响个体的心脏健康。在戴维森等人的一项研究中,研究人员邀请了近2000名加拿大人进入实验室,评估他们在工作中的愤怒、焦虑和抑郁症状水平,并通过他们表达的积极情绪(如喜悦、幸福、兴奋、热情和满足)的程度给它们的快乐程度打分(Davidson et al.,2010)。十年后,研究人员再次对这些人进行调查。结果发现,快乐的人不太可能患冠心病。事实上,他们表达的积极情绪每增加一个百分点,他们患心脏病的风险就降低22%。

**二、幸福的人有更强的免疫系统**

卡内基梅隆大学科恩教授和同事招募了334名年龄在18岁到54岁之间的健康志愿者,并评估了他们的积极情绪如开心、愉快、轻松等,以及消极情绪如焦虑、敌对和抑郁等(Cohen et al.,2003)。随后,研究人员给他们注射了含有两种鼻病毒之一的滴鼻剂,并监测他们发展为普通感冒的情况。结果发现,积极情绪能降低患感冒的风险。这一结果在控制病毒类型、年龄、性别、教育程度、种族、体重和季节等后仍然显著。研究人员发现,消极情绪并不会对是否感冒产生影响。因此,具有积极情绪的人有更强的抵抗力。

在马斯兰等人的一项研究中,研究人员给81名大学生接种了乙肝疫苗。在接受了前两针疫苗后,参与者对积极情绪进行了评估。结果发现,那些情绪高度积极的人对疫苗产生高抗体反应的可能性几乎是其他人的两倍,而这是免疫系统强健的重要标志(Marsland et al.,2006)。

### 三、幸福能够缓解疼痛

在2005年的一项研究中,研究人员发现,积极的情绪也能减轻疾病带来的痛苦(Zautra et al.,2005)。研究人员要求患有慢性疾病(如关节炎)的参与者在三个月的时间里对自己的积极情绪比如兴趣、热情等进行评估,另外还测量了他们与疾病有关的个人疼痛经历。结果发现,在研究过程中,那些报告积极情绪评分较高的人往往报告疼痛增加的情况较少。

类似的结论也在施特兰德等人的研究中被报告(Strand et al.,2006)。在这个研究中,研究人员对43名类风湿性关节炎病人进行了8周的调查,评定了他们每周的积极情绪体验、负性情绪体验以及疼痛程度。结果发现,积极情绪水平高的人在研究过程中有更低的疼痛水平。并且,研究人员还发现,当这些病人每周的疼痛程度越高,他们在这周也会体验到越多负性情绪体验。但是,这个关系被每周的积极情绪体验水平所调节。具体而言,当每周体验到比较高的积极情绪时,不管他们的疼痛水平如何,他们的负性情绪体验都比较低。

### 四、幸福的人更长寿

在西方,修女的生活轨迹和习性都非常相似,她们吃同样的食物,都不抽烟也不喝酒,她们有相似的生育和婚姻史,都没有得过性病,拥有相同的社会地位和医疗条件。因此,她们的特征能排除可能干扰研究结果的所有因素。丹纳等人对圣母学校修女会的180名修女开展了一个独特的研究项目(Danner et al.,2001)。他们通过阅读修女们的日记,从中提炼积极与消极因子,并对每位修女的幸福感进行评估。研究人员将修女中幸福感最高的25%作为高幸福组,将幸福感最低的25%作为低幸福组,然后对她们的寿命进行了比较。结果发现,高幸福组的修女的平均寿命比低幸福组的修女平均寿命长10年。高幸福组的修女90%年过85岁仍然在世,低幸福组的修女只有34%仍然在世;高幸福组的修女到94岁时仍有34%的人在世,而低幸福组的修女只有11%仍然在世。

不过,你不一定要当修女才能体验到幸福带来的延年益寿的好处。在2011年的一项研究中(Steptoe,Wardle,2011),研究人员要求近4000名年龄在52—79岁之间的英国成年人在一天中多次报告了自己的快乐、兴奋和满足情况。在这一研究中,快乐的人在五年内死亡的可能性比不快乐的人低35%。

这两项研究都测量了具体的积极情绪,那么总体生活满意度——幸福的另一个主要指标——是否也与寿命有关呢?2010年的一项研究对美国加州阿拉米达县的近7000名被试进行了近30年的跟踪调查,发现那些在一开始对生活更满意的人在研究过程中死亡的可能性更小。

**五、幸福的人更容易成功**

工作时的快乐对我们的大脑工作和思考有一系列的好处。当我们更快乐的时候,我们往往不会过多地关注消极方面或压力源,从而有更多的空间去思考如何积极应对挑战。奥斯维德等人在华威大学的一项研究中发现,快乐的员工往往会提高12%的生产力,而不快乐的员工则会降低10%的生产力(Oswald et al.,2015)。盖洛普的一项研究发现,更快乐的员工更投入,从而改善了客户关系,销售额增加了20%(Gallup 2017)。当我们感到快乐时,我们更有可能积极地表达自己,并想要帮助我们周围的人。

在一项对225项研究进行的荟萃分析(meta-analysis)中,柳波莫斯基等人为幸福和成功之间的因果关系提供了有力证据(Lyubomirsky,King,2005)。他们发现,幸福的人在生活的多个领域都很成功,包括婚姻、友谊、收入、工作表现和健康,不仅因为成功使人快乐,还因为积极的影响会产生成功。他们采用三种类型的证据——横断面、纵向和实验研究来检验他们的模型。结果表明,幸福与许多成功的结果相关,并且认为幸福是导致成功的一个重要的因素。

由上可见,幸福感对我们的身体健康、免疫系统、工作、生活等方面都具有重要的影响。因此,研究幸福对于人类来讲具有非常重要的意义。

## 第二节 何为幸福

在对人们的幸福水平进行测量之前,我们不得不先回答这个问题:什么是幸福?当要求人们在物质(如金钱)、名誉和幸福之间进行选择时,许多人都会毫不犹豫地选择幸福。因此,幸福对我们来讲是非常重要的。但我们却发现,这样一个如此重要的领域在早期却并没有引起心理学家们足够的关注。其中一个原因是人们对什么是幸福这一问题的看法存在分歧。对于这个问题,每个人都有着自己的答案。不同的人可以从不同的角度与不同的侧面去探讨,因而对这个问题会产生多种多样的回答。有的人可能会说幸福就是吃饱穿暖,有大房子住;有的人则认为幸福源于对美景和艺术的欣赏;有的人认为幸福就是有较高的社会地位和名誉;有的人认为幸福就是帮助他人,给社会做出贡献;有的人认为幸福就是艰苦奋斗。可见,幸福的主观性很强,不同的人在主观上有不同的理解。

在1967年,威尔逊发表了综述文章"Correlates of Avowed Happiness",开启了心理学领域的幸福感研究。通过五十年的不断发展,学者们对幸福的内涵有了较为深入的理解。虽然对幸福的理解还没有形成较为一致的观点,但概括起来,大致有以下三种观点。

第一种观点认为,应当通过外在的标准定义幸福,也就是说行为者应该拥有一些理想的品质,如美德或圣洁。根据这种观点,幸福不是行为者自己的主观判断,而是建立在观察者的价值框架之上。例如,塔塔科维兹认为,幸福就是成功(Tatarkiewicz,1976)。这种观点在中国思想文化中也有体现。例如,儒家的经典著作《尚书》中指出,人有五福,即长寿、富贵、康宁、好德、善终。这些都是外在的幸福标准。

第二种观点认为,应当通过个体日常的情绪体验定义幸福。根据这种观点,幸福就是积极和消极情感的平衡,即体验到较多的积极情感和较少的消极情感(Bradburn,1969)。

第三种观点认为,应当通过个体主观的内在标准定义幸福。根据这种观点,人们是否幸福取决于他们对其生活质量的主观评价。这种对幸福的定义已被学者们广泛认同,并将这种幸福称为主观幸福感。孔子强调的孔颜之乐,即"一箪食,一瓢饮,在陋巷,人不堪其忧,回也不改其乐"(《论语·雍也》),实际上就是这种幸福。也就是说,幸福不在于你拥有什么,而在于你是怎么想的,即幸福在我心。

迪纳认为,主观幸福感具有三个特征(Diener,1984)。(1)主观性(subjectivity)。尽管他人或外在的标准(如健康、美德或财富)对于个体的主观幸福感有潜在的影响,但是对自己是否幸福的判断主要取决于内在的标准,是个体的内在体验。(2)相对稳定性(relative stability)。尽管不同的情境和情绪状态会影响主观幸福感的评定,但在一定程度上主观幸福感是相对稳定的。(3)整体性(integrality)。主观幸福感不只是指没有负面的心理状态,还需要包含正面的幸福指标,如生活满意度和积极情感。

近年来,一些学者认为主观幸福感这一概念主要测量了享乐主义取向(hedonia)的幸福感,又被称为享乐幸福感(hedonic well-being)。享乐主义取向的幸福感来源于哲学观点。公元前4世纪的希腊哲学家亚里斯提卜认为,人生的目标是体验最大限度的快乐,幸福是一个人享乐时刻的总和。霍布斯认为,幸福在于成功地追求人类的欲望,而萨德认为追求感觉和快乐是人生的最终目标。在心理学研究中,快乐论幸福感被定义为快乐最大化和痛苦最小化(Ryan,Deci,2001)。相反,亚里士多德认为,享乐主义的幸福将人类变成欲念的奴仆,这是一种俗气的梦想追求。另外,他主张至善就是幸福。幸福是在做值得做的事情中找到的,即幸福是不断挖掘自己的潜能,实现自我目标,以此不断发展和进步。这与儒家文化强调的德性幸福很相似。儒家哲学认为,人类的幸福来自朝向至善努力的过程中,是透过求知、行仁和团体和谐来达成的。这种取向的幸福感被称之为实现主义取向的幸福感(eudaimonia)或实现幸福感(eudaimonic well-being)。实现主义取向的幸福感被定义为是个人潜能的实现以及意义感的获得,强调自我发展和自我成长,是一种综合性的幸福取向(Ryan,Deci,2001)。通常,研究者将这种取向的幸福感也称之为心理幸福感(Ryff,1989)。也有学者认为,社会幸福感也是一种实现主义取向的幸福感,反映了实现幸福感的社会方面。

许多研究幸福感的学者对快乐主义取向与实现主义取向的幸福感是否对立进行了激烈讨论。并认为没有必要将两种幸福感独立看待(Disabato et al.,2016)。笔者倾向于认可这一观点,有以下几个原因。首先,对实现幸福感的测量,目前主流的测量方式仍然是采用主观报告的方法,与实现幸福感理论所主张的最佳机能的完善仍然存在很大区别。其次,一些研究发现,对于主观幸福感/享乐幸福感而言,并不只是简单地追求感觉和快乐。例如,有研究发现,生活中追求快乐、投入和意义三种方式都能预测个体的主观幸福感(Peterson et al.,2005)。因此,我们将传统意义的主观幸福感和心理幸福感统称为主观幸福感。综合前人的研究,笔者给出了主观幸福感的整合定义:主观幸福感是个体基于自己的内在标准对其生活质量的整体性评估,是对生活满意度、情绪状态以及个人机能完善的一种综合评价。

## 第三节 主观幸福感的结构

### 一、主观幸福感模型

传统意义上,学者们认为,主观幸福感由认知幸福感(cognitive well-being)和情感幸福感(affective well-being)两个子成分组成(Diener et al.,2003)。认知幸福感是主观幸福感的认知成分,是指个体根据自己的标准对其生活质量是否满意所做出的总体评价,因此,这也被称为生活满意度(life satisfaction)(Diener et al.,2003)。情感幸福感是主观幸福感的情感成分,由积极情感体验和消极情感体验构成,是个体对日常生活事件所做出的情感反应(Diener et al.,2003)。一些研究者认为,主观幸福感不仅仅是消极情感的缺失,也不仅仅是积极情感的出现,因此,主观幸福感是积极情感体验相对于消极情感体验的优势(Bradburn,1969)。这被定义为情感平衡或快乐平衡(affect balance or hedonic balance)。与这个观点一致,我们将这种情感平衡或快乐平衡定义为情感幸福感。主观幸福感的内隐理论阐明了主观幸福感的认知成分和情感成分之间的关系。该理论认为,人们总在不断地对生活事件、生活环境和他们自己进行着评价,对事物进行好坏评价是人类的共性。同时,也正是这些评价导致了人们愉快或不愉快的情感反应(Lazarus,1993)。一般来说,人们总是希望获得愉快的情感体验,因此,有较多愉快情感体验的人更有可能知觉他们的生活是幸福的。

舒赫等人(Suh et al.,1997)对来自43个国家56 661名被试的资料分析发现,情感平衡(积极情感与消极情感的差)与生活满意度的平均相关为0.41,但在个人主义国家中这一相关更高,例如在英国和美国,相关超过了0.50;而在集体主义国家中这一相关较低,有的甚至低于0.20。他们认为造成这一结果的原因是,在集体主义国家中,个体所报告的生活满意度部分取决于其他人的生活满意状况。不过,幸福感的认知成分与情感之间的关系并没有得到充分的研究。

主观幸福感的两个成分之间是有区别的,因为认知幸福感是人们对其生活质量所作的综合判断,是一种认知性的评价;而情感幸福感是人们对日常生活事件所做出的情感反应,可能会受生物因素的影响。大量的实证研究支持了这种假设。通过因素分析技术,研究者发现,认知幸福感负荷于一个因子,而情感幸福感负荷于另一个因子(Vitters,Nilsen,2002)。使用更为复杂的多质多法矩阵分析(multitrait-multimethod matrix analysis),研究者得出相同的结论(Lucas et al.,1996)。研究者还发现,与情感幸福感相比较,认知幸福感具有更高的跨时间稳定性(Eid,Larsen,2008;Schimmack,Oishi,2005)。此外,还有一些研究发现,情感幸福感和认知幸福感分别与不同的变量相关(Diener,Fujita,1995;Steel et al.,2008)。因此,目前的研究多是对主观幸福感的两个成分分别进行测量,一些研究者也主张应该对主观幸福感的两个成分分别进行研究(Eid,Larsen,2008;Lucas et al.,1996)。

主观幸福感同时包含稳定的和易变的成分,也就是说既包括特质成分,也包括状态成分。个体对不断发生的生活事件的评价是可变的,因此个体的情感水平会发生变化。同时,其情感水平也有可能会返回到由其气质和一般生活环境所决定的平均基线水平。因此,尽管情绪反应可能会不断变化,个体的长期主观幸福感可能还是会有相当的稳定性。同样,个体的生活满意度在其生活环境突然发生变化时也会发生变化。然而,也有一些生活环境有时间上的相对稳定性,这也会导致生活满意度在某种程度上保持稳定性。

## 二、心理幸福感模型

对于实现主义取向的幸福而言,心理幸福感(psychological well-being)是人的心理机能的良好状态,是人的潜能的充分实现。如图 1-1 所示,其评价指标包括自我接受、个人成长、生活目标、积极的人际关系、环境掌控、自主性等一系列维度(Ryff,1989;Ryff,Keyes,1995)。

图1-1 心理幸福感模型

### (一)自主性

自主性(autonomy)表现为以下特征:具有自我决定和独立性;能够克服社会压力去思考和行为;能够对个人的行为进行自我调整;能够依据个人标准对自我加以评价。

### (二)环境掌控

环境掌控(environmental mastery)表现为以下特征:具有驾驭环境的意识并能够很好地驾驭环境;对复杂的环境和外部活动能够加以控制;能够有效地利用环境所提供的各种机遇;能够选择和创造与个人价值和需要相适应的环境条件。

### (三)个人成长

个人成长(personal growth)表现为以下特征:具备一种不断发展的意识;看到自我在成长;喜欢尝试新事物;希望挖掘自身的潜能;能够看到自身随时间推移而取得的进步;希望自身在知识和效能方面有新的提高。

### （四）积极的人际关系

积极的人际关系表现为以下特征：与他人有温暖、满意和信任的关系；关心他人的幸福；拥有心心相印、紧密无间的朋友关系；能够相互理解、互谅互让。

### （五）生活目标

生活目标(purpose in life)表现为以下特征：生活有生活目标和方向感；能够感受到当前和以往生活的意义；对人生持有信念。

### （六）自我接受

自我接受(self-acceptance)表现为以下特征：对自我持有积极的态度；承认和接受自身在很多方面的优缺点；对过去的生活持积极态度。

## 三、积极心理健康模型

凯斯指出心理健康是一种完满的状态，在这种状态下，个体没有心理疾病，并获得情感幸福感、心理幸福感和社会幸福感的全面繁荣(flourishing)。由此，凯斯构建了积极心理健康模型(Keyes et al.，2008)。积极心理健康模型包括三个方面，即情感幸福感、心理幸福感和社会幸福感。

### （一）情感幸福感

情感幸福感(即积极情绪功能)包括：(1)满意度：生活满意度较高或大部分时间较满意，生活有控制感；(2)积极情感：性格开朗，对生活感兴趣，精神状态良好，生活充满乐趣，享受平静、和平的生活。这对应了主观幸福感模型。

### （二）心理幸福感

心理幸福感(即积极心理功能)包括：(1)自我接受；(2)个人成长；(3)生活目标；(4)环境掌控；(5)自主性；(6)积极的人际关系。这对应了心理幸福感模型。

### （三）社会幸福感

社会幸福感(积极社会功能)包括：(1)社会接受：对生活和认知拥有

积极态度且能接受与他人的差异;(2)社会实现:相信人们、集体和社会有潜力且能积极发展和成长;(3)社会贡献:认识到自己日常生活的有用性且能被社会和他人认同或重视;(4)社会和谐:对社会和社会生活感兴趣,能发现他们的意义且有一定程度的理解;(5)社会整合:有归属感,能从社区获得安慰和支持。

### 四、PERMA 模型

塞利格曼教授综合了传统意义上的主观幸福感以及心理幸福感,并提出从 5 个维度来定义幸福感。5 个维度的每个单词首字母合在一起组成 PERMA,这一幸福感模型又称之为 PERMA 模型(如图 1-2 所示)。其中,P(positive emotion)指的是积极的情绪;E(engagement)指的是投入;R(relationship)指的是人际关系;M(meaning)代表的是意义;A(accomplishment)指的是成就。

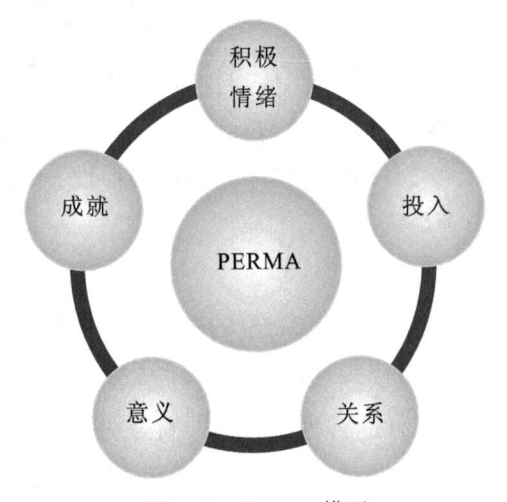

图 1-2 PERMA 模型

### (一)积极情绪

这是传统意义上的主观幸福感成分,指的是一个人感觉良好的状态(feeling good)。积极情绪指的是愉悦、享受、欣喜、欢笑、希望和满足等情绪。例如,愉悦(pleasure)与满足身体和社会需要有关,比如吃美食、跟家人在一起。而享受(enjoyment)则来自智力上的激发和创造力。例如,当我们看到孩子们堆雪人、互相扔雪球时,我们体会到行动中的享受。当小朋友能够拼拼图时,他开心的脸上洋溢着满足和享受的笑容。另外,积极的情绪不仅仅是此刻的快乐,它还能让你积极地看待过去和未来。

## (二)投入或沉浸

每个人可能都有过这样的经历:太专注于工作或读书,以至于完全失去了时间感知。我们也看到过人们沉迷于某件事情如跳舞,以至于很难引起他们的注意。这种体验不同于人本主义学家马斯洛提到的高峰体验,因为每个人都可以达到这种心流状态(flow state)或完全投入的状态,尤其是当人们参与他们喜欢和擅长的活动时,如唱歌、滑雪、舞蹈、写作、弹钢琴、看电影或追求创造性的活动和爱好。

## (三)关系

幸福的人愿意发自内心地与他人保持联系。幸福感和心理健康跟亲密、有意义的关系是密不可分的。与陌生人短暂的社交关系,以及与同龄人、兄弟姐妹、父母、家庭和朋友的长期社交关系,都是幸福感的重要来源。而且,我们的积极情绪会被人际关系放大,例如:和你最好的朋友一起笑比自己一个人笑更有积极的情绪。和你的伴侣一起欣赏美景比独自一人欣赏更能带来满足感。

## (四)意义

根据心理学家罗洛·梅(R. May)的观点,真正的幸福源于发现和拥有生命的意义,而不是对快乐和物质财富的追求。爱和被爱是一种有意义的现象,例如,因为这样的行为会激励人们为别人而活,去照顾别人,而不是自己。从本质上讲,过有意义的生活不是局限于自己,当人们觉得生活有更高的目标感时,生活也就变得有意义。而拥有生命的意义也可以让人们有效地对抗抑郁。

## (五)成就

这是一个人对自己成就和成功的感知。在生活中有明确的目标,即使是每天阅读一小时这样的小目标,并努力实现它们,对幸福都很重要。

因此,成就感不必和伟大联系在一起,有时可能简单快乐的事情也可以带来成就。

尽管这个模型得到了一些学者的支持,但是也有一些研究指出,这个幸福感模型并没有优于传统的幸福感模型。例如,古德曼等人对517名成年人的幸福感进行了测查,以考察传统的主观幸福感(SWB)模型和PERMA模型之间的关系(Goodman et al.,2018)。探索性的因子分析发现,传统的SWB模型和PERMA模型存在高度相关($r=0.85$)。而且这两种模型得到的幸福感分数与个体的24种性格优势有着相似的关联,平均相关差异仅仅为0.02。而潜在剖面分析发现,在幸福的这些指标上的得分仅分为高、低或中等三类人群。因此,作者认为,尽管两种幸福感模型有一些差异,但是新的幸福感模型不一定会产生新的幸福类型,并且研究者可以将两种幸福感模型整合为单一幸福感指标来进行研究。

## 第四节 主观幸福感的测量

在上一节中,我们已经知道幸福感是一个复杂的心理结构。对于什么是幸福感以及哪些维度能构成幸福感的问题,心理学家有着不同的答案。根据不同的角度和理论,心理学家开发了不同的工具来测量幸福感。在这一章,我们将介绍主要的幸福感测量工具。

### 一、单项测量工具

由于人们对幸福这一术语非常熟悉,因此许多调查研究就是要求人们回答他们有多幸福。大规模的调查研究中,用得最多的整体幸福感单项测量工具就是安德鲁斯和维西编制的单项量表(Andrews,Withey,1976)。该量表包含一个问题,即"总的说来,你觉得你的生活怎么样?"要求被调查者在七点量表上作答,1代表快乐(delighted),7代表糟糕(terrible)。因此这个量表也被称作D-T量表。最后的结果是通过计算前后间隔20分钟两次施测分数的平均数而得到的。另外,在他们的研究中,两次测量的重测信度为 0.77。

福代斯编制了一个与此类似的量表(Fordyce,1988),在这个问题中,他们直接提到了幸福。具体问题是:"总的来说,你感觉有多么幸福或不幸福?"因此,这个量表更可能反映了主观幸福感的情感成分,就认知成分而言不如 D-T 量表。福代斯发现,该量表有很好的信度、构念效度、聚合效度和区分效度。

另外,除了上面讲的幸福感量表以外,还有其他几种类型的应答式量表,如阶梯量表、山高量表、人脸变量等。使用图表式的测试工具以避免量表依赖于某种特定的语言,尤其在多国协作研究中,同时也减少某些幸福和满意量表所产生的误差。坎特里尔阶梯量表有 10 个阶梯,在阶梯上下的空档里有 11 个数字(0—10)(Cantril,1967)。要求受试根据他/她自己关于好和坏的看法定义梯子每个阶梯所代表的意义。使用这个量表询问受试对不同生活内容的评价情况。山高量表由盖洛普编制(Gallup,1976),使用于梯子比较少见的国家。它是用线画出的一座山,从山脚到山顶共有 11 个台阶。人脸量表由安德鲁斯和维西(1976)编制,这也是一种非言语性的主观幸福感量表。它由七幅人脸组成,每幅人脸的表情不一,从非常高兴到非常难过。量表被印在卡片上并在测查时交给受试者。

尽管这些单项量表具有简洁的优点,而且有中等程度的信度和效度,但它们还有其他一些无法克服的缺陷。首先,单项量表中的问题都过于直接,因此很容易受反应倾向的影响。其次,单项量表只有一个题项,因此无法计算内部一致性信度,只能计算重测信度,因而很难把真实变异从测量误差中区分开来。最后,单项量表无法全面地覆盖幸福感的各个方面,而只能靠被调查者将诸多方面整合为一个答案。

**二、多项测量工具**

**(一)情感幸福感的测量**

1. 情感平衡量表

对于情感幸福感的测量,最具有代表性的测量工具是布拉德伯恩开发的情感平衡量表(Affect Balance Scale,ABS;Bradburn,1969)。ABS包括10个题目,评估了个体的积极和消极情感。测验中需要受试者回答过去一周所体验的情感。由于ABS主要评价了短时间的情感反应,一些学者认为还需要关注主观幸福感的长期反应。因此,研究人员对该量表进行了修订,融合了对于情感反应的长期判断,编制了纽芬兰纪念大学幸福感量表(Memorial University of Newfoundland Scale of Happiness,MUNSH)(Kozma,Stones,1980)。MUNSH已被发现适用于多个国家。

2. 积极与消极情感量表

另外一个应用广泛的工具是积极与消极情感量表(Positive and Negative Affect Scale,PANAS)(Watson et al.,1988)。这个量表包括20个项目,评估在过去一个月或一般情况下人们体验到的情绪的频率。PANAS已被证实具有良好的信效度(Eid,Larsen,2008)。为了适用于更多的国家,研究者进一步发展出这个量表的基于10个项目的国际版本,并证明其具有令人满意的信效度(Thompson,2007)。

3. 积极消极情感体验量表

迪纳等人(2010)编制了积极消极情感体验量表(Scale of Positive and Negative Experience,SPANE)(Diener et al.,2010)。该量表用来评价主观幸福感的情感成分——积极情感和消极情感。量表由12个项目构成,积极维度和消极维度各6个项目,采用5点计分方式,从1(一点也不)到5(一直或者总是)(见表1-1)。

表1-1 积极和消极情感体验量表

指导语:请回想您在过去的四周内的经历或所做的事情,然后报告您在多大程度上体验过以下的一些情绪情感。请分别用1="从未体验过",2="比较少体验",3="中等程度体验",4="经常体验"以及5="一直或总是体验",选出最符合您实际的体验程度,并在相应的选项上打"√"。

## 幸福神经科学——关于幸福的生物学

|  | 从未 | 较少 | 中等程度 | 经常 | 一直或总是 |
| --- | --- | --- | --- | --- | --- |
| 1 积极的 | 1 | 2 | 3 | 4 | 5 |
| 2 消极的 | 1 | 2 | 3 | 4 | 5 |
| 3 好的 | 1 | 2 | 3 | 4 | 5 |
| 4 坏的 | 1 | 2 | 3 | 4 | 5 |
| 5 愉悦的 | 1 | 2 | 3 | 4 | 5 |
| 6 讨厌的 | 1 | 2 | 3 | 4 | 5 |
| 7 高兴的 | 1 | 2 | 3 | 4 | 5 |
| 8 悲伤的 | 1 | 2 | 3 | 4 | 5 |
| 9 害怕的 | 1 | 2 | 3 | 4 | 5 |
| 10 欢喜的 | 1 | 2 | 3 | 4 | 5 |
| 11 生气的 | 1 | 2 | 3 | 4 | 5 |
| 12 满足的 | 1 | 2 | 3 | 4 | 5 |

版权所有引用:Diener E,et al.,2010. New well-being measures:Short scales to assess flourishing and positive and negative feelings[J]. Social indicators research,97(2),143 - 156.

注:积极情绪体验分量表共 6 道题,具体包括第 1、3、5、7、10、12 题;消极情绪体验分量表共 6 道题,具体包括第 2、4、6、8、9、11 题。该量表的计分方式为将积极情绪体验分量表和消极情绪体验的 6 道题相加,便可得到积极情绪体验和消极情绪体验的得分。分量表将积极情绪体验得分减去消极情绪体验得分便可得到情感平衡得分,也称之为情绪幸福感。得分越高,说明情绪幸福感水平越高。

### (二)认知幸福感的测量

#### 1. 生活满意度的测量

对于认知幸福感的测量,目前最常用的测量工具是迪纳等人(1985)编制的生活满意度量表(Satisfaction with Life Scale,SWLS)、纽佳顿等人(1961)编制的生活满意感指数量表(Life Satisfaction Index,LSI)和坎特里尔(1965)编制了"自我标定量表"(Cantril Self-anchoring Scale,CSAS)。SWLS 测量人们对于生活是否满意的总体性评价,包含 5 个项目,采用 7

## 第一章 幸福概论

点Likert评分方式(见表1-2)。SWLS已被证明具有较高的信效度,适用于不同年龄阶段的群体,并且已在多个国家广泛使用(Diener et al.,2003;Tucker et al.,2006)。LSI主要是对整体的生活满意度和具体生活满意度进行评价,包含20个项目,采用3点Likert评分方式。大量实证证明,LSI具有令人满意的信效度(Liang,1984;Neugarten et al.,1961)。CSAS包括一个项目,采用10点Likert评分方式。大量实证证明,CSAS具有令人满意的信效度(Cantril,1965)。

**表1-2 生活满意度量表**

指导语:请仔细阅读下面的题项,判断你在多大程度上同意或者不同意,并在相应的选项数字上打"√"。得分越高,代表越同意题目中的观点。

| 非常不同意 | 比较同意 | 有些不同意 | 中立 | 有些同意 | 比较同意 | 非常同意 |
|---|---|---|---|---|---|---|
| 1 | 2 | 3 | 4 | 5 | 6 | 7 |

| | | | | | | | | |
|---|---|---|---|---|---|---|---|---|
| 1 | 我的生活在大多数方面都接近于我的理想。 | 1 | 2 | 3 | 4 | 5 | 6 | 7 |
| 2 | 我的生活条件很好。 | 1 | 2 | 3 | 4 | 5 | 6 | 7 |
| 3 | 我对我的生活是满意的。 | 1 | 2 | 3 | 4 | 5 | 6 | 7 |
| 4 | 迄今为止,我已得到了在生活中我想要的重要的东西。 | 1 | 2 | 3 | 4 | 5 | 6 | 7 |
| 5 | 假如我能再活一次,我基本上不会作任何改变。 | 1 | 2 | 3 | 4 | 5 | 6 | 7 |

版权所有引用:Diener E,et al.,1985. The satisfaction with life scale[J]. Journal of personality assessment,49(1),71-75.

注:该量表的计分方式为将5个题目相加,便可得到生活满意度得分。得分越高,说明生活满意度水平越高。

**2. 总体主观幸福感的测量**

也有学者编制了一些整合认知和情感两个维度评估总体主观幸福感的测量工具。坎贝尔编制了幸福感指数量表(Index of Well-being Scale, Campbell,1976)。幸福感指数量表包括生活满意度和情感指数两个子量表,前者包括1个题目,后者包括8个题目。通过对两个子量表得分进行加权求和,得到主观幸福感。法西奥编制了总体幸福感量表(General Well-being Schedule)。总体幸福感量表共有33个项目,包括个体对生活、情感、行为和健康等多个方面的评价。总体幸福感量表已被发现适用于多个国家(Costa et al.,1987;Nakayama et al.,2000)。

(三)实现幸福感的测量

1.心理幸福感量表

一些学者也编制了实现主义取向幸福感的测量工具。里夫编制了心理幸福感量表(Scales of Psychological Well-being;Ryff,1989),包括84个题目,1-6点计分,测量心理幸福感的6维度(独立自主、掌控环境、生活目标、个人成长、积极关系、自我接受)。此外,研究者也发展了42个项目的版本以及18个项目的版本。

2.社会幸福感量表

Keyes(1998)等人编制了社会幸福感量表(Social Well-Being Scale),用于测量社会幸福感(见表1-3)。该量表包含社会实现、社会和谐、社会整合、社会认同和社会贡献5个维度。量表由15个项目构成,采用7点评分法,从1(非常不同意)到5(非常同意)。得分越高,表示个体社会幸福感水平越高。

**表1-3 社会幸福感量表**

指导语:请仔细阅读下面的题项,判断你在多大程度上同意或者不同意,并在相应的选项数字上打"√"。得分越高,代表越同意题目中的观点。

| 非常不同意 | 比较同意 | 有些不同意 | 中立 | 有些同意 | 比较同意 | 非常同意 |
|---|---|---|---|---|---|---|
| 1 | 2 | 3 | 4 | 5 | 6 | 7 |

| | | | | | | | | | |
|---|---|---|---|---|---|---|---|---|---|
| 1 | 我不觉得自己属于任何团体/群体。 | 1 | 2 | 3 | 4 | 5 | 6 | 7 |
| 2 | 我与团体/群体中成员关系亲密。 | 1 | 2 | 3 | 4 | 5 | 6 | 7 |
| 3 | 我所在的团体/群体能给我安慰。 | 1 | 2 | 3 | 4 | 5 | 6 | 7 |

| 4 | 人们帮助人是不求回报的。 | 1 | 2 | 3 | 4 | 5 | 6 | 7 |
| --- | --- | --- | --- | --- | --- | --- | --- | --- |
| 5 | 人们对他人的困难漠不关心。 | 1 | 2 | 3 | 4 | 5 | 6 | 7 |
| 6 | 我认为人是友善的。 | 1 | 2 | 3 | 4 | 5 | 6 | 7 |
| 7 | 这个世界正变得越来越好。 | 1 | 2 | 3 | 4 | 5 | 6 | 7 |
| 8 | 社会已经停止进步。 | 1 | 2 | 3 | 4 | 5 | 6 | 7 |
| 9 | 社会并没有在不断改善。 | 1 | 2 | 3 | 4 | 5 | 6 | 7 |
| 10 | 社会对我来说太复杂了。 | 1 | 2 | 3 | 4 | 5 | 6 | 7 |
| 11 | 我搞不懂这个世界到底发生了什么。 | 1 | 2 | 3 | 4 | 5 | 6 | 7 |
| 12 | 我了解这个社会运行的规则。 | 1 | 2 | 3 | 4 | 5 | 6 | 7 |
| 13 | 我是个对社会有用的人。 | 1 | 2 | 3 | 4 | 5 | 6 | 7 |
| 14 | 我的日常活动没有为社会创造任何价值。 | 1 | 2 | 3 | 4 | 5 | 6 | 7 |
| 15 | 我没有给社会做出自己的贡献。 | 1 | 2 | 3 | 4 | 5 | 6 | 7 |

版权所有引用：Keyes C M,1998. Social well-being[J]. Social psychology quarterly,61(2),121-140.

简体中文版信效度检验：LI M,et al.,2015. Validation of the social well-being scale in a Chinese sample and invariance across gender[J]. Social indicators research,121(2),607-618.

注：第1,5,8,9,10,11,14,15题反向计分。该量表的计分方式为将15个题目相加，便可得到社会幸福感得分。得分越高，说明社会幸福感水平越高。

3. 心盛量表

迪纳等人编制了心盛量表（The Flourishing Scale；Diener et al.,2010）用于测量情感幸福感之外的幸福成分（见表1-4）。该量表包含了幸福感所具备的8个元素：目标和意义感、良好的社会关系、投入与兴趣、能力、帮助他人、自我接纳、对未来乐观、他人的尊重。量表由8个项目构成，采用7点评分法，从1（非常不同意）到7（非常同意）。得分越高，表示个体心盛水平越高。

幸福神经科学——关于幸福的生物学

**表1-4 心盛量表**

指导语：请仔细阅读下面的题项，判断你在多大程度上同意或者不同意，并在相应的选项数字上打"√"。得分越高，代表越同意题目中的观点。

| 非常不同意 | 比较同意 | 有些不同意 | 中立 | 有些同意 | 比较同意 | 非常同意 |
|---|---|---|---|---|---|---|
| 1 | 2 | 3 | 4 | 5 | 6 | 7 |

| | | | | | | | | |
|---|---|---|---|---|---|---|---|---|
| 1 | 我过着有目标有意义的生活。 | 1 | 2 | 3 | 4 | 5 | 6 | 7 |
| 2 | 我的社会关系能支持和帮助我。 | 1 | 2 | 3 | 4 | 5 | 6 | 7 |
| 3 | 我的日常生活忙碌而有趣。 | 1 | 2 | 3 | 4 | 5 | 6 | 7 |
| 4 | 我会主动为他人的幸福快乐提供帮助。 | 1 | 2 | 3 | 4 | 5 | 6 | 7 |
| 5 | 我能在重要活动中表现很好。 | 1 | 2 | 3 | 4 | 5 | 6 | 7 |
| 6 | 我是一个优秀的人，且过着很好的生活。 | 1 | 2 | 3 | 4 | 5 | 6 | 7 |
| 7 | 对于我的未来，我很乐观。 | 1 | 2 | 3 | 4 | 5 | 6 | 7 |
| 8 | 人们尊重我。 | 1 | 2 | 3 | 4 | 5 | 6 | 7 |

版权所有引用：Diener E, et al., 2010. New well-being measures: Short scales to assess flourishing and positive and negative feelings[J]. Social indicators research, 97(2), 143-156.

简体中文版信效度检验：TAN Q, et al., 2021. Longitudinal measurement invariance of the flourishing scale in adolescents[J]. Current psychology, 40(11), 5672-5677.

注：该量表的计分方式为将8个题目相加，便可得到幸福感得分。得分越高，说明幸福感水平越高。

## （四）综合幸福感的测量

凯斯基于积极心理健康模型编制了简版心理健康连续体量表（Mental Health Continuum Short Form, MHC-SF; Keyes et al., 2008）。该量表用来评估个体的心理健康状况，包括三个部分：情绪幸福感、社会幸福感和心理幸福感（见表1-4）。该量表共14个题目，采用7点计分方式，从1（从来没有）到7（每天）。苗元江（2009）编制了综合幸福感问卷。该问卷包括幸福指数、主观幸福感和心理幸福感。共50个题目，采用7点评分法,从1(非常不同意)到7(非常同意)。

表1-4 简版心理健康连续体量表

指导语:以下是关于在过去的一个月内,你感觉如何的一些问题。请您根据自己的实际情况和问题发生的频率选择最合适的选项。

| | 从来没有<br>1 | 1次或2次<br>2 | 每周1次<br>3 | 每周2或3次<br>4 | 几乎每天<br>5 | | 每天<br>6 | | |
|---|---|---|---|---|---|---|---|---|---|
| 1 | 愉快。 | | | | 1 | 2 | 3 | 4 | 5 | 6 |
| 2 | 生活有乐趣。 | | | | 1 | 2 | 3 | 4 | 5 | 6 |
| 3 | 对自己感到满意。 | | | | 1 | 2 | 3 | 4 | 5 | 6 |
| 4 | 对社会有贡献。 | | | | 1 | 2 | 3 | 4 | 5 | 6 |
| 5 | 能融入或属于某一个群体(如单位、学校或邻居群体)。 | | | | 1 | 2 | 3 | 4 | 5 | 6 |
| 6 | 我认为社会正在变得越来越好。 | | | | 1 | 2 | 3 | 4 | 5 | 6 |
| 7 | 我认为大多数人是好的。 | | | | 1 | 2 | 3 | 4 | 5 | 6 |
| 8 | 我认为这个社会运行的模式是合理的。 | | | | 1 | 2 | 3 | 4 | 5 | 6 |
| 9 | 我喜欢自己个性的大部分。 | | | | 1 | 2 | 3 | 4 | 5 | 6 |
| 10 | 我擅长处理日常生活中的责任。 | | | | 1 | 2 | 3 | 4 | 5 | 6 |
| 11 | 我和他人有着温暖而值得信赖的关系。 | | | | 1 | 2 | 3 | 4 | 5 | 6 |
| 12 | 我有信心去思考或者表达自己的意见。 | | | | 1 | 2 | 3 | 4 | 5 | 6 |
| 13 | 我有挑战自己并获得成长的体验。 | | | | 1 | 2 | 3 | 4 | 5 | 6 |
| 14 | 我的生活有目标或有意义。 | | | | 1 | 2 | 3 | 4 | 5 | 6 |

版权所有引用:Keyes C M, et al., 2008. Evaluation of the mental health continuum-short form(MHC-SF)in Setswana-speaking South Africans[J]. Clinical psychology & psychotherapy, 15(3), 181-192.

简体中文版信效度检验:尹可丽,何嘉梅,2012.简版心理健康连续体量表(成人版)的信效度[J].中国心理卫生杂志,26(5):388-392.

注：情绪幸福感分量表共3道题，具体包括第1、2、3题；社会幸福感分量表共6道题，具体包括第4、5、6、7、8题；心理幸福感分量表共6道题，具体包括第9、10、11、12、13、14题。三个分量表得分相加得到一个总体幸福感得分。得分越高，说明幸福感水平越高。

## 三、经验取样法

另一项有前途的具有方法论意义的技术是经验取样法（Experience-Sampling Methodology，ESM）。一般认为这种方法是由奇克森特米哈伊等人开创的（Csikszentmihalyi et al.，1977）。经验取样法的几种常见术语是：罗切斯特交往记录（Rochester Interaction Record）、日记法（Daily Diary）、生态瞬时评估法（Ecological Momentary Assessment）、或然事件取样（Event-Contingent Sampling）、描述性经验取样（Descriptive Experience Sampling）和日重现法（Day Reconstruction Method）。这种方法是对受访者在不同时间内的情绪与思想的随机抽样调查，使用掌上电脑或手机作为信号器并收集记录受访者的回答。这种方法被用来测量短期的幸福感水平。

经验取样方法能够克服传统的自陈报告方法的很多潜在问题。首先，这种方法能够增加研究的生态效度。其次，这种方法能够在真实而复杂的环境中研究变量的存在和关系，降低回忆偏差。第三，这种方法能够对不同情境和时间下的结果进行平均，而不是一般情境下的总体评估，因此比传统的自我报告方法对幸福感的评估更准确。第四，这种方法能够将幸福感的变异被试内变异和被试间变异，在不同水平上考察变量间的关系。

不过，这种方法也存在一些问题。首先，被试需要在连续一段时间完成多次测量，可能导致被试对研究方法的接受度下降，导致被试出现选择性偏差。其次，多次测量可能导致服从性降低，影响数据质量。第三，由于在连续一段时间测量多次，每次的项目数量不能太多，那么如何选取代表性项目将直接影响研究结果。第四，不是所有的变量都适合采用经验取样法来测量。例如,有些变量的发生频率比较低,可能一周才会发生一次,所以用这种密集纵向研究的方法可能就不合适。

## 第五节 幸福的原因

自古至今,人们一直希望能找到打开幸福那扇门的钥匙。那么,到底有哪些因素会影响人们的主观幸福感呢?自二十世纪中期以来,研究者对这一问题进行了深入的探讨,并取得了重要的进展。总体而言,这些因素被概括为两个方面,即个体因素和环境因素。以下将对影响主观幸福感的个体因素和环境因素做一个简单的回顾。

### 一、个体因素与主观幸福感

心理学领域关于个体因素与主观幸福感的研究已经有很长的历史。在过去几十年里,研究者发现,主观幸福感最重要的决定因素是具有一定遗传基础并相对稳定的人格因素。支持这一观点的理论又被称之为幸福感的气质和人格理论(Theories of Temperament and Personality)。在 The Science of Subjective Well-being 一书中,作者指出,四个方面的研究支持了这一结论。首先,客观环境因素(如收入、年龄和社会关系)和主观幸福感的关系看起来是非常微弱的。例如,安德鲁斯和维西发现,人口统计学因素仅仅解释了主观幸福感的10%左右的变异(Andrews,Withey,1976)。其次,主观幸福感是具有中度遗传性的,这表明先天因素可能起到重要作用。例如,研究发现,主观幸福感的遗传度在50%左右(Lykken,Tellegen,1996)。第三,虽然主观幸福感偶尔受环境因素的影响,但主观幸福感仍表现出一定的稳定性。例如,研究人员记录了个体在10年内的认知幸福感水平。他们发现,认知幸福感在10年后仍保持稳定,稳定性为0.35(Schimmack,Oishi,2005)。最后,主观幸福感与个体因素,特别是人格的关系比与外部环境的关系更强。

幸福神经科学——关于幸福的生物学

（一）大五人格与主观幸福感

近年来,研究者们在人格描述模式上形成了比较一致的共识,提出了大五人格模型(Big Five Personality)。大五人格模型是人格结构模型的一种。研究证实,有五项人格因素是最核心、最稳定的人格特质,称为大五人格,即外倾性(善于言谈、社会交往和自信的程度)、宜人性(随和、合作和可信任的程度)、尽责性(对工作的责任感、可靠性、坚持不懈和成就导向)、神经质或情绪稳定性(平静、热情和安全的程度)和开放性(好奇的、智慧的、有想象力和创造性的、有艺术细胞的)。

在诸多影响主观幸福感的人格因素中,大五人格是被检验最多的变量之一。大量研究表明,外倾性和神经质是与主观幸福感有最稳定关系的人格维度(Diener et al.,2003;Eid,Larsen,2008;邱林,郑雪,2013)。这可能是因为,外倾性得分高的个体更擅长外交,而神经质得分低的个体能控制他们的冲动行为,不易被压力压垮,因此有更高的主观幸福感。另外,一些研究发现,这两种人格与情感幸福感有更强的关系(Eid,Larsen,2008)。例如,情感幸福感与神经质($r = -0.54$)和外倾性($r = 0.39$)比认知幸福感与神经质($r = -0.27$)和外倾性($r = 0.26$)的相关更强。

除了这两种人格维度外,其他维度也与主观幸福感存在不同程度的相关。例如,斯蒂尔等人(2008)的一项元分析发现,尽管神经质和外倾性对于个体的情感幸福感和认知幸福感的预测力最高,但是开放性也预测了个体的情感幸福感,并且开放性、尽责性和宜人性也预测了个体的认知幸福感(Steel et al.,2008)。不过,对于神经质与外倾性之外的人格维度与主观幸福感并没有得到一致的结论(邱林,郑雪,2013)。作者推测,这种不一致可能是因为这些关系本身比较微弱,极易受样本大小和取样群体的影响。另外,有研究发现,当前的情感状态是人们判断生活是否满意的基础(Schimmack et al.,2002)。因此,他们提出了人格影响主观幸福感的中介模型,即情感幸福感中介了人格对认知幸福感的影响。

另外,韦斯等人使用行为遗传学的方法检验了大五人格与主观幸福感之间关系的遗传性(Weiss et al.,2008)。他们征集了365对同卵双生子和608对异卵双生子被试,并要求他们完成大五人格和主观幸福感的测量。结果发现,在控制人格因素,特别是神经质与外倾性的遗传影响后,主观幸福感的遗传效应不再显著。这表明,人格因素,特别是神经质与外倾性和主观幸福感存在共同的遗传基础。

(二)情绪智力与主观幸福感

目前,对于情绪智力(emotional intelligence)的定义有两种取向。一种是以迈耶和萨洛维(1997)为代表的能力模型(ability model)。该模型认为,情绪智力是个体知觉、理解、运用或管理个人和他人情绪的能力(Mayer,Salovey,1997)。对于这个模型,情绪智力的测量方式普遍采用的是基于任务绩效的测量,如迈耶、萨洛维和卡勒斯情绪智力测验(Mayer-Salovey-Caruso Emotional Intelligence Test,MSCEIT)。另一种是以巴昂为代表的特质模型(trait model)。该模型认为,人们有大量的情绪自我感知(emotional self-perceptions),以及可以构成个体人格的情绪特质(emotional traits)。因此,这一情绪智力模型被看作是一个人格取向的模型,测量方式也是基于自我报告的测量,如情绪智力问卷(Emotional Quotient Inventory,EQ-I)。

迈耶和萨洛维(1997)认为,高情绪智力的个体具有更好的知觉和推理自己和他人情绪的能力,因此,他们能得到更高的幸福感。大量的实证研究支持了这一假设。例如,不管是国内研究者还是国外研究者,都一致发现,情绪智力与主观幸福感存在显著的正相关(Bastian et al.,2005,Extremera,Fernández-Berrocal,2005;Gallagher,Vella-Brodrick,2008;Kong,Zhao,2013)。在控制社会经济地位、年龄、社会赞许性、大五人格等因素的影响后,情绪智力仍然能够显著预测个体的主观幸福感(Bastian et al.,2005,Extremera,Fernández-Berrocal,2005;Gallagher,Vella-Brodrick,2008;Kong et al.,2012a,2012b)。这些研究表明,情绪智力是个体获得主观幸福感的一个重要的心理因素。

### (三)积极自我与主观幸福感

自我又称自我意识,是个体对其存在状态的认知,包括对自己的生理状态、心理状态、人际关系及社会角色的认知。从形式上看,自我意识表现为认知的、情感的、意志的三种形式,分别称为自我认识、自我体验和自我调控。在诸多自我相关因素中,自尊、自我控制和自我效能感是预测幸福感的重要变量。

#### 1. 自尊与主观幸福感

自尊(self-esteem)是个体对自己价值的总体评价(Rosenberg,1965)。一些研究者假定,自尊与主观幸福感存在紧密的关系(Diener,Diener,1995;Neto,1993;Yarcheski et al.,2001)。这可能是因为,作为一种积极资源,高自尊可以使个体较少地感受到压力的威胁,并有助于建立满意的人际关系,从而促进个体的幸福感。大量的实证研究发现,自尊是影响主观幸福感的一个重要的预测变量(Campbell,1981;Diener,Diener,1995;Kong,You,2013;Kong et al.,2012a;Kwan et al.,1997;Neto,1993)。例如,在所有与主观幸福感认知成分相关的因素中,Campbell(1981)发现,自尊与主观幸福感认知成分具有中度的相关,并且是最高的相关($r=0.55$)。Neto(1993)通过对青少年群体的测查也得到了相同的结论。除了采用横断研究外,研究者使用纵向研究也考察了自尊对主观幸福感的影响。例如,2012年的一项研究发现,自尊能够预测8个月后大学生的认知幸福感,但是认知幸福感并不能预测随后的自尊(Ye et al.,2012)。张远兰等人(2009)的研究发现,自尊可以预测三个月后退休干部的主观幸福感。这表明自尊对认知幸福感起到决定作用,并具有跨年龄的稳定性。此外,一些研究者也探讨了自尊影响主观幸福感的内部机制。例如,研究发现,自尊之所以能够影响个体的主观幸福感,在一定程度上是由低自尊个体拥有较多的孤独体验导致的(Kong et al.,2013)。另外,卡普拉等人使用行为遗传学的方法检验了自尊与认知幸福感的遗传性(Caprara et al.,2009)。他们征集了428对双生子被试,并要求他们完成自尊与认知幸福感的测量。结果发现,遗传因素对自尊与认知幸福感关系的解释效应为0.53,而非共享环境对二者关系的解释效应为0.06。这表明,自尊与认知幸福感有着共同的遗传基础。

2. 自我控制与主观幸福感

自我控制(self-control)被定义为当一个人符合社会标准的要求时,改变或制止主导反应倾向和调节行为、思想和情绪的能力(Baumeister,Vohs,2007;De Ridder et al,2011)。自我控制理论认为,自我控制是参与有意志的目标导向行为的关键,这种行为使个体能够克服或抑制与目标无关的冲动、想法和情绪,并使它们与他们的总体目标保持一致(Baumeister et al.,2007;Inzlicht et al.,2014)。因此,自我控制能带来很多方面的益处,特别是能促进个体的幸福感。研究表明,自我控制和主观幸福感之间存在显著的正相关关系(Cheung et al.,2014;Hofmann et al.,2014;Li et al.,2022;Wiese et al.,2018)。Cheung 等人(2014)认为,自我控制会影响人们制定目标和追求目标的策略的方式,进而影响幸福感,因此,调节焦点在自我控制和主观幸福感之间的关系中起到中介作用。霍夫曼等人(2014)发现,高自我控制的人通过计划和主动控制可以很好地处理和回避现有的目标冲突,这使他们能够体验更少的情感痛苦和更多的幸福感。

3. 自我效能感与主观幸福感

自我效能感(self-efficacy)是指人们完成某一行为时对自己能力的判断(Bandura,2010)。自我效能感低的个体在完成行为时倾向于回避,而自我效能感高的个体倾向于努力去完成它(Bandura,2010)。班杜拉认为,自我效能感能够激发个体的动机,规范个体的行为,从而决定他们是否能够改变不健康的生活方式以及改变的程度,进而影响他们的幸福感(Bandura,2010)。大量研究发现,自我效能感与主观幸福感的两个成分都存在正相关(Judge et al.,1998;Karademas,2006;O'Sullivan,2011;Strobel et al.,2011)。也就是说,自我效能感高的个体,他们会报告更高的认知和情感幸福感。另外,不管是国内研究者还是国外研究者,都一致发现,自我效能感能够显著预测个体的主观幸福感,并能解释主观幸福感10%左右的变异(Judge et al. ,1998;Karademas,2006;O'Sullivan,2011;Strobel et al. ,2011;Au et al. ,2009;Tong,Song,2004)。此外,自我效能感也可以作为一个中介因素来影响个体的主观幸福感。例如,奥等人(2009)发现,自我效能感可以中介社会支持对主观幸福感的影响,表明自我效能感在人际关系中可能起到重要的作用。施特罗贝尔等人(2011)发现,自我效能感可以中介除了大五人格中宜人性之外的其他四种人格特质对主观幸福感的影响,表明自我效能感在基本人格与主观幸福感的关系中发挥重要的作用。

(四)积极预期与主观幸福感

不同的人对自己的未来持有不同的看法。一些人相信他们的未来将是光明和美好的,认为好的经历将超过坏的经历。而另一些人认为自己的未来黯淡而令人失望,认为糟糕的经历会比美好的经历更多。这些关于个人未来的信念通常在科学研究中称之为希望和乐观。在积极心理学研究中,对未来的积极预期通常包括希望和乐观(Gallagher,Lopez,2009)。大量的研究证实了乐观和希望与幸福感的关系,乐观和希望是幸福感的正向预测因素。

舍尔等人的乐观理论中首次提出了气质性乐观(Dispositional Optimism)的概念,认为气质性乐观是对未来好结果的总体预期(Scheier,Carver,1985)。在接受冠状动脉搭桥手术群体中,术前和术后乐观的个体,他们的主观幸福感也具有较高的水平(Fitzgerald et al. ,1993)。除了特殊群体的研究,在一般群体中,大量的研究证实了乐观与幸福感的关系,乐观也是幸福感的正向预测因素(Wrosch,Scheier,2003;Chang et al. ,2003;Lai,2009)。

斯奈德提出的希望理论认为,希望是一种目标导向思维的认知集合,是一种基于目标、路径和动机目标导向思维的动机状态(Snyder et al. ,

1991）。大量的实证研究已经证实了希望与主观幸福感的关系。例如，研究者招募了大学生群体作为研究对象，完成了两项研究来考察希望和乐观与主观幸福感的关系（Bailey et al.，2007）。结果发现，希望和乐观能独立地预测个体的主观幸福感。类似地，在另一个大学生样本中，希望、自我效能和积极压力与主观幸福感也存在正相关关系，并且希望是主观幸福感最重要的预测因素（O'Sullivan，2011）。此外，研究发现，对于积极信息的注意偏好中介了希望与主观幸福感之间的关系（Yeung et al.，2015）。

### （五）其他个体因素与主观幸福感

除此之外，研究发现，一些其他的积极个人品质，如心理弹性、感恩、正念等也是影响主观幸福感的重要因素。

#### 1. 心理弹性与主观幸福感

尽管心理弹性的定义有很多，但是许多学者都一致认为心理弹性是一种帮助个体应对逆境并获得良好调整和发展的个人特质。不管是国内研究者还是国外研究者，都一致地发现，心理弹性与主观幸福感有显著的正相关关系，并能显著地预测个体的主观幸福感（Bajaj，Pande，2016；Di Fabio，Palazzeschi，2015；Kong et al.，2015f；Mak et al.，2011；Satici，2016）。另外，研究者进一步发现，在控制大五人格、一般智力等因素后，心理弹性人格能显著地预测个体的主观幸福感（Di Fabio，Palazzeschi 2015）。弹性干预的研究也发现，弹性干预在提高个体心理弹性水平的同时，也能显著地提升个体的主观幸福感水平（Burton et al.，2010；Seligman et al.，2009）。这些研究表明，心理弹性是个体获得主观幸福感的一个重要的心理资源。此外，马克等人（2011）认为，心理弹性之所以影响主观幸福感，是因为心理弹性高的个体具有更积极的认知观，包括了对自我、他人和未来的积极认知（Mak et al.，2011）。

#### 2. 感恩与主观幸福感

感恩是一种重要的积极情绪，并被一些学者认为是个体因受到恩惠而产生的感激并力图有所回报的积极情绪特质(Mc'Cullough et al.,2002)。麦卡洛等人(2002)采用大学生为被试发现,感恩个体报告有更多的生活满意度、乐观、活力,更少负性情感;而且在控制了大五人格和社会赞许效应后,或采用同伴报告法,感恩仍然具有显著的预测作用。上述结论在其他成人样本(Kong et al.,2015c;Wood et al.,2009)以及青少年样本中也得到了验证(Sun,Kong,2013;Kong et al.,2021)。纵向研究也得到了一致的结论,研究者以刚入学的大一学生作为研究对象,分别在学期开始和3个月后测量学生的感恩和幸福感水平,结果发现感恩能够预测主观幸福感(Wood et al.,2008)。因此,感恩是个体获得主观幸福感的一个重要的人际资源。

3. 正念与主观幸福感

正念或心智觉知(mindfulness),被卡巴金定义为"一种有目的、不评判的将注意力集中于此时此刻的方法"(Kabat-Zinn,2003)。实际上,与其他个人品质一样,它也能被看作是一种特质,即觉知者将注意力集中于此时此刻而获得的感觉、认知和自我参照意识等方面的持久性的改变(Cahn,Polich,2006)。大量的研究发现,正念与主观幸福感存在显著的相关(Brown,Ryan,2003;Howell et al.,2010;Schutte,Malouff,2011)。例如,研究发现,正念和积极情感、生活满意度显著正相关,和消极情感显著负相关(Brown,Ryan,2003)。而且,正念训练作为一种干预手段,无论是对患有躯体或心理疾病的患者还是健康人群,都有助于减缓压力、提升个体的主观幸福感,进而促进心理健康(Fredrickson et al.,2008;Zautra et al. 2008)。

除了以上因素外,实际上还有很多因素也被证实对幸福感有影响,例如,坚毅、善良、谦卑、宽恕、幽默、好奇等等。因为这些因素在幸福神经科学中探讨得不是很多,此处不再论述。

二、环境因素与主观幸福感

尽管大量的研究集中探讨了主观幸福感与人格因素的关系,但是仍

第一章 幸福概论

然不能忽视环境因素的影响。例如,研究发现,环境因素解释了主观幸福感的10%左右的变异(Andrews,Withey,1976)。在控制人格因素的影响后,环境因素仍然对主观幸福感有显著的影响(Diener,Seligman,2002;Gallagher,Vella-Brodrick,2008;Skok et al.,2006)。回顾以往研究发现,在诸多影响主观幸福感的环境因素中,社会经济地位、社会支持系统、日常的生活事件以及个体所处的文化环境是影响主观幸福感最重要的环境变量。

(一)社会经济地位与主观幸福感

社会经济地位(socio economic status),是指一个人在社会中所处的地位和位置(Adler et al.,2000)。大量的研究表明,社会经济地位对个体的健康状况,包括认知功能、身体健康和心理健康等有广泛的影响(Cohen et al.,2010;Gallo,Matthews,2003)。不同经济地位群体的健康不平等问题是一个国际性的问题,并且急需解决。

在所有与健康相关的因素中,主观幸福感是极易受社会经济地位影响的一个重要变量(Cohen et al.,2010;Gallo,Matthews,2003)。先前的研究表明,无论是国家间还是国家内比较,随着社会经济地位的提高,主观幸福感也会增加(Campbell et al.,1976;Eid,Larsen,2008;Pinquart,Sörensen,2000)。一些研究者还发现,个人收入或国家收入水平的长期改变对主观幸福感的认知成分影响较大,对主观幸福感的情感成分影响较小(Diener,2009;Kahneman,Deaton,2010)。

另外,一些研究探讨了家庭社会经济地位对青少年主观幸福感的影响。研究发现,家庭社会经济地位高的个体,他们的主观幸福感水平也较高(Cohen et al.,2010;Harris,Marmer,1996)。这可能是因为,较高的家庭社会经济地位会带来更好的物质享受、更好的教育资源、更好的医疗条件以及健康状况。所有这些都有助于他们生活质量的提高,进而影响他们的主观幸福感。

备用容量模型(Reserve Capacity Model)为理解处于较低社会经济地

位的个体如何影响主观幸福感提供了重要的理论框架（Gallo et al.，2005）。基于该模型，处于较低社会经济地位的个体拥有更少的物质的、外部的（如社会支持）、内部（如自尊）的资源，这些有限的资源往往无法帮助个体来有效应对来自外界环境中的压力性的、威胁性的、危险性的负面信息。长此以往，便会导致个体在这种有害环境中过多暴露，进而形成消极的情绪和认知，而来自压力性和负面性的日常体验和情绪会导致资源储备较少的个体面临更多使用其储备的情况，但是他们的环境又阻碍了储备资源的开发和补充，导致更多身心健康问题的出现，包括幸福感水平的降低（Gallo et al.，2005；Gallo, Matthews, 2003；Matthews et al.，2008）。与此相一致，研究者发现，社会经济地位通过影响个体的个人和社会资源，进而影响幸福感（Yan et al.，2021；Yan et al.，2022a，2022b）。

## （二）社会支持与主观幸福感

除了经济地位这种客观因素外，个体所接受到的来自他人的物质或精神上的帮助，即社会支持（social support），也是影响主观幸福感的一个重要环境因素。一些学者认为，社会支持能够以提升积极情感的方式影响个体的情绪、认知和行为，从而维持个体的主观幸福感（Cohen，2004）。大量的研究支持了这一观点。例如，迪纳和塞利格曼（2002）对222名大学生的幸福感进行调查。结果发现，非常幸福的人相比较于不幸福的人是高度社会化的，他们有更好的浪漫关系和社会关系（Diener, Seligman，2002）。严标宾等人（2003）同样使用了大学生群体考察了社会支持和幸福感的关系。他们发现，社会支持与主观幸福感有显著的正相关关系。重要的是，他们还发现，对总体主观幸福感和消极情感产生预测作用的变量是家庭支持和朋友支持，对生活满意度和积极情感产生预测作用的变量是家庭支持和其他支持。

一些研究也考察社会支持对主观幸福感的独立预测作用。例如，孔风等人的研究发现，在控制了情绪智力和自尊后，社会支持仍然可以预测大学生的主观幸福感（Kong et al.，2012b）。卡拉德马斯的研究发现，在控制了自我效能感、乐观和抑郁后,社会支持仍然可以预测保险公司员工的主观幸福感(Karademas,2006)。斯科克等人发现,在控制了知觉压力水平后,社会支持仍然可以预测脑瘫儿童父母的主观幸福感(Skok et al.,2006)。此外,在控制了年龄、性别、社会经济地位、大五人格、情绪智力和社会赞许性后,社会支持仍然可以预测一般群体的主观幸福感(Gallagher,Vella-Brodrick,2008)。这些研究表明,社会支持是影响幸福感的一个重要因素。

一些学者在探讨社会支持与主观幸福感之间的关系这一问题时指出,在二者之间存在着中介因素,它在其中发挥着驱动作用(Baron,Kenny,1986)。因此,研究者已开始关注社会支持怎样通过调节人的情绪、人格等内部因素来影响主观幸福感。研究表明,社会支持作为一种环境因素,可以通过两条不同的通路来影响主观幸福感。一方面,社会支持可以提升个体的积极自我评价(如自尊和自我效能感),从而提升个体的主观幸福感(Au et al.,2009;Kong et al.,2013;Kong,You,2013;Yarcheski et al.,2001;严标宾,郑雪,2006);另一方面,社会支持可以降低个体的抑郁和孤独水平,从而提升个体的主观幸福感(Kong,You,2013;严标宾等,2011)。

(三)生活事件与主观幸福感

生活事件(life events)是人们在家庭、学习或工作等环境中所经历的各种紧张性刺激(如失恋、丧偶、失业等)和积极刺激(如中彩票、晋升等)。设定点理论(Headey,2008,2010)假设生活事件在幸福感中发挥的作用很小,而主要的生活事件被认为只对幸福感产生短暂的影响。生活事件与幸福水平的变化有关,但这些只是暂时的,因为个体最终会适应并回到最初的起始点。例如,改善住房(Galiani et al.,2018)和正颌手术美容(Ashton-James,Chemke-Dreyfus,2019)都能显著增加幸福感,但数月后幸福感会下降到住房改善前、手术前的水平。

实际上,人们并不一定会适应所经历的一切(Diener et al.,2009),并且个体的幸福感"设置点"可以随着时间的推移而改变(Diener,Biswas-Diener,2008),不同类型的经历可以产生不同类型的适应(Hsee et al.,2009)。因此,对环境的适应和习惯化是一个复杂的过程。例如,对于负性生活事件的研究中,卢卡斯等人(2004)对德国失业人群完成了一个15年的追踪研究,他们发现,失业对个体的认知幸福感有长期的损害作用(Lucas et al.,2004)。卢卡斯(2005)对德国离婚人群追踪了18年,结果发现,时间并没有抹去离婚对认知幸福感的损害。卢卡斯(2007)发现,经历严重残疾的个体即使是在残疾后的第八年也很难恢复到最初的认知幸福感水平。国内关于负性生活事件与主观幸福感的研究多集中在学生群体中。例如,王极盛和丁新华发现,在中学生群体中,负性生活事件与主观幸福感有显著的负相关。甘雄和朱从书(2010)发现,在大学生群体中,负性生活事件也可以负向预测个体的主观幸福感。

一些研究者也尝试探讨了负性生活事件对主观幸福感的影响机制。例如,傅俏俏等人(2012)发现,负性生活事件通过影响青少年的应对方式(coping style)进而影响他们的主观幸福感。具体而言,经历越多的压力生活事件,个体所能使用的积极应对方式越少,消极应对方式越多,进而降低了个体的主观幸福感。苏志强等人(2012)发现,经历过多的压力生活事件,会改变中学生对世界的公正信念,从而降低他们的主观幸福感。谢家树等人(2014)发现,经历越多的压力生活事件,越会降低初中生的心理弹性能力,这反过来降低了他们的认知幸福感。

对于积极生活事件而言,研究发现,积极生活事件(如中奖)最初能给人们带来快乐和幸福的体验,但人们很快就会适应这些刺激,幸福感回落到原来的水平。这被研究者称之为"快乐适应"。为了防止积极事件所带来的快乐适应,研究者也提出了快乐适应预防理论(Hedonic Adaptation Prevention Model; Sheldon et al.,2012; Sheldon, Lyubomirsky, 2012)。快乐适应预防理论指出了侵蚀幸福的两个主要因素:不断增长的抱负和积极情绪随着时间的推移而导致的下降。快乐适应预防理论认为,个体可以通过在积极的生活变化发生后好好品味这些变化,并通过寻找各种方式参与这些变化,从而阻止对积极事件的快乐适应,并增加自己的幸福感。这一理论还认为,人们不应该在当前的积极事件之后太快地关注未来的愿望,因为这样做会减少他们当前的幸福。

（四）文化环境与主观幸福感

作为一个重要的环境因素,个体所处的文化对主观幸福感有重要的影响。即使几乎每种文化都有幸福这一概念,但是人们对幸福的看法在不同的文化中也可能非常不同。例如,当幸福博士迪纳去印度旅行时,他问一位中年女士对自己的生活有多满意。令人惊讶的是,这个女士回答说:"请问问我丈夫。"很明显,她理解满意的概念。这位女士只是认为她的丈夫才能更准确地回答这个问题。但是,在美国和欧洲国家,大多数人认为自己是自己幸福的最佳判断者。

不同文化有不同的信念和价值观,这会影响人们对幸福的判断。个体主义文化(individualism),如欧洲文化强调个体的自由独立(independence)。例如,欧美父母会帮助他们的子女发展和保持一个高的自尊感。相对而言,集体主义文化(collectivism),如中国文化强调个体间相互依赖(interdependence)。例如,集体主义文化认为自尊是不重要的,甚至认为自尊对于获取文化目标是有妨碍作用的。这得到了一些研究的支持。例如,研究发现,个体主义国家中个体的自尊和自由与认知幸福感的相关程度要比集体主义国家高;在控制了国家间的收入差异后,这一关系仍然显著(Oishi et al.,1999)。还有研究发现,在中国个体中,关系和谐和自尊在预测认知幸福感时是同等重要的;但在美国个体中,仅仅自尊能够预测他们的认知幸福感(Kwan et al.,1997)。另外,在美国学生中,自尊与美国大学生的生活满意度的关联比香港学生更强;而关系和谐则与香港学生的生活满意度有更强的关联(Kang et al.,2003)。

研究还发现,情绪体验和生活满意度之间的关系在不同文化中也存在着差异。例如,在个人主义国家中,享乐平衡(积极情绪与消极情绪的比率)与生活满意度的相关性比集体主义国家更强(Suh et al.,1998)。在美国群体中,个体情绪(如自豪的)与幸福感密切相关,而在日本群体中,人际情绪(如友好的)与幸福感密切相关(Kitayama et al.,2000,2006)。最后,预测生活满意度的动机类型在不同文化中也是不同的。例如,在美国群体中,以逃避型心态追求目标与生活满意度呈负相关,而在韩国和俄罗斯群体中,这与生活满意度没有负相关(Elliot et al.,2001)。希马克等人的研究也发现,情绪幸福感与认知幸福感的关系在个体主义国家中更强(Schimmack et al.,2002)。他们还发现,在个体主义国家中,神经质和外倾性能更强地预测个体的认知幸福感。这是因为,集体主义国家很少强调事件的情绪性,因此,情绪以及与情绪相关的人格特质在认知幸福感的判断中起到较小的作用。

### 三、持续幸福模型

综上可知,幸福感会受到许多个体因素和环境因素的影响,其中个体因素对幸福感的影响较大。这与柳波莫斯基等人提出的持续幸福模型(Sustainable Happiness Model; Lyubomirsky, Sheldon, 2005)是一致的。这个模型包括三个因素:遗传或设定点(set point),环境或情境因素(circumstances)和有意活动(intentional activities)(如图1-3所示)。

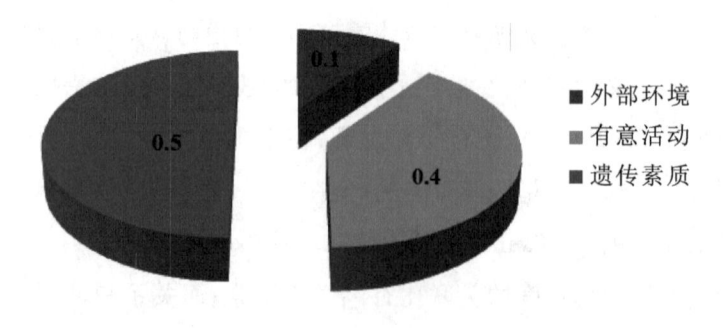

图1-3 幸福的来源

第一个决定幸福感的因素是遗传素质,也是幸福感最大的决定因素,大约可以解释幸福感的50%。遗传因素在这个模型中又被称为幸福的设定点,也就是我们先天的幸福程度。在这一小节最开始部分,已经提到一些双生子研究证实了这个观点。

第二个决定幸福感的因素是外部环境或情境因素。除了我们上面提到的环境因素(如经济环境、社会关系环境、文化环境等)外,这个模型也指出,年龄、性别、种族等人口统计学因素以及婚姻状况、职业状况、宗教信仰、健康状况等生活状况因素也属于外部环境因素。这个因素大约可以解释幸福的10%。

第三个决定幸福感的因素是有意活动。这包括人们在日常生活中所做和所想的各种各样的事情。人有一颗非常主动的心,能将精力投入到许多不同的行为和活动中。而"有意"指的是人们可以自主地选择参与何种行为或活动。有意活动和外部环境因素的关键区别在于:环境是发生在人们身上的事,而活动是人们针对环境所做出的行为。

这一理论认为,引起幸福感持续改变的是有意活动,而不是外部环境因素,因为人们会适应环境,并且环境的改善一旦达到现实情况的上限,很难再改善。相反,有意活动本身是动态变化的,活动的内容会变化,参与活动的时间和频率会变化,活动的方式也是多种多样的,其变化性使个体保持对活动的新鲜感以阻止适应,从而持续地提升幸福感。大量实证研究表明,人们可以通过简单的、积极的有意活动来增加幸福感。这里,笔者总结了11种能有效提升幸福的活动。

(一)表达感恩

尼采曾说,感恩即是灵魂上的健康。对所拥有的东西表达感激之情,可以提升幸福感。可以通过写日记的方式记录生活中值得感激的事情。也可以向以前从未好好感谢过的人当面(或写信)表达感激之情。

(二)培养乐观

可以通过写乐观日记的方法来培养乐观心态。在日记中,你需要想象并写下自己可能拥有的最好的未来。或者练习看到每一种困境下的光明面。

### （三）表达善意

予人玫瑰，手有余香。通过为他人做好事可以提升幸福感。这个人可以是你的朋友或家人，也可以是陌生人。在帮助他人的同时，你也能体会到助人的快乐，也就是我们经常讲的"助人为乐"。

### （四）避免多虑和攀比

一般人的幸福感是比较出来的。实际上，那并不是真正的幸福。真正的幸福是发自内心的，与别人无关。使用一些策略（比如转移注意力）来减少对问题的思考，减少和别人的比较，可以提升幸福感。

### （五）维护社交关系

人是社会性动物，需要来自他人的社会支持，而拥有良好他人支持（如朋友和家人支持）的人更幸福。选择一段需要加强的关系，投入时间和精力来培养和巩固这段关系。

### （六）增加心流经验

心流是一个人在自觉自发的前提下，对某一活动或事物表现出浓厚而强烈的兴趣，并能推动自己完全投入进去，把自己的优势发挥到极致，进入一种完全沉浸其中的状态。专心致力于一项你自己擅长的，有一定挑战性的活动或工作中，如写作、绘画、摄影等。

### （七）学会宽恕

《法苑珠林·八苦部》指出人有八苦，即生、老、病、死、怨憎会、爱别离、求不得及五取蕴。其中，"怨憎会"涉及的是如何面对伤害、如何处理怨恨和愤怒情绪的问题，这是生命中不可避免的苦难之一。通过写宽恕日记或写宽恕信，可以放下对一个或多个伤害你的人的愤怒和怨恨。

### （八）品味生活的乐趣

品味是个体主动用心地感受积极体验，延长和增强积极体验的过程。适当放慢生活的节奏，通过思考、写作、绘画或与他人分享，享受和品味那些看似琐碎的生活细节及其蕴含的乐趣。品味的对象可以是过去的经历，眼前的积极事件或美景，也可以是预想未来可能发生的积极事件。

## （九）发展应对策略

我们的生活充满了起起落落。坏事确实会发生,并可能会严重影响我们的心理健康。可以运用一些应对这些压力或困难的方法,如通过表达性写作发现意义,或通过写作或交谈来分析压力或困难的好处。

## （十）练习冥想

冥想(meditation)是一系列自我调节方法的集合,这些方法通过对注意和觉知的训练,对心理加工过程进行更好的自主控制,进而可帮助人们告别负面情绪,重新掌控生活,提升幸福感。因此,每天至少花10分钟的时间静坐冥想,一定可以改善幸福感。

## （十一）关爱自己

这个世界不属于你,也不属于我,而是属于身体好的人,所以要关爱自己的身体。经常锻炼身体、保持健康的饮食、保证有规律的睡眠等都是不错的办法。另外,也需要在心理上关爱自己。当生活中一切顺利时,自我同情(self-compassion)让我们感到快乐;当我们遭受痛苦或遇到任何困境时,自我同情就成了一种充满支持的声音,帮助我们去发现美好和意义。

# 第二章 幸福神经科学概论

本章对幸福神经科学产生的历史背景和过程及其基本理论概论和方法学进行了介绍,并对过去十多年间所取得的研究进展和目前的发展趋势做了概括性的介绍。

## 第一节 幸福神经科学的诞生

### 一、幸福科学的贡献

第二次世界大战极大地破坏了人类的物质世界和精神世界,并使人们产生了各种心理问题。因此,修复战争带来的心灵创伤自然成为当时形势下心理学最急迫的任务。二战后,很多退伍老兵患上了战争综合征。1930年,美国退役军人管理局成立,美国政府拨出巨额资金帮助他们恢复健康。于是,大批的心理学家把他们的主要精力放在治疗心理疾病上。在这一背景下,临床心理学和病理心理学成为心理学家研究的重点内容。

随着整个人类社会的和平与发展,对非临床人群的研究越来越引起心理学的重视。为了打破传统研究取向的局限性,美国宾州大学心理学教授马丁·塞利格曼(Martin E. P. Seligman)及其同事于1998年创立了积极心理学(Positive Psychology)(如图2-1所示)。这个学科诞生的标志是2000年的一篇论文《积极心理学导论》,由马丁·塞利格曼和心流之父米哈利·契克森特米哈伊(Mihaly Csikszentmihalyi)共同发表(如图

2-2所示)。

图2-1 马丁·塞利格曼
(1942—)

图2-2 米哈利·契克森特米哈伊
(1934—2021)

积极心理学是心理学领域新兴的一门科学,目的是研究如何生活得快乐、成功与有意义。它包括三个方面的研究内容:第一是研究积极的主观体验,如幸福感、满意、希望和乐观、充盈和快乐;第二是研究积极的人格特质,如社交技能、审美力、创造力、勇气、对未来的憧憬、洞察力、才能和智慧;第三是研究积极组织系统,如美满的家庭、和谐的社区等。这些内容对于提升个体的幸福感是至关重要的,因此积极心理学也被称为"关于幸福的科学"。随后,愈来愈多的心理学家涉足这一研究领域,并逐渐形成了一场积极心理学运动。

2007年,国际积极心理学协会(International Positive Psychology Association,IPPA)成立。该协会定期举办国际积极心理学大会,由来自世界60多个国家和地区的1200多名积极心理学专家、学者和实践应用人士与会,交流、探索和规划提高全球各地人民主观幸福感的理论和实践途径。2017年,中国心理学会积极心理学专业委员会经常务理事会批准筹建,2020年正式批准设立。

随着积极心理学研究的不断深入,积极心理学专家与许多其他领域的心理学专家不断交流,并将积极心理学的研究成果应用到不同的情境

### 幸福神经科学——关于幸福的生物学

之中,如教育、学校、工作场所等。因此,涌现出了一些新的交叉学科,如积极教育心理学、积极组织心理学、积极学校心理学、积极健康心理学、积极临床心理学、应用积极心理学等。

实际上,幸福的研究不只是局限于心理学领域。它横跨伦理学、经济学、社会学、政治学、哲学、神经科学等多个学科。因此,一些学者更倾向于用更一般的术语来描述幸福相关研究,如幸福科学。幸福科学是研究如何使得人们有效支配自身及外部的资源、协调自身与外部环境的关系以实现幸福的科学(彭凯平 等,2011)。与作为心理学分支的积极心理学相比,幸福科学在概念的内涵和外延、对象、任务、方法和应用范围上均有所扩展。通过与不同学科的结合,也诞生了许多不同的幸福科学分支,如幸福哲学、幸福经济学、幸福伦理学、幸福政治学、幸福社会学、幸福神经科学等。

现如今,与幸福相关的研究如雨后春笋般涌现,并出现了一些专门的杂志刊登这方面的研究。*Journal of Happiness Studies* 于 2000 年创刊,致力于研究主观幸福感。该期刊的编辑部由经济学、社会学和心理学三个学科的编辑团队组成。目前该杂志已被 Social Science Citation Index, Journal Citation Reports/Social Sciences Edition, SCOPUS, PsycINFO, EconLit, Google Scholar, EBSCO Discovery Service, CSA, ProQuest 等多个数据库检索。*Journal of Positive Psychology* 于 2003 年创刊,主要刊登与积极心理学相关的基础研究和应用研究。目前该杂志已被 Cumulative Index to Nursing & Allied Health Literature(CINAHL), PsycINFO, SCOPUS, Social Science Citation Index 等多个数据库检索。其他杂志见表 2-1。

# 第二章 幸福神经科学概论

表2-1 与幸福研究相关的杂志

| 期刊名称 | 创刊时间 | 简介 |
| --- | --- | --- |
| 1. *Social Indicators Research* | 1974 | 该杂志是生活质量研究方面的权威期刊。目前该杂志已被 Social Science Citation Index，Journal Citation Reports/Social Sciences Edition，SCOPUS，PsycINFO，Google Scholar，ProQuest，Academic Search 等多个数据库检索。期刊影响因子 IF（2021）= 2.94。 |
| 2. *Quality of Life Research* | 1997 | 该杂志是国际生活质量研究学会的会刊。目前该杂志已被 Science Citation Index，Journal Citation Reports/Science Edition，Medline，SCOPUS，PsycINFO，Google Scholar，ProQuest 等多个数据库检索。期刊影响因子 IF（2021）= 3.43。 |
| 3. *Health and Quality of Life Outcomes* | 2002 | 该杂志主要刊登与健康相关的生活质量方面的研究。目前该杂志已被 Medline，PubMed Central，SCOPUS，PsycINFO，EMBASE，Google Scholar，Academic Search，Health Reference Center Academic，Thomson Reuters 等多个数据库检索。期刊影响因子 IF（2021）= 3.08。 |
| 4. *Applied Research in Quality of Life* | 2003 | 该杂志是国际生活质量研究学会的会刊，主要刊登自然和社会科学应用领域中的生活质量研究。目前该杂志已被 Social Science Citation Index，Journal Citation Reports/Social Sciences Edition，SCOPUS，PsycINFO，Google Scholar 等多个数据库检索。期刊影响因子 IF（2021）= 3.45。 |
| 5. *Applied Psychology: Health and Well-Being* | 2009 | 该杂志是国际应用心理学学会会刊，主要刊登健康和幸福感相关的研究。目前该杂志已被 EBSCO Publishing，ProQuest，MEDLINE/PubMed，PsycINFO，SCOPUS，Social Sciences Citation Index，Web of Science 等数据库检索。期刊影响因子 IF（2021）= 7.52。 |

续表

| 期刊名称 | 创刊时间 | 简介 |
| --- | --- | --- |
| 6. *Psychology of Well-being* | 2011 | 该杂志是 SpringerOpen 旗下的开放获取期刊，主要刊登与幸福感相关的研究。目前该杂志已被 Google Scholar, DOAJ, Emerging Sources Citation Index, OCLC, Summon by ProQuest 等数据库检索。目前暂无影响因子。 |
| 7. *International Journal of Well-being* | 2011 | 该杂志主要刊登与幸福感相关的研究，是开放获取期刊。目前暂无影响因子。 |
| 8. *International Journal of Happiness and Development* | 2012 | 该杂志主要刊登与幸福感相关的研究，是开放获取期刊。目前该杂志已被 Emerging Sources Citation Index, EconLit (American Economic Association), Google Scholar 等收录。目前暂无影响因子。 |
| 9. *International Journal of Applied Positive Psychology* | 2015 | 该杂志主要刊登积极心理学应用方面的研究。目前该杂志暂无影响因子。 |
| 10. *Journal of Well-Being Assessment* | 2017 | 该杂志主要刊登幸福感测量方面的研究。目前该杂志暂无影响因子。 |
| 11. *Journal of Positive School Psychology* | 2017 | 该杂志主要刊登积极心理学在学校和教育环境中的幸福感的基础和实践研究。目前该杂志暂无影响因子。 |

第二章　幸福神经科学概论

## 二、认知神经科学的贡献

探索心智性质的历史十分悠久,可以追溯到古代东方和古希腊的哲学探索,但这些研究基本上是哲学讨论,是直接经验的观察。例如,西方医学之父希波克拉底认为,脑不仅参与对环境的感知,而且是智慧的发源地。柏拉图认为,人的欲望、思想、智慧是从脑产生的。《黄帝内经·素问》也指出,头者,精明之府,强调心智的重要性。但是,也有一些哲学家并不认可这一观点。例如柏拉图的学生亚里士多德认为,心脏是智慧之源,而脑只是个散热器,用来平衡体温之用。《孟子·告子上》也指出,心之官则思,思则得之,不思则不得也。也就是说,心脏才是心智的发源地。

这种混乱的情况最终由古罗马的医生盖伦(Galen)用最为有力的实验所解决。盖伦分别夹捏动物的心脏和脑,然后看动物的反应。结果发现,夹捏动物的心脏表现为呼吸急促、四肢挣扎等;而夹捏动物的脑却出现感觉丧失,很快昏迷,进入无意识状态,失去了全身各种有意识的活动。因此,结论显而易见,感觉、思维和随意运动都是由脑产生的。

1879年,冯特(Wundt)在德国莱比锡建立了世界上第一个心理学实验室,人类才正式开始用实验手段研究心理问题。由于学科之间存在互补性,认知心理学、神经科学以及临床医学的研究都需要相互从对方那里寻求依据和支持。另外,一系列脑成像技术的出现,如PET,ERP,fMRI等,也促进了不同学科之间的融合。20世纪70年代末期的一个夜晚,神经科学家迈克尔·加扎尼加(Michael S. Gazzaniga,如图2-3所示)和心理学家、语言学家乔治·米勒(George A. Miller,如图2-4所示)一起乘车去参加一个晚宴。那个晚宴是为来自洛克菲克大学和康奈尔大学的一批科学家举办的。他们那时正通力合作致力于研究大脑如何产生心智,而这是一个尚未命名的新学科。走下出租车,"认知神经科学"这一术语就诞生了。

47

幸福神经科学——关于幸福的生物学

图 2-3 迈克尔·加扎尼加(1939-)　　图 2-4 乔治·米勒(1934-2012)

认知神经科学是认知科学与神经科学相结合的产物,定位为"心智的生物学基础",旨在阐明认知活动的脑机制,即人类大脑如何调用各层次上的组件,包括分子、细胞、脑组织区和全脑去实现各种认知活动。其研究模式是将行为、认知过程、脑机制三者有机地结合起来。最早对不同大脑区域功能的研究可以追溯到加尔颅相学(phrenology)。他认为,脑可以分成不同的部分,每个部分负责不同的心理功能,而脑内功能区的大小会影响头盖骨的形状。1843 年,弗朗西斯·马戎第(François Magendie)将颅相学称作"当代的伪科学"(a pseudoscience of the present day)。但不可否认的是,颅相学影响了 19 世纪精神病学与现代神经科学的发展。颅相学提出了大脑皮质定位的概念,奠定了现代神经科学的基石。随后,人们开始了对大脑奥秘的探索,并发现了许多重要结果,如我们所熟知的布洛卡语言区和威尔尼克语言区。

1987—1988 年,欧洲认知科学界 35 位著名科学家组成的科学技术发展预测和评估委员会建议出版"认知神经科学",作为认知科学五个领域研究指南之一。1989 年美国创办了杂志 Journal of Cognitive Neuroscience。1992 年,美国出版专著"认知神经科学"。1994 年,美国建立"认知神经科学学会"。1997 年,国际神经信息学工作组推出人类脑计划

(Human Brain Project,HBP),与人类基因组计划(Human Genome Project,HGP)对应,重点研究脑结构与功能,强调神经信息学,建立世界性人类脑功能结构信息库,在世界范围内推动脑科学及神经信息学研究和发展。2013年4月,美国脑计划(BRAIN Initiative,45亿美元)重点研发脑研究技术。2013年,欧盟的人脑工程(Human Brain Project,10亿欧元)重点绘制脑连接图谱。2014年,日本大脑计划(Brain/Minds Project,40亿日元)重点研究脑功能和脑疾病的机理。

在我国,脑与认知科学已经被确定为我国科技中长期发展规划中的八大基础科学领域之一。2005年,北京师范大学认知神经科学与学习国家重点实验室和中国科学院脑与认知科学国家重点实验室获批。我国还批准了多项与脑科学相关的重大、重点研究项目,如脑功能与脑重大疾病的基础研究(杨雄里,1999),特征捆绑和不变性知觉的脑认知功能成像(陈霖,2005),脑功能的动态平衡调控(陈军,2006),中国语言相关脑功能区与语言障碍的关键科学问题研究(谭力海,2012),学习行为发生、发展及异常的认知神经机制研究(李武,2014),睡眠脑功能及其机制研究(陆林,2015),等等。2021年,中国脑计划启动,科技部正式发布科技创新2030"脑科学与类脑研究"重大项目,主要包含脑疾病诊治、脑认知功能的神经基础、脑机智能技术等方面的研究。其中脑疾病诊治面向脑健康和医疗产业;脑认知功能的神经基础以"介观全脑神经连接图谱国际大科学计划"为平台;脑机智能技术面向类脑智能产业。

## 三、幸福神经科学的产生

2004年,发表在 *Psychological Science* 上的一篇题为"Making a Life Worth Living: Neural Correlates of Well-being"的论文首次探讨了幸福感的神经基础。这项研究由威斯康星大学麦迪逊分校的理查德·戴维森(Richard Davidson)教授的团队完成。在这个研究中,研究者招募了84

## 幸福神经科学——关于幸福的生物学

名年龄在57—60岁之间的成年人，在静息态脑电图扫描前完成了幸福感的相关测量。结果发现，额叶活动的不对称性，即左侧额上皮层的激活程度高于右侧额上皮层的激活程度，与幸福感水平有关。这项研究第一次直接采用认知神经科学技术揭示了幸福感的神经机制，从而开启了人们从大脑中找寻幸福感背后的生物学基础。2008年，美国宾夕法尼亚大学积极心理学中心主任塞利格曼教授受到邓普顿基金会的支持，建立了积极神经科学项目（Positive Neuroscience Project），总共得到580万美元的资助。2010年，这个项目设立了邓普顿积极神经科学奖金，有来自全世界249名研究者投递了190份项目申请书，最终有15个研究项目得到了资助，总共290万美元。2010年，莫滕·克林格尔巴赫（Morten L. Kringelbach）和肯特·贝丽奇（Kent C. Berridge）发表了题为"The Neuroscience of Pleasure and Well-being"的论文，总结了关于愉悦和幸福的神经基础的进展，这在一定程度上标志着幸福神经科学的诞生。2019年，玛西·金（Marcie L. King）从神经影像学和神经心理学的角度总结回顾了幸福感的神经机制。2020年，笔者联合迈阿密大学的亚伦·赫勒（Aaron Heller）、雷丁大学的卡琳·万·雷库姆（Carien van Reekum）以及京都大学的佐藤亘（Wataru Sato）在 Frontiers in Human Neuroscience 期刊共同主办了 Positive Neuroscience: The Neuroscience of Human Flourishing 的特刊。该特刊总共吸引了来自国内外19个团队的研究成果。该特刊自发布以来，共有超过26万余次的浏览量，3万余次的下载量。

目前，对于幸福神经科学并没有明确的定义。笔者认为，幸福神经科学是幸福科学与神经科学相结合的产物，定位为"人类幸福的生物学基础"，旨在阐明人类幸福感的脑机制。幸福神经科学之所以能发展起来，与科学方法的进步密不可分。近年来，磁共振成像技术、近红外光谱成像、结构态磁共振成像等多模态影像技术的快速发展，以及相应多种数据分析方法的出现，为人脑成像提供了从结构到功能丰富的定量化信息，全面提高了我们对人脑机制的认识。科学方法的成熟性是幸福神经科学诞生的重要前提。

## 第二节　幸福神经科学的研究方法

目前,幸福神经科学的研究方法主要包括三大类,即脑损伤技术、脑刺激技术和脑记录技术。脑损伤技术是一种有创的研究方法。脑刺激技术是一种在体外刺激脑特定部位的技术,包括经颅磁刺激(Transcranial Magnetic Stimulation,TMS)、经颅直流电刺激技术(Transcranial Direct Current Stimulation,TDCS)和化学刺激。脑记录技术可以分为脑结构记录技术和脑功能记录技术。脑结构记录技术里包括正电子断层扫描技术,结构磁共振成像和扩散张量成像等。脑功能记录技术包括脑电图、脑磁图、正电子发射断层扫描和功能磁共振成像等。下面我们将对几种常见的幸福神经科学的方法加以讨论。

### 一、脑损伤

脑损伤(Lesions)是指暴力作用于头部造成脑组织器质性损伤。根据损伤后脑组织与外界相通与否分为开放性和闭合性脑损伤。根据暴力作用于头部时是否立即发生脑损伤,分为原发性脑损伤和继发性脑损伤。引起脑损伤的原因有很多,如中风,由脑部缺血及出血性损伤造成(如图2-5所示);缺氧,由组织的氧气供应不足造成;肿瘤,即异常的细胞增生;退行性疾病,如阿尔兹海默征、亨廷顿舞蹈征、帕金森氏征、器质性遗忘综合征;创伤,即开放或闭合性的头部损伤;癫痫,即脑神经元异常放电。

幸福神经科学——关于幸福的生物学

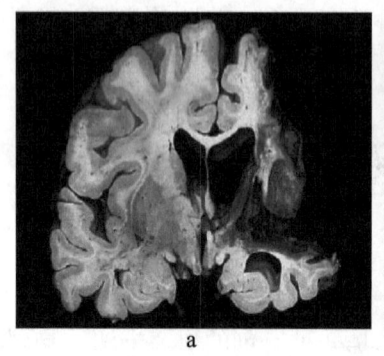

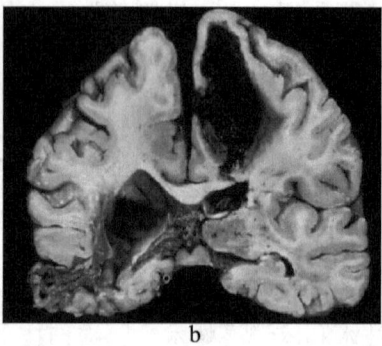

图2-5 血管疾病

资料来源：认知神经科学：关于心智的生物学。

注：(a)图中，当流向脑部的血液被中断时，会发生中风。本图来自一位大脑中动脉被阻塞了的病人的大脑。病人在中风后活了一段时间。在其死后不久，解剖尸体发现该动脉供给的几乎所有组织都已死亡并被吸收。(b)图是来自一位死于大脑出血病人的大脑。脑出血破坏了左半球背内侧区域。可以在右半球颞叶区域看到死亡前两年发生的脑血管事故产生的影响。

采用脑损伤方法观察大脑局部损伤对行为所产生的影响，从而分析判断某神经结构的功能以及大脑中各神经结构之间可能存在的相互关系。通过双分离范式可以提供有效揭示脑区的特异作用。如一组病人x1区脑损伤，会不记得熟人的面孔（A任务），但仍能分辨陌生人的面孔（B任务）；另一组病人x2区脑损伤，不能辨别陌生人面孔（B任务），但能正确识别熟人面孔（A任务）。由此可以认为，与A、B两项任务相关的脑功能系统是分离的，不管x1区还是x2区脑损伤，都会导致A、B任务的分离，因此称为双分离。双分离现象是确定相对独立功能系统的重要实验依据。

优点：可以探讨脑区对于认知功能的重要性，揭示因果关系。缺点：(1)损伤范围广泛，难以进行精确功能定位；(2)很难找到大量脑损伤病人，因此一般是个案与群组研究的对比；(3)有可能导致多个认知系统同时损伤；(4)可能存在功能退化、恢复和补偿；(5)因为大脑受到损害，因此提供正常脑功能的知识有限。

## 二、脑刺激

### （一）经颅磁刺激

经颅磁刺激（TMS）是一种在体外刺激脑特定部位的技术（如图2-6所示）。其操作原理是，把一绝缘线圈放在特定部位的头皮上，当线圈中有强烈的电流通过时，就会有磁场产生，磁场无衰减地透过头皮和颅骨，进入皮质表层数毫米处并产生感应电流，从而改变神经元的兴奋性。通过经颅磁刺激可以改变动作反应，改变脑血流和代谢，干扰说话和视觉以及改变情绪等。

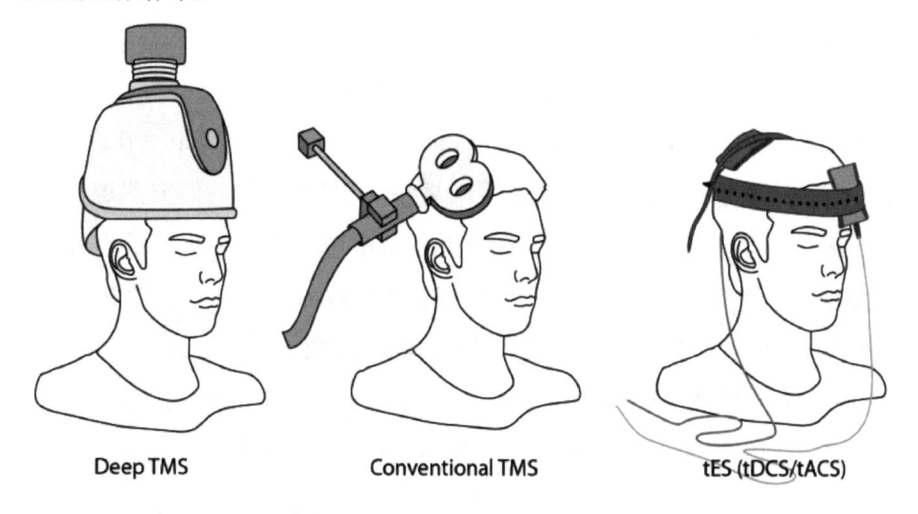

图2-6 主要的非侵入性脑刺激技术

资料来源：Transcranial electrical and magnetic stimulation (tES and TMS) for addiction medicine: a consensus paper on the present state of the science and the road ahead。

TMS可以分为单脉冲TMS（single pulses TMS,spTMS），成对的脉冲TMS（two paired-pulses,PP-TMS）和重复TMS（repetitive TMS,rTMS）。spTMS和PP-TMS都可用于测量皮质兴奋性；rTMS已被证明可在刺激期后改变和调节皮层活动。TMS通过改变磁脉冲波形、线圈形状、刺激方向、强度、频率和模式等，可以产生不同的电场强度和形式。TMS技术既可以抑制神经元活动(低频刺激,<1 Hz),也可以增强神经元活动(高频刺激,>1 Hz)。这一技术可以应用于脑功能检测,例如单脉冲TMS通过刺激运动皮层在对侧肢体肌肉诱发的MEP研究运动通路的功能,是诊断运动系统病变的客观手段之一。另外,这种技术也被用于抑郁症、精神分裂症、帕金森病、癫痫、肌张力异常和抽动障碍、顽固性幻听等的临床治疗。

优点:(1)具有非侵入性;(2)直接评估关键脑区,能得出因果关系。缺点:(1)激活区域比较广泛;(2)会引起轻微的头疼;(3)由于磁场弱,仅能刺激头皮下2厘米左右。

## (二)经颅电刺激

1998年起,研究者发现,微弱直流电可以有效地透过颅骨进行传导并在皮层上诱发出双相的、与极性相关的改变。具体而言,阳极的直流电刺激可以增加皮质兴奋性,而阴极的直流电刺激可以降低皮层兴奋性。本世纪以来,经颅电刺激技术(transcranial electrical stimulation,tES)不断发展,逐渐成为认知神经科学、神经康复医学、精神病学的研究热点。

经颅电刺激通过放置在头皮和/或上身的电极提供低强度的电流,在特定脑区产生弱电场,从而调节大脑皮层神经元的活动(如图2-7所示)。不同的tES方案可以通过不同的刺激参数来实现,例如电极的形状、位置和数量,电流波形、频率和刺激持续时间。电流通过放置在头皮上并连接到电流波形发生器的两个或多个表面电极传送。与TMS相比,tES是阈下刺激,通过调节静息膜电位起作用,调节自发性神经元网络活性,因而是一种神经调控技术。

最常见的两种刺激范式是经颅直流电刺激(transcranial direct current stimulation,tDCS)和经颅交流电刺激(transcranial alternating current stimulation,tACS)。tDCS是利用恒定、低强度直流电(1—2 mA)调节大脑皮层神经元活动的技术。tACS是提供交流电在正负电场之间持续转换,从而引起跨膜电位的周期性变化,进而调节大脑皮层神经元活动的技术。

# 第二章 幸福神经科学概论

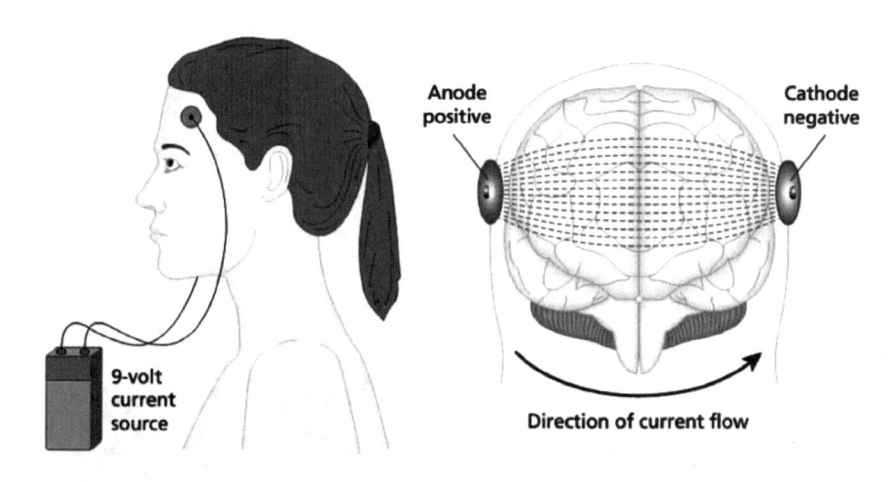

图2-7 tDCS技术原理

资料来源:The student's guide to social neuroscience。

相对于tACS,tDCS已广泛应用于心理学研究中。tDCS的作用机制总的来说是阳极兴奋,阴极抑制。具体而言:(1)对静息膜电位的改变:阳极去极化、阴极超极化;(2)对局部脑血流量的改变:阳极增加、阴极降低;(3)对任务相关脑区的影响:阳极激活、阴极减弱;(4)后续效应:1—2小时;(5)调节突触微环境:改变NMDA受体或GABA的活性,从而起到调节突触可塑性的作用。

优点:(1)非侵入性的;(2)直接评估关键脑区,能得出因果关系;(3)价格低廉,简便易行。缺点:(1)激活区域是比较广泛的;(2)直接刺激的区域只能达到皮层,一些深部脑区,如脑岛、杏仁核等部位却不能触及。

## 三、脑结构记录

### (一)计算机断层扫描

计算机断层扫描(Ccomputed Tomography,简称CT)是以X射线从多个方向沿着头部某一选定断层层面进行照射,测定透过的X射线量,数字化后经过计算机算出该层面组织各个单位容积的吸收系数,然后重建

幸福神经科学——关于幸福的生物学

图像的一种技术(如图2-8所示)。原理是生物物质的密度不同,对X射线的吸收能力与组织密度相关。高密度的物质,如骨头吸收大量射线。低密度物质,如空气或血液,吸收射线较少。神经组织的吸收能力介于二者之间。因此,进行CT扫描的软件实际上提供的是不同组织吸收能力的图像重构。

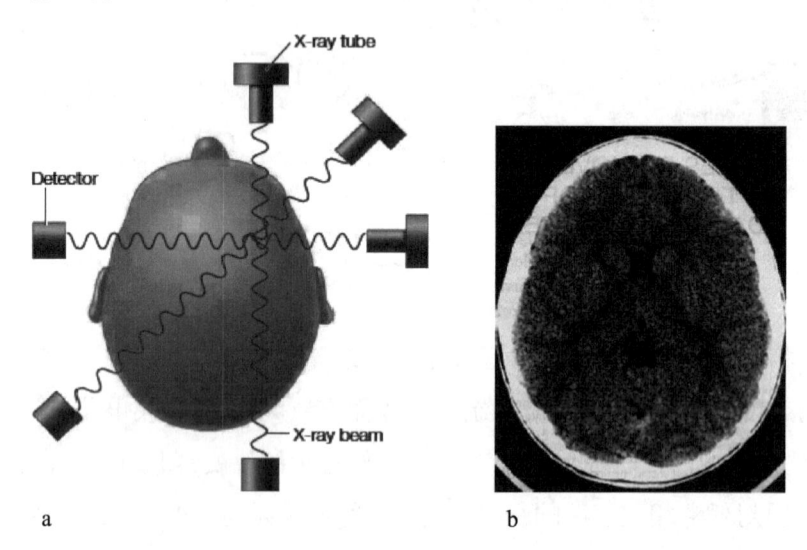

图2-8 计算机断层扫描技术

注:(a)CT成像是基于与X射线相同的原理。X射线被投射到头部,记录的图像提供了对大脑组织密度的测量。通过从多个角度投射X射线并结合使用计算机算法,可以获得基于组织密度的三维图像。(b)在这个横断面CT图像中,沿中线的深色区域是脑室,即脑脊液所在地。

优点:(1)扫描时间快;(2)图像清晰。缺点:(1)由于白质与灰质密度十分相似,因此很难看到灰质白质的分界;(2)具有一定的放射性。

(二)结构磁共振成像

磁共振成像(Magnetic Resonance Imaging,MRI)是把人体放置在一个强大的磁场中,通过射频脉冲激发人体内氢质子,发生核磁共振,然后接受质子发出的核磁共振信号,经过梯度场三个方向的定位,再经过计算机的运算,构成精准的三维图像的技术。它可以精细地区分大脑的灰质和白质结构,具有较高的空间分辨率(如图2-9所示)。

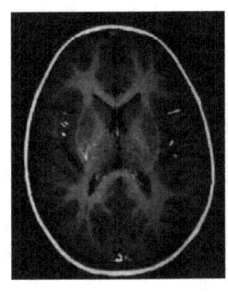

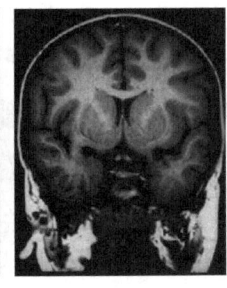

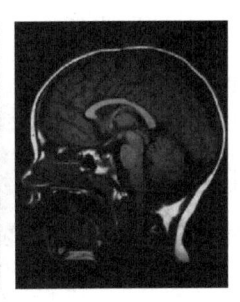

图2-9 结构磁共振成像

结构磁共振成像技术(structual MRI,sMRI)可以用来研究大脑结构的可塑性。例如,心理学家对比了伦敦的出租车司机与普通人的大脑结构。结果发现,与空间记忆及导航有关的海马体在伦敦的出租车司机与普通人之间存在结构差别。出租车司机有着更大的海马体(Maguire et al.,2000)。这也验证了长期经验会导致相应大脑结构的持久性变化的观点。

优点:(1)与CT相比,软组织显示清晰,是高对比度成像;(2)无电离辐射的危害。缺点:(1)费用较高;(2)禁忌症较多,如体内留有金属物品者不宜接受磁共振成像扫描。

(三)扩散张量成像

扩散张量成像(Diffusion Tensor Imaging,DTI),是一种描述大脑结构的新方法,是核磁共振成像的特殊形式。其基础理论是水分子的布朗运动。在均匀介质和人体组织中,水分子的弥散形式各不一样,在均匀介质中表现为各向同性(isotropy)扩散,沿各个方向扩散的概率一样。但是,在人体组织中,不同组织的密度不一样,朝各个方向扩散受到的阻碍也不一样,表现为各向异性(anisotropy)扩散,具有方向性。例如,在大脑白质中,由于各种走向的神经纤维束的存在,其内部水分子的扩散方向受到这些纤维束的约束,主要沿纤维束方向运动,DTI利用这种约束作用,根据对多次不同空间方向的弥散成像和计算处理,得到组织中水分子扩散的变化程度指标来评估大脑白质结构完整性以及实现神经纤维束的立体重建。因此,DTI可以无创伤显示脑白质纤维束形态结构,是目前能够在体呈现解剖连接的唯一手段。基于弥散张量模型可以得到白质的微观结构测量,如各向异性分数和平均弥散系数,并且能够形象显示人脑生理或病理状态下的纤维束形态、走向等。例如,弥散张量成像图可以揭示同中风、多发性硬化症、精神分裂症、阅读障碍有关的纤维束形态和走向的反常变化。

优点:(1)DTI技术可以定向定量地评价脑白质的各向异性;(2)是目前唯一能在活体、无创条件下提供人脑白质纤维结构位置和走行特点的影像学技术;(3)是研究复杂脑组织结构的一种无创的有力工具。缺点:(1)弥散梯度引起涡流,使纤维束方向确定不可靠;(2)磁场不均匀性使图像扭曲变形,影响DTI定量分析;(3)较小纤维束显示不佳或不能显示;(4)受水肿等因素影响,受压与破坏不确切。

## 四、脑功能记录

(一)脑电图

1875年,英国利物浦医生理查德·卡顿(R. Caton)首次在活体解剖的兔子和猴子大脑皮层上记录自发脑电活动。大脑皮层的神经元在没有任何明显外加刺激的情况下,甚至在熟睡时,都能产生持续的节律性电位变化,这称为自发脑电活动(即脑电波)。用仪器将这些微弱的脑电活动引导出来,并放大100万倍后描记成一种生物电曲线图,即为脑电图(Electroencephalogram, EEG)。脑电的形成原理主要是由大脑皮质锥体细胞顶树突的突触后电位变化的总和形成。

事件相关电位(Event-Related Potentials, ERP)是指当外加一种特定的刺激,作用于感觉系统或脑的某一部位,在给予刺激或撤销刺激时,以及某种心理因素出现时,在脑区所产生的电位变化。ERP是诱发才会发生(time-locked to stimulus),而EEG是不断发生/自发的。EEG含有心理

## 第二章 幸福神经科学概论

与生理信息,但不是信息引起的波形本身,而 ERP 是信息引起的波形本身,但淹没在 EEG 中,通常观察不到,并且需通过叠加才能提取。

事件刺激引发 EEG 随着叠加次数的增加,ERP 信号的波幅增强,为原来的 $n$ 倍($n$ 为叠加次数),而噪音的增强仅为原来的根号 $n$ 倍。例如,叠加前信号强度为 2 μv,噪音强度为 10 μv,其信噪比为 2/10 = 0.2。叠加 100 次后,信号强度为 200 μv,而噪音强度为 100 μv,信噪比为 200/100 = 2。

按感觉通路,ERP 可以分为听觉诱发电位(auditory evoked potential, AEP)、视觉诱发电位(visual evoked potential, VEP)、体觉诱发电位(somatosensory evoked potential, SEP)等。按潜伏期,ERP 可以分为早成分(0—10 ms)、中成分(10—50 ms)、晚成分(50—500 ms)、慢波(500 ms 后)等。

ERP 的先驱研究者经过四十多年的积累,发现了一些经典的 ERP 成分,在发现这些成分时所使用的一些研究方法对于后来者有启发,其中与心理学研究密切相关的成分主要包括 CNV、P300、MMN、N170 和 N400 等。N170 成分如图 2-10 所示。

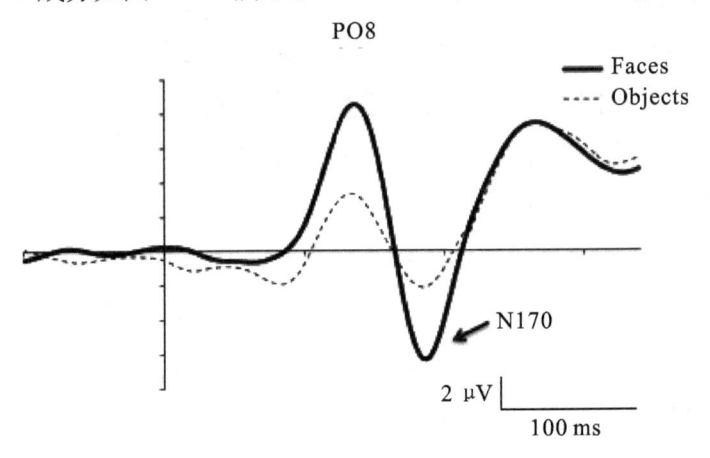

图 2-10 N170 示意图

资料来源:N170 sensitivity to facial expression: A meta-analysis。

注:对面部和其他非面部视觉刺激(如物体)做出反应时,事件相关电位的 N170 成分的潜伏期、极性和振幅的示意图。

优点：(1)时间分辨率高(10 ms)，具有无创性；(2)便于与反应时配合进行认知过程的研究；(3)设备简单，环境要求不高；(4)设备相对便宜。缺点：(1)空间分辨率较低；(2)不能提供关于脑功能定位的精确信息；(3)ERP信号产生的来源仍然不清楚；(4)需要许多个试次进行平均。

### (二)脑磁图

人的颅脑周围也存在着磁场，这种磁场称为脑磁场。但这种磁场强度很微弱(10—15T)，要用特殊的设备才能测量，需建立一个严密的电磁场屏蔽室，在这个屏蔽室中，将受检者的头部置于超冷电磁测定器中，通过特殊的仪器可测出颅脑的极微弱的脑磁波，再用记录装置将其记录下来，形成图形，这就是脑磁图(magnetoencephalography，MEG)。

EEG与MEG在以下几个方面存在不同。(1)EEG主要是测量垂直于颅骨的神经细胞的活动(径向磁场测量)，而MEG主要是测量平行于颅骨的这些细胞的活动(正切磁场测量)。(2)MEG测量细胞内电流，而EEG测量细胞外电流。(3)脑功能区呈多方位立体分布，信号为立体传递。头部各组织的导电率各不相同的效应，使得脑电图信号在到达头皮表面后信号产生失真。脑磁场为空间探测，将头颅作为球型导体在颅外与之呈正切方向均能检测到脑磁场信号，即脑磁图信号和各种脑组织的导电率无关，因此脑磁图信号在穿透头皮后不会产生任何失真。(4)MEG的价格是EEG的20倍左右。

优点：(1)直接测量神经活动的变化；(2)脑颅和脑组织不会对磁场有干扰；(3)时间分辨率高(10 ms)；(4)具有非侵入性。缺点：(1)不能提供结构或者解剖信息；(2)只能检测和颅骨表面平行的电流方向；(3)价格比较昂贵；(4)需要多个试次进行平均。

### (三)正电子发射断层扫描

正电子发射计算机断层扫描(positron emission tomography，PET)，是一种非创伤性的用于探测体内放射性核分布的影像技术。传统的医学影像技术显示的是疾病引起的解剖和结构变化，而PET显示的则是人体的功能变化。根据对正电子(某些放射物质释放的微粒子)的检测来获得有关大脑活动的信息。将带有放射性标记的液体注射到被试体内,皮质区域兴奋时,放射性液体聚集于此。扫描装置测量放射性液体产生的正电子的数量,正电子数量则在一定程度上反映了皮质区域的兴奋水平。

优点:(1)空间分辨率高:3—4 mm。缺点:(1)时间分辨率低,60秒或者更长一段时间内的脑活动量;(2)对神经活动的间接测量;(3)放射性液体注射,因此是一种侵入性技术;(4)价格昂贵。

(四)功能磁共振成像

功能磁共振成像(functional magnetic resonance imaging,fMRI)不再是单纯的形态学检查方法,也能反映脑功能状态的磁共振成像技术。其原理是利用磁振造影来测量神经元活动所引发之血液动力的改变。目前主要运用在研究人及动物的脑或脊髓(如图2-11所示)。

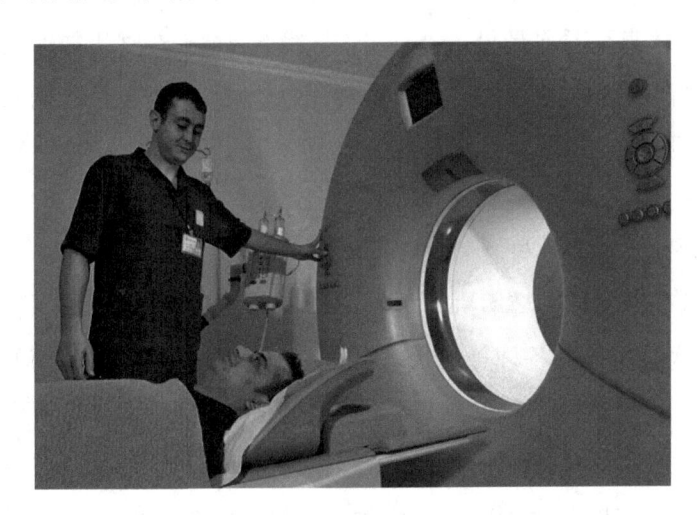

图2-11 功能性核磁共振扫描

资料来源:The student's guide to social neuroscience。

像结构态 sMRI 一样,fMRI 使用的是分子的顺磁特性,但是 fMRI 主要针对血红蛋白。血红蛋白位于血液中,负责运送氧气。当氧气被消耗时,血红蛋白变成脱氧血红蛋白。血液中的脱氧血红蛋白是顺磁性物质,

### 幸福神经科学——关于幸福的生物学

氧合血红蛋白是逆磁性物质。当脑组织兴奋时,局部流入大量氧含量丰富的新鲜血液,从而使局部脱氧血红蛋白的含量下降,顺磁性物质减少,导致T2(T1和T2是描述核磁信号的参量)延长,在T2加权像上表现出信号增强。当脑组织兴奋时,局部区域血流增加。由于神经活动消耗氧气,血红蛋白变成脱氧血红蛋白。fMRI测量了血红蛋白与脱氧血红蛋白的比率。这就是血氧水平依赖效应,即BOLD效应(blood oxygenation level dependent effect,BOLD effect)。这仅局限于任务态fMRI(task - fMRI),而不包括静息态fMRI。

传统的fMRI研究多指任务态fMRI,这种技术主要考察当个人完成某个任务时特定脑区的活动。而在任务态fMRI研究中经常使用到的就是认知减法的思路。例如,一个fMRI实验一般要包括不同的任务条件,比如一位数的计算题目(3+7=?)是一类任务(感兴趣的实验条件),用"+"提示休息可看作是另一类任务(基线条件,不需要认知输入),将被试执行这两类任务时的大脑图像做对比,就大致能得到一位数加法运算对应的脑区了。如果将一位数的计算(3+7=?)和二位数的计算(13+17=?)作为两种任务,二者的差别在于计算难度,对比二者对应的图像,也可以大致找到信号与这种难度系数存在相关的脑区。

静息态则是指大脑不执行具体认知任务、保持安静、放松、清醒时的状态,是大脑所处的各种复杂状态中最基础和最本质的状态。研究表明,在大脑消耗的全部能量中,静息态的能量消耗,要远远高于与任务相关的神经元代谢增加,如果只研究任务态,那我们获取的关于大脑的知识将是非常有限的。所以,自1995年巴拉特·毕思瓦尔教授(Bharat Biswal)及其同事率先报告静息态fMRI具有生理意义后,越来越多的人进入了静息态的研究领域。静息态fMRI是最简单直接的实验设计,被试不需要完成任何外在任务。最经典的实验设计为闭眼静息(数据收集过程中,被试闭上眼睛,不要想任何事情也不要睡着)和睁眼静息(数据收集过程中,被试眼睛睁着,视线固定,不要乱动也不要想任何事情)。真实研究中选

## 第二章 幸福神经科学概论

何种设计,由研究目的决定。扫描时长也会对结果产生影响,一般为5—10分钟。静息态 fMRI 既可以分析单个脑区的自发脑活动,也可以分析大脑区域之间的自发信息交互与大脑网络之间的协作活动。

优点:(1)空间分辨率高(2—3 毫米);(2)具有非侵入性。缺点:(1)时间分辨率不够高(6 秒,优于 PET,比不上 ERP/MEG);(2)设备比较昂贵(400 万美元,每次扫描 300—1000 美元);(3)因为测量的是新陈代谢信号,所以是神经元活动的间接测量。

# 第三章 神经系统的结构和功能

神经系统是产生幸福的物质基础,因此,要了解幸福的产生机制,必然要了解神经系统的结构与功能。在这一章中,将对神经系统的基本结构和功能做简要介绍,以期能更好地理解幸福的神经基础。

## 第一节 神经系统的基本结构

### 一、神经元

神经元是神经系统的基本结构和功能单位。神经元具有数量巨大(约1000亿个,相当于银河系恒星的数量),种类繁多(有1000种不同类型的神经元),联结复杂(神经元通过神经纤维相互联结,形成复杂的神经网络)等特点。神经元既有兴奋性联系,也有抑制性联系。

神经元有独特的外形,由细胞体以及伸出长度不同的突起组成(如图3-1所示)。细胞体主要用来维持神经元新陈代谢。突起由树突和轴突组成。树突短而分枝多,直接由细胞体扩张突出,形成树枝状,其作用是接受其他神经元轴突传来的冲动并传给细胞体。轴突长而分枝少,为粗细均匀的细长突起,其作用是接受外来刺激,再由细胞体传出。轴突除分出侧枝外,其末端形成树枝样的神经末梢。末梢分布于某些组织器官内,形成各种神经末梢装置。感觉神经末梢形成各种感受器;运动神经末梢分布于骨骼肌肉,形成运动终极。髓鞘是包裹在神经细胞轴突外面的一层膜。其作用是绝缘,防止神经电冲动从神经元轴突传递至另一神经元轴突。

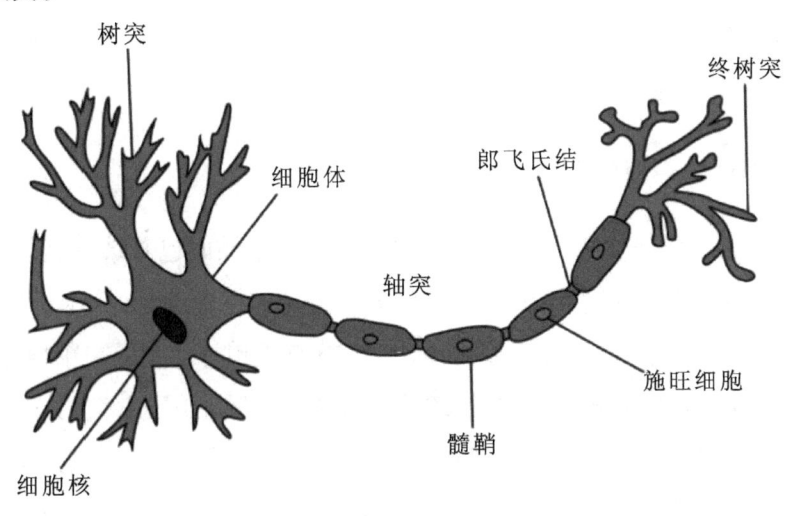

图 3-1 神经元的结构

根据细胞体发出突起的多少,从形态上可以把神经元分为3类:假单极神经元、双极神经元和多极神经元。假单极神经元的胞体近似圆形,发出一个突起,在离胞体不远处分成两支,一支树突分布到皮肤、肌肉或内脏,另一支轴突进入脊髓或脑。双极神经元的胞体近似梭形,有一个树突和一个轴突,分布在视网膜和前庭神经节。多极神经元的胞体呈多边形,有一个轴突和许多树突,分布最广,脑和脊髓灰质的神经元一般是此类。

## 二、神经胶质细胞

胶质细胞没有传导功能,其功能主要是为神经元提供支持、供给营养、维持环境恒定及提供绝缘。胶质细胞可以分为三类:少突胶质细胞、星状胶质细胞和小胶质细胞。

**少突胶质细胞**:分支少,以其细胞膜包覆中枢神经系统中部分神经元的轴突,形成髓鞘构造。

**星状胶质细胞**:数目多,功能多。具许多凸出物,并以此固定住神经元,提供其血流供应。参与神经递质的代谢、中枢神经系统中离子平衡及神经系统的正常发育。

小胶质细胞:数量少,约占5%。它是定居在脑内的吞噬细胞,在炎症刺激下,其抗原性增强,形态伸展,功能活跃。

### 三、神经和神经节

神经由多个神经元伸出的神经纤维所组成,外面包着结缔组织。由于标准不同,神经可以做出很多种分类。按与中枢的联系,分脑神经(12对)和脊神经(31对)。按有无髓鞘包裹,分有髓鞘神经和无髓鞘神经。

神经节是功能相同的神经元细胞体在中枢以外的周围部位集合而成的结节状构造。神经节通过神经纤维与脑、脊髓相联系,功能主要是传导兴奋。神经节可分为脑脊神经节和植物性神经节两类。脑脊神经节在功能上属于感觉神经元,在形态上属于假单极或双极神经元。植物性神经节包括交感和副交感神经节,交感神经节位于脊柱两旁,副交感神经节位于所支配器官的附近或器官壁内。

### 四、神经冲动的传导

神经传导,即神经冲动的传导。神经传导是一个需能的代谢过程,不是一个简单的被动的传导。神经冲动的传导只能由轴突传导。

细胞在安静状态下,细胞膜两侧内外存在内负外正电位差。此时的电位称之为静息电位,也就是神经未受刺激,处于静态时的电位,电位差为 $-70$ 毫伏左右。静息电位的产生与细胞膜内外离子的分布和运动有关。正常时胞内的 $K+$ 和有机负离子 $A-$ 浓度比膜外高,而胞外的 $Na+$ 和 $Cl-$ 浓度比膜内高。在这种情况下, $K+$ 和 $A-$ 有向膜外扩散的趋势,而 $Na+$ 和 $Cl-$ 有向膜内扩散的趋势。但细胞膜在安静时,对 $K+$ 的通透性较大,对 $Na+$ 和 $Cl-$ 的通透性很小,而对 $A-$ 几乎不通透。

动作电位是可兴奋细胞受到刺激时细胞膜产生的一次可逆的、可传

## 第三章 神经系统的结构和功能

导的电位变化(如图3-2所示)。电位变化是由细胞膜上的离子通道开合控制的。传导过程包括去极化、复极化和超极化。细胞产生兴奋时,少量Na+通道开放,Na+顺浓度差进入细胞内,膜内电位升高。当电位达到阈值,即阈电位时,Na+通道大量开放,Na+迅速内流,胞内电位急剧上升,形成去极化。当胞内Na+浓度达到平衡时,K+通道激活开放,Na+内流减缓,K+开始顺浓度扩散外流,大量阳离子流失,膜内电位下降,形成复极化。而膜内电恢复到静息电位时,K+通道关闭滞后,导致电位差进一步增大,这一过程成为超极化。由于郎飞氏结的存在,动作电位沿神经纤维顺序发生,跳跃式传导。

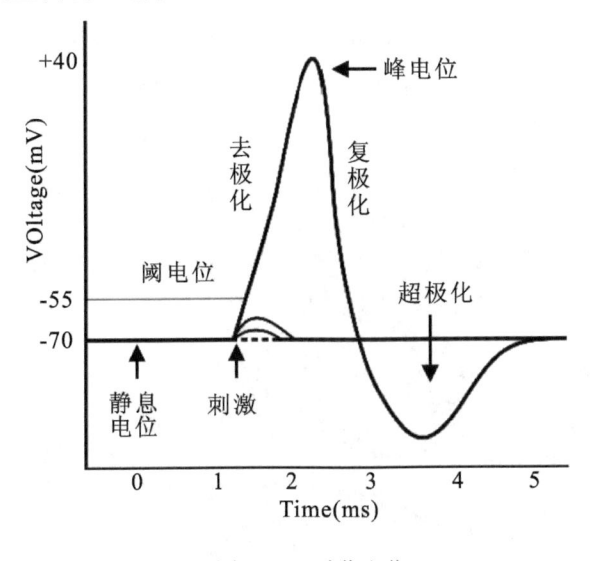

图3-2 动作电位

### 五、神经信号的化学传递:突触

轴突小支末端膨大成小球,和另一神经元的树突或细胞体的表膜相连处形成。突触可以分为电突触和化学突触。

电突触一般为2纳米,不需要化学递质,多见于腔肠动物、无脊椎动物。突触前后两膜很接近,神经冲动可直接通过,速度快;传导没有方向之分,任何一个产生冲动,即可以传导给另一个。

幸福神经科学——关于幸福的生物学

化学突触指的是两个神经元之间有一个宽约20—50纳米的缝隙。可以分为兴奋性突触和抑制性突触。突触小体与下一个神经元的树突或胞体相接触，形成突触。突触是由突触前膜、突触间隙、突触后膜构成的（如图3-3所示）。膨大的部分叫突触小体，突触小体内含有突触小泡。在神经元的信息传递过程中，当一个神经元受到来自环境或其他神经元的信号刺激时，储存在突触小泡内的神经递质可向突触间隙释放，作用于突触后膜相应受体，将递质信号传递给下一个神经元。神经递质是神经元之间或神经元与效应器细胞如肌肉细胞、腺体细胞等之间传递信息的化学物质。根据神经递质的化学组成特点，主要有胆碱类（乙酰胆碱）、单胺类（去甲肾上腺素、多巴胺和5-羟色胺）、氨基酸类（兴奋性递质如谷氨酸和天冬氨酸；抑制性递质如γ氨基丁酸、甘氨酸和牛磺酸）和神经肽类等。

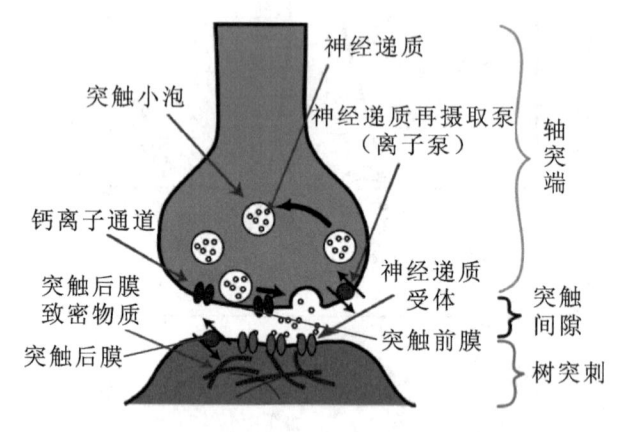

图3-3 突触结构

## 六、反射弧

反射活动的结构基础称为反射弧，是从接受刺激到发生反应的全部神经传导途径，是神经系统的基本工作单位。反射弧由感受器、传入神经、神经中枢、传出神经、效应器五个部分组成，其中感受器是接受刺激的器官或细胞，效应器是产生反应的器官或细胞。

第三章　神经系统的结构和功能

一定的刺激由一定的感受器感受。感受器发生兴奋后,兴奋以神经冲动的方式经过传入神经传向神经中枢。通过中枢的分析与综合活动,中枢产生兴奋。中枢的兴奋又经一定的传出神经到达效应器,使效应器发生相应的活动。

## 第二节　神经系统

神经系统(nervous system)是机体内对生理功能活动的调节起主导作用的系统,主要由神经组织组成,分为中枢神经系统和周围神经系统两大部分。中枢神经系统又包括脑和脊髓。脑是中枢神经系统的主要部分,可以控制人体的一切意志活动。脊髓是中枢神经系统的低级部位,可以发挥传导功能和反射功能。周围神经系统是指除脑和脊髓以外的所有神经结构,包括自主神经系统和躯体神经系统等(如图3-4所示)。

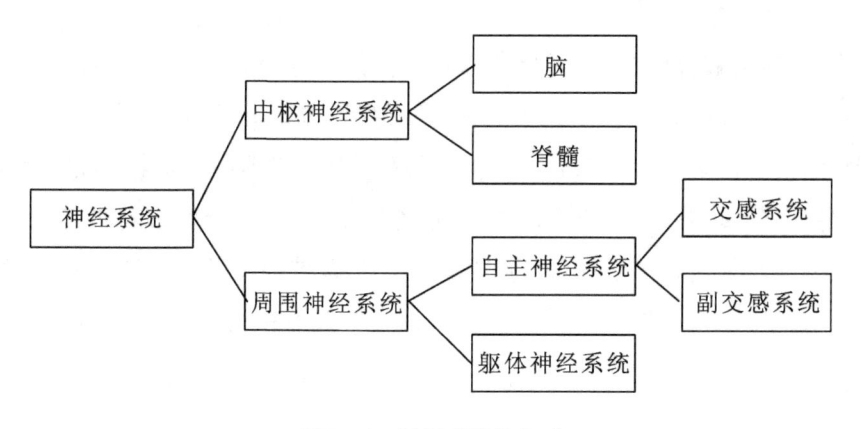

图3-4　神经系统的组成

### 一、中枢神经系统

成人脑重1400克左右,约占总体重2%,女性的脑重略轻于男性。脑耗氧量占人体总耗氧量的25%。如图3-5所示,人脑的脑重与体重的比例是所有动物中最大的。

幸福神经科学——关于幸福的生物学

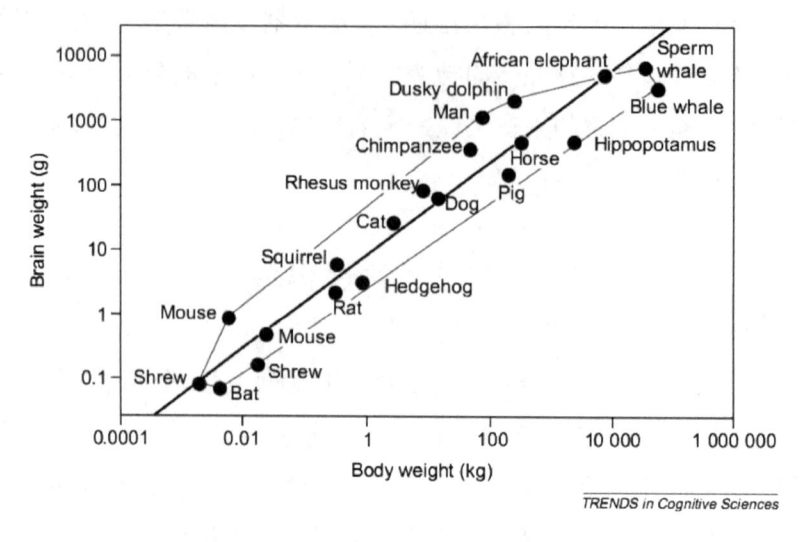

图 3-5 脑重和体重之间的关系

资料来源：Evolution of the brain and intelligence。

## （一）大脑半球

人的大脑包括左、右两个半球及连接两个半球的部分。人脑两半球间由巨束纤维（胼胝体）相连。脑主要包括大脑（端脑）、间脑、小脑、中脑、脑桥及延髓等六个部分。大脑皮层是大脑的表层，在进化过程中发生较晚，由灰质和白质组成。灰质区：也称作皮质区，位于大脑表面，包括脑叶、脑沟及脑回。白质区：也称作髓质区，包含神经纤维外，另有基底神经节。褶皱（沟回）使大脑皮层面积扩大 3 倍，总面积约 2300 平方厘米。

每个半球包含 5 个脑叶，由中央沟、外侧沟、顶枕沟将其分开。具体脑结构如图 3-6 和 3-7 所示。枕叶主要负责视觉加工。颞叶主要负责听觉加工和声源定位、语言理解（威尔尼克区）。顶叶主要负责躯体感觉、综合分析各种感觉信息、方位知觉。额叶主要负责逻辑推理、决策、计划、控制情绪、注意、运动、语言产生（布洛卡区）。岛叶主要负责味觉加工，情绪等。

## 第三章 神经系统的结构和功能

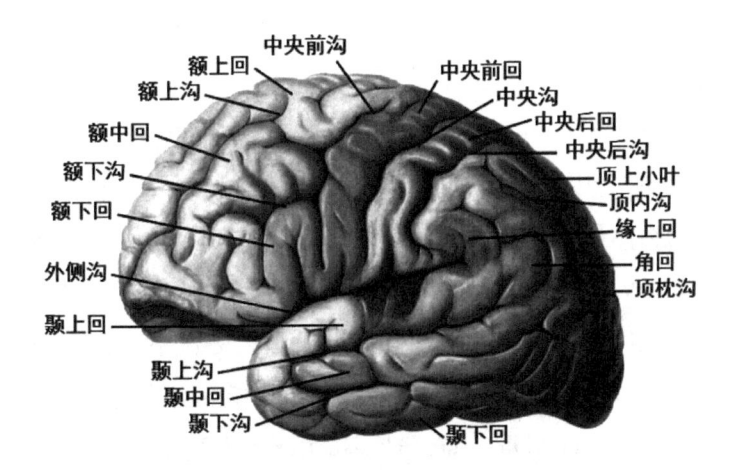

图 3-6 大脑半球外侧面

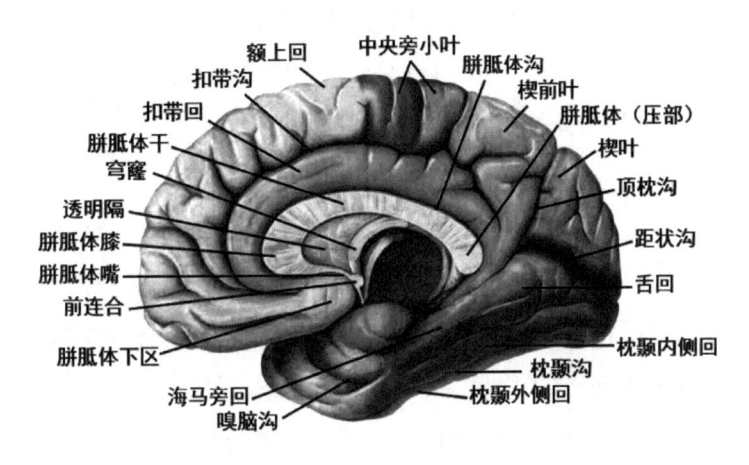

图 3-7 大脑半球外侧面

### (二)大脑皮层功能分区

1. 躯体感觉区

躯体感觉区是布罗德曼 1、2、3 区,相当于中央后回和中央旁小叶后部的皮质,主管对侧半身的感觉,并有局部定位关系。

2. 视觉区

传统意义上的视皮层是指大脑枕叶的一些皮层区。近年来,视皮层的范围已扩大到顶叶、颞叶和部分额叶在内的许多新皮层内,总数达 25

个。另外还有7个视觉联合区,这些皮层兼有视觉和其他感觉或运动功能。所有视区总共占大脑新皮层总面积55%。

17区被称为第一视区(V1)或纹状体皮层(striate cortex)。它接受外膝体的直接输入,因此也称为初级视皮层(primary visual cortex)。V1具有简单识别物体形状和亮度的功能。损伤V1,在人类则完全丧失视觉。18区内包括V2和V3等视觉区,它们的主要输入来自V1。V1和V2是面积最大的视区。19区包括V4和V5。V5也称作中颞区,已进入颞叶范围。V2、V3和V4属于视觉联络区,对于视觉信息的感知和整合是重要的。V5(颞中回;middle temporal visual area,MT),接受V1、V2、V3和V4的传入,主要参与视觉运动信息相关的感受和分辨,含有大量对运动光刺激敏感的神经元。18和19区受到刺激,可产生复杂的视觉影像。18和19区受到损伤,患者将很难识别物体的形状、质地、颜色,特别是不能进行与视物相关的联想。19区全部受损则导致全色盲。

3. 听觉区

听觉区位于大脑外侧沟下壁的颞横回上(41、42区)。每侧听觉区接受自内侧膝状体传来的两耳听觉冲动。因此,一侧听觉区受损,不致引起全聋。41区接受内侧膝状体的信息传入,被称为初级听皮层区;位于41区外周的42区是听觉联络区,被称为第二听皮层区。实验表明,简单的声音刺激可引起41区神经元的反应,更复杂声音的感受需要听觉联络区的整合。41区损伤所造成的听觉障碍要比42区损伤严重。初级听皮层神经元按接受听觉信息的频率定位:接受高频信息的神经元位于41区的后外侧,接受低频信息的神经元位于41区的前内侧。

4. 语言中枢

视觉性语言中枢位于角回(39区)和(37区)。若此中枢受损伤,病人视觉虽然完好但不能阅读书报,临床上称为失读症。听觉性语言中枢位于22区。若此中枢受到损伤,病人能听到别人谈话,但不能理解谈话的意思,故称感觉性失语症。运动性语言中枢:位于44及45区,在额下回后部(又名布洛卡区)。当其损伤后,患者将失去说话能力,但与发音说话有关的肌肉及结构并不瘫痪和异常,临床上称此为运动性失语症。书写中枢:在额中回的后部,若受损,患者其他的运动功能仍然存在,但写字绘画等精细运动发生障碍,称为失写症。左侧大脑半球的语言中枢如图3-8所示。

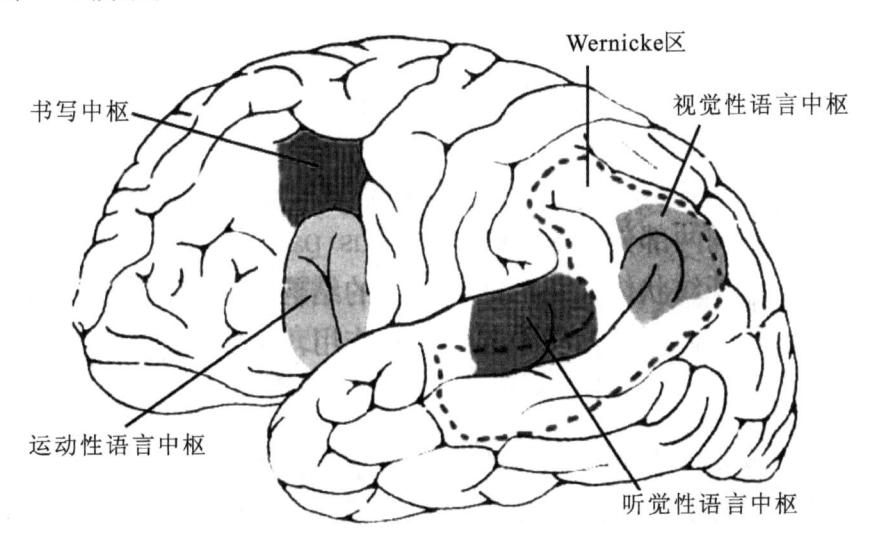

图3-8 左侧大脑半球的语言中枢

5.边缘系统

在发育过程中,前脑不断地向四周发育。在颅骨的限制下,扩展的边缘脑区被卷入内侧,包裹着间脑,并与间脑相联系和融合。这部分边缘脑区被称为边缘叶。边缘叶与其皮质下核、间脑和中脑的部分脑区共同构成一个结构和功能密切相关的边缘系统。边缘系统参与学习记忆、情绪表达、应激反应和对内脏与内分泌活动的调节,也被称之为"情绪脑"。

扣带回(cingulate gyrus)相当于布鲁德曼的32、23、24区,上沿是扣带沟,下方由胼胝体沟与胼胝体分隔,前端起自胼胝体嘴部的前下方,沿胼胝体的膝部、体部和压部的背侧向后与海马旁回相续。主要参与判断、顿悟、情绪控制等加工。

灵长类的隔区由胼胝体下区和终板旁区构成,形成侧脑室前角的内侧壁。隔区作为边缘系统的主要结构,联系着海马组织和下丘脑及缰核,参与内脏活动的调节、情绪的表达和学习记忆功能。

杏仁核(amygdala)进化较早,被称为古纹状体。杏仁核是基底神经节的一个组成部分,位于颞叶深部,与情绪加工有关,是恐惧情绪加工的核心结构。

海马(hippocampus)位于颞叶的前下方,是从室间孔延至侧脑室的下角顶部之间的一个弓形皮质区。主要参与学习和记忆、参与短时记忆向长时记忆的转化。

丘脑(thalamus)是间脑中最大的卵圆形灰质核团,是感觉传入大脑皮层的中继站,粗浅感觉的分析。

下丘脑(hypothalamus)位于丘脑沟以下,形成第三脑室下部的侧壁和底部。主要参与调节内脏活动(神经垂体:具有神经内分泌的功能)。

6. 脑干

脑干在进化过程中最早形成和完善,位于边缘系统下方,负责呼吸、心跳等重要的生命功能。中脑是网状激活系统,负责内脏调节。脑桥负责联系和整合的环节,具有呼吸调节中枢。延髓是活命中枢、基本呼吸中枢,呼吸、心搏、吞咽、咳嗽、喷嚏、呕吐等行为都受延髓支配。

7. 小脑

位于大脑的后下方,颅后窝内,延髓和脑桥的背面。小脑主要参与控制平衡、姿势、运动协调。在一定程度上参与注意、记忆、学习等功能。

(三)大脑功能网络

除了按照解剖结构将大脑分为不同区域外,实际上也可以从网络层面对大脑区域进行划分,具体来讲,大体划分为以下几个核心的脑网络。

1. 默认网络

默认网络(default mode network)是最负盛名的静息脑网络。通常在个体处于清醒和休息状态,不专注于外界时默认模式网络就会活动。在有外界刺激的常规任务实验中,该网络处于去激活状态(抑制状态)。当

## 第三章　神经系统的结构和功能

个体处于做白日梦、展望未来、提取记忆和思考心理理论等内部导向的任务时,它会优先激活。一般来讲,默认网络包括额上皮层、内侧前额叶皮层(medial prefrontal cortex)、后扣带回(posterior cingulate cortex)/楔前叶(precuneus)、颞下皮层(inferior temporal cortex)、海马旁回(parahippocampal gyrus)、顶外皮层(lateral parietal cortex)等脑区(Buckner et al.,2008;Fair et al.,2008)。它被认为和阿尔茨海默氏症、孤独症、精神分裂症和癫痫等广泛的神经精神类疾病相关。任务态 fMRI 研究发现默认网络与自我参照加工有密切关联,也被发现与冥想、外倾性、幸福感等有关。

2. 突显网络

突显网络(salience network)主要包括前脑岛(anterior insula,AI)和前扣带皮层(anterior cingulate cortex,ACC)以及三个皮层下结构,即腹侧纹状体(ventral striatum)、黑质/腹侧带状区(substantia nigra/ventral tegmental region)。功能非常明确,就是对外部信息进行评估,找到最相关、切题的刺激。对外部刺激和内部事件进行分类,切换到相关的处理系统。

3. 额顶网络

额顶网络(frontoparietal network,FPN)分为左额顶和右额顶两个额顶网络。左额顶网络主要脑区:布洛卡区、威尔尼克区、内侧额叶(mesial frontal lobe)和尾状核(caudate)。右额顶网络主要脑区:右额顶网络具有右偏侧性,其脑区集中分布在包括角回,背外侧前额叶皮层,额叶眼动区和岛叶。FPN 主要跟语言、抑制、工作记忆等有关。

4. 执行控制网络

执行控制网络(executive control network),又叫中央控制网络(central-executive network)或者外侧额顶网络(lateral frontoparietal network,注意不同于背侧注意网络)。该网络包括了多个前额叶皮层和额下叶,下顶叶区域,其核心区域为背外侧前额叶皮层(dorsolateral prefrontal cortex,dlPFC)。这些脑区多和活动抑制、情绪等相关。控制网络参与了多个高级认知任务,并在适应性认知控制中扮演了重要角色。

### 5. 背侧注意网络

背侧注意网络(dorsal attention network),也叫视空间注意网络(visuo-spatial attention network)或任务正网络(task-positive network,TPN)。后面这个名称是由它与默认模式网络的对立关系得来的:它们俩互成拮抗。背侧注意网络的功能是提供自上而下的注意定向。

### (四)脊髓

中枢系统的最后一个部分是脊髓。脊髓从延髓一直延伸到其位于脊椎底部的马尾。脊髓主要负责最终的运动指令下达给肌肉;同时从身体的外周感受器中接收感觉信息并传导至脑部。此外,脊髓的每个部分都包含反射通路,如膝跳反射通路。

## 二、自主神经系统

自主神经系统(autonomic nervous system,ANS),又称植物神经系统(vegetative nervous system,VNS),与躯体神经系统共同组成脊椎动物的周围神经系统。所谓"自主",是因为未受训练的人无法靠意识控制该部分神经的活动。自主神经系统中的神经,既有脑神经也有脊神经。自主神经系统控制体内各器官系统的平滑肌、心肌、腺体等组织的功能,如心脏搏动、呼吸、血压、消化和新陈代谢等。自律神经的控制中心位于下丘脑以及脑干,透过脊髓下达至各器官。它也接受大脑皮质以及边缘系统的调节。自主神经系统主要分为两个部分:交感神经系统和副交感神经系统(如图3-9所示)。

## 三、躯体神经系统

躯体神经系统(somatic nervous system),其中的神经种类既有脑神经也有脊神经,和内脏神经系统共同组成脊椎动物的周围神经系统。躯体神经系统控制躯体的随意活动,以适应外界环境。躯体神经分布于体表、骨、关节和骨骼肌。

第三章 神经系统的结构和功能

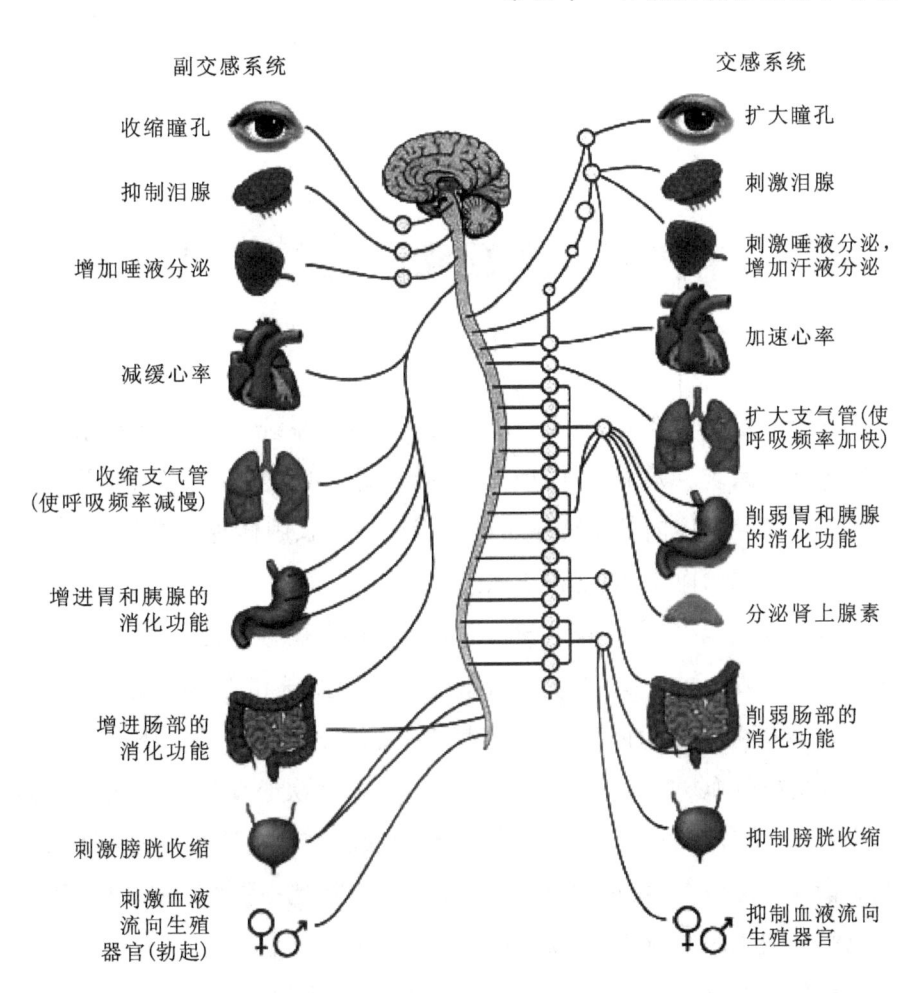

图 3-9 交感和副交感神经系统

资料来源:认知神经科学:关于心智的生物学。

# 第四章 主观幸福感与大脑

在上一章我们知道,神经系统包括中枢神经系统、自主性神经系统以及躯体神经系统。其中,躯体神经系统与躯体的随意活动控制有关。自主神经系统控制体内各器官系统的平滑肌、心肌、腺体等组织的功能,如心脏搏动、呼吸、血压、消化和新陈代谢。

有研究发现,自主神经系统的活动与主观幸福感有关。例如,斯特普托和瓦德尔发现,主观幸福感与日常生活中的血压和心率有关(Steptoe, Wardle,2005)。具体而言,生活中体验到更多积极情绪的个体有更低的心率和更好的血压。心率变异性(HRV)是指逐次心动周期之间时间的微小变化,即窦性心律不齐的程度,能够反映心脏自主神经系统的活动性和均衡性。巴塔查莉娅等人发现,在疑似患有冠状动脉疾病患者中,认为自己是最快乐的参与者在心脏测试那天的 HRV 更健康(Bhattacharyya et al.,2008)。此外,研究也发现,HRV 与积极情绪相关,但与消极情绪不相关(Oveis et al.,2009)。不过,Sloan 等人(2017)在普通人群中并没有重复这一结果。

研究人员采用自主神经调节功能的另一指标,即迷走神经张力(cardiac vagal tone,CVT),发现 CVT 与主观幸福感呈非线性相关,中等程度 CVT 的个体比其他个体有更高的主观幸福感水平(Kogan et al.,2013)。此外,杜邦等人对 21 项研究进行荟萃分析(DuPont et al.,2020)。他们考察了可能与幸福感有关的四种生理指标,即心脏功能指标(心率和心输出量)、血液动力学指标(平均动脉压、收缩压和舒张压)、皮质醇(肾上腺

## 第四章 主观幸福感与大脑

皮质分泌的一种类固醇激素)以及自主神经活动指标(心率变异性、皮肤电和儿茶酚胺)。结果发现,主观幸福感与应激产生的生理反应指标不存在相关,但是与应激后的部分生理指标的恢复,特别是血流动力学指标的恢复有关。不难发现,幸福感与生理指标的结果并不一致,这可能与研究的样本大小、样本群体类型、研究范式、生理指标参数等的选择不同有关。

随着神经影像技术的发展,尤其是磁共振成像技术的发展,研究者已经能通过这些技术来认识人类的大脑。目前,通过这些先进的技术,科学家们已能够绘制出一些认知、情绪或行为的大脑图谱。因此,大脑"黑箱"已经被打开,我们已不再猜测,而能够直接观测到心理与行为的脑神经机制。尽管这些新技术仍不能清晰地揭示大脑中神经元以及突触间相互作用的细节,但大脑黑箱已慢慢变成了灰箱。顺应神经影像学勃兴的潮流,人们开始关注在大脑中寻找幸福。主观幸福感与大脑的结构和功能的关系是什么?人格影响主观幸福感的神经机制是什么?幸福干预如何改变大脑的结构和功能?……一系列重要的问题开始引起研究者们的关注。最近,已经有研究者开始探讨主观幸福感的神经机制(Pu et al., 2013;Urry et al.,2004),并发现了一些有价值的结果。早期的研究者主要将主观幸福感简单还原为愉悦(pleasure),通过对人和动物进行研究,对愉悦的神经机制有了深入的理解。但是,愉悦加工与主观幸福感,特别是主观幸福感的情感成分有关,但并不是真正的主观幸福感。近年来,研究者使用更精确和更全面的主观幸福感测量,采用个体差异的方法,开始探讨主观幸福感的神经机制,并提供了一些新的知识。在下面的部分,将分别对愉悦和主观幸福感的脑神经机制加以论述。

## 第一节 愉悦的脑神经基础

在心理学中,愉悦被看作是情绪的核心维度之一,它对于个体的心理功能和幸福感是重要的。在以往关于愉悦的研究中,研究者常常使用美味的食物、性图片、金钱、美丽面孔、艺术品、音乐等作为愉悦刺激材料（Aharon et al.,2001;Berridge et al.,2010）。先前大量的研究对人类和动物如何加工愉悦体验进行了探讨,综合这些研究发现,大脑中存在一个愉悦系统（pleasure system）,由皮层上和皮层下脑结构两部分构成（Berridge,Kringelbach,2013;Haber,Knutson,2010;Kringelbach,Berridge,2009）（如图4-1所示）。皮层上大脑结构主要包括眶额皮层（orbitofrontal cor-

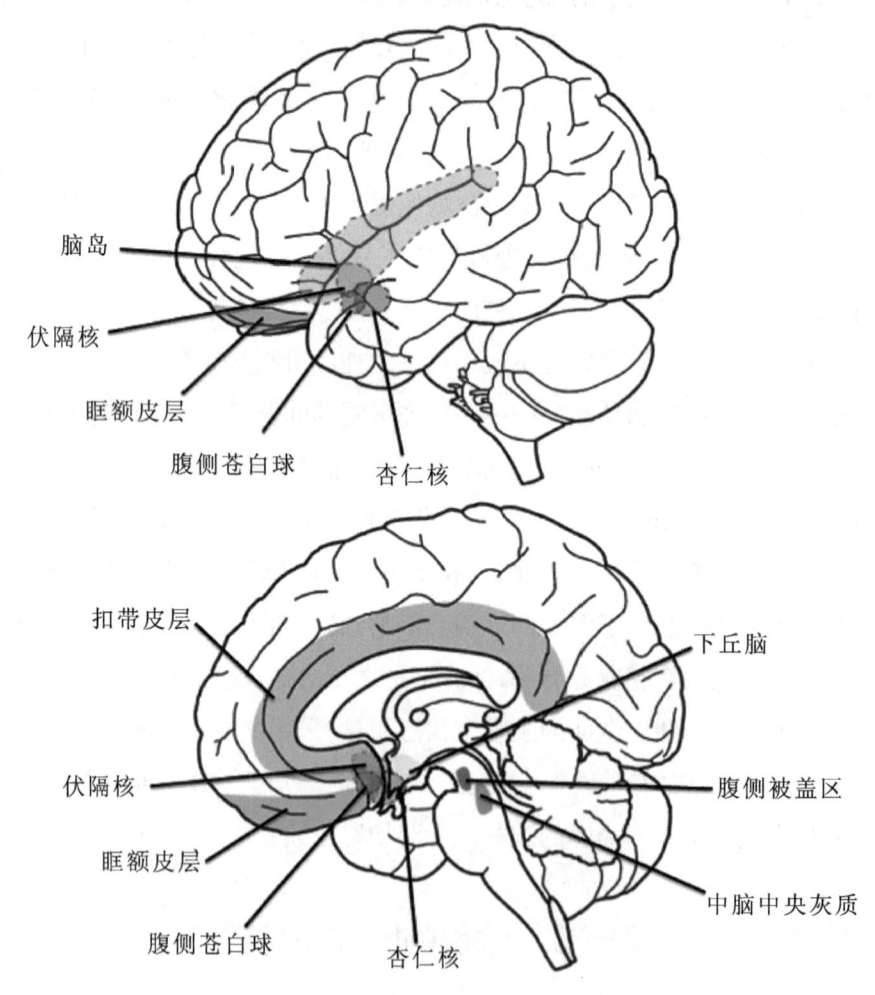

图4-1 愉悦的神经机制

资料来源：The hedonic brain: A functional neuroanatomy of human pleasure。

tex)、扣带皮层(cingulate cortex)、脑岛(insula)和内侧前额皮层(mPFC)。皮层下大脑结构主要包括杏仁核(amygdala)、伏隔核(nucleus accumbens)、腹侧苍白球(ventral pallidum)、下丘脑(hypothalamus)、腹侧被盖区(ventral tegmental area)和中脑中央灰质(periaqueductal central gray)。在这些愉悦中枢中,伏隔核被认为是产生愉悦最核心的脑区(Kringelbach,Berridge,2009)。

另外,研究者认为,愉悦加工可以分为三个不同的成分或阶段,即渴求(wanting)、喜欢(liking)和学习(learning)。贝丽奇和克林格尔巴赫(2008)将与寻求或动机有关的有意识报告或无意识反应定义为"渴求",而将与愉悦体验有关的有意识报告或无意识反应定义为"喜欢"。对将来愉悦体验的联结(association)、表征(representation)和预测(prediction)定义为"学习"。综合以往研究发现,愉悦加工的三个成分都与眶额皮层、扣带皮层、脑岛等皮层上结构有关。另外,三个成分也有一些相对特异的神经机制。具体而言,伏隔核、腹侧被盖区以及下丘脑等皮层下结构与"渴求"的加工过程有关。腹侧苍白球、中脑中央灰质以及杏仁核等皮层下结构与"喜欢"的加工过程有关。内侧前额皮层、杏仁核和海马与"学习"的加工过程有关。

综上可知,对于愉悦的神经机制,我们已经有了大量的认识。但是,这些研究仅仅集中在愉悦体验,这与主观幸福感,特别是主观幸福感的情感成分有关,但它并不能等同于主观幸福感。一些研究人员探讨了生理愉悦(physical pleasure)与主观幸福感的认知成分间的关系(Oishi et al.,2001)。他们发现,个体日常生理愉悦与短期的生活满意度有显著的相关($r = 0.27$),但是日常生理愉悦与长期的生活满意度并没有显著相关。彼得森等人发现,追求愉悦的动机与主观幸福感的关系相关很小($r = 0.17$),表明愉悦在主观幸福感的获得中起到很小的作用(Peterson et al.,2005)。帕克等人使用27个国家的样本也得到相似的结果(Park et al.,2009)。这表明愉悦和主观幸福感确实是两个不同的概念,不能将他们混为一谈。因此,有必要直接去考察主观幸福感的神经机制。

## 第二节 主观幸福感的神经基础的早期研究

### 一、早期研究

目前,对于长时间稳定的主观幸福感与大脑关系的研究相对较少。不过,已经有一些研究者进行了一些有价值的尝试性探索。厄里等人(2004)第一次使用脑电图(EEG)探讨了主观幸福感的神经机制(Urry et al.,2004)。他们招募了48名57—60岁的成年人,要求他们完成主观幸福感的测量,同时收集了他们的静息态脑电图(resting-state EEG)数据。结果发现,虽然大脑左侧或右侧的大脑alpha波的局部活动与主观幸福感并没有显著相关或呈现弱相关,但是大脑alpha波的局部活动存在不对称关系,即左侧额上皮层(superior frontal cortex)与右侧额上皮层的差值与主观幸福感的不同成分都有显著的相关(如图4-2所示)。这些主观幸福感的成分包括生活满意度、积极情感和心理幸福感。这表明,额上回皮层可能是主管幸福感的神经机制。作者认为,这种额叶alpha波的半球不对称性可能反映了其在个体趋近或回避系统中的重要作用。

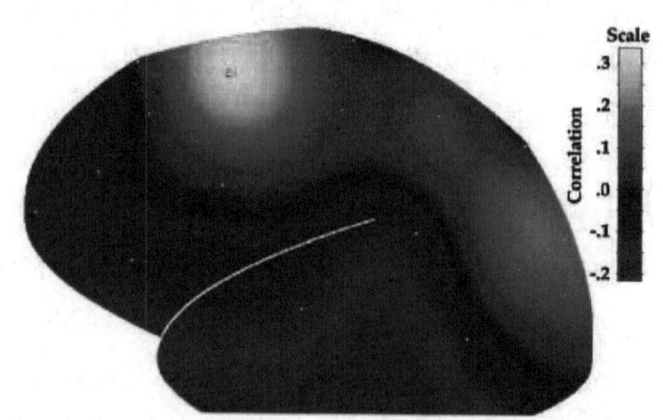

图4-2 幸福感和脑电活动对称性相关性的地形图

资料来源:Making a life worth living: Neural correlates of well-being.

## 第四章 主观幸福感与大脑

采用近红外光谱分析技术(near-infrared spectroscopy, NIRS),研究人员考察了精神分裂症个体中主观幸福感的神经机制(Pu et al., 2013)。他们招募了24名精神分裂症个体,并要求他们完成主观幸福感相关的测量(subjective well-being under Neuroleptics drug treatment short form),同时记录他们在完成言语流畅任务时的大脑活动。在言语流畅任务中,要求被试尽可能多地产生特定音节开始的日语单词。结果发现,在言语流畅任务中,个体前额皮层的激活水平与主观幸福感存在显著的相关(如图4-3所示)。这表明,前额叶皮层在主观幸福感中有重要作用。尽管这两项研究对于主观幸福感的神经机制提供了一定的理解,但是存在一定的局限性。一方面,被试人群为特殊群体,如精神分裂症个体,因此,这些结果很难推论到其他群体。另一方面,EEG和NIRS技术空间分辨率都非常低,无法探测到大脑的深层结构,如杏仁核的神经活动。

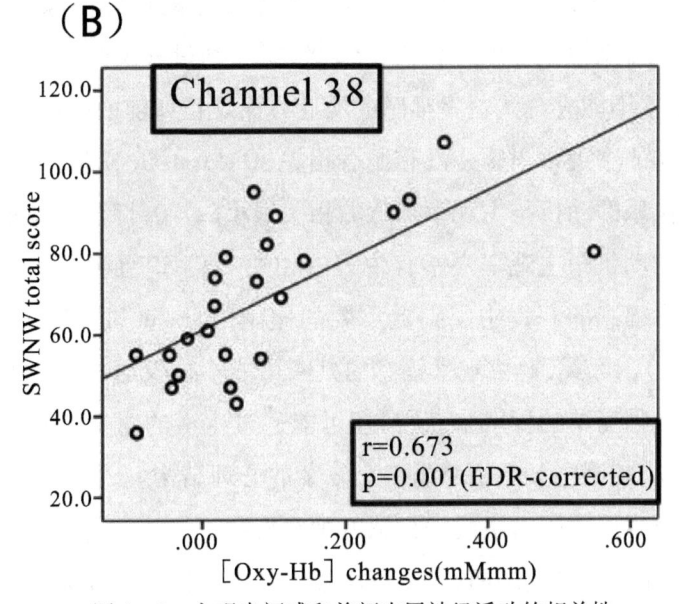

图4-3 主观幸福感和前额皮层神经活动的相关性

资料来源:Association between subjective well-being and prefrontal function during a cognitive task in schizophrenia: a multi-channel near-infrared spectroscopy study。

## 二、早期研究存在的问题

综上所述,到目前为止,对于主观幸福感的研究主要集中于对愉悦或快乐的神经机制的探讨。前人的研究发现,前额皮层、扣带回、脑岛皮层、杏仁核、伏隔核、腹侧苍白球、下丘脑、腹侧被盖区和中脑中央灰质参与了愉悦加工(Berridge,Kringelbach,2013;Haber,Knutson,2010;Kringelbach,Berridge,2009)。前额皮层、扣带中回、颞上回、内侧颞叶、丘脑、纹状体和杏仁核参与了快乐的加工(Cunningham,Kirkland,2014;Luo et al.,2014)。尽管这些研究有助于理解主观幸福感的神经机制,但是它们并不是主观幸福感的直接反映。目前,只有几项基于 EEG 和 NIRS 的研究直接对主观幸福感的神经机制进行了探讨。但是,这些研究对于我们理解主观幸福感的神经机制仍存在一些急需解决的问题。

首先,在理论建构层面,现有考察主观幸福感的神经影像研究,仅仅将幸福还原为愉悦或快乐这种简单情绪体验。但是,仅仅单纯的愉悦或快乐体验,并不能完全涵盖幸福感的所有方面。正如前面所述,日常生理愉悦与长期的主观幸福感并没有显著相关(Oishi et al.,2001)。并且,追求愉悦或快乐的动机与主观幸福感的相关很小($r = 0.17$),但追求生活意义和投入的动机跟主观幸福感有中等的相关,表明追寻生活的意义和投入在主观幸福感的获得中起到更重要的作用(Park et al.,2009;Peterson et al.,2005)。因此,对主观幸福感的判断可能不仅仅通过简单的生活愉悦或快乐这种简单的标准来获得,还可能通过生活的意义感和投入感的追求来实现,表明主观幸福感是一个复杂的心理结构。因此,有必要进行更多的研究直接去探讨主观幸福感的神经机制。

其次,在研究方法层面,需要应用多种技术手段解决在研究主观幸福感的神经机制中遇到的困境。目前为数不多的主观幸福感神经机制的研究中,仅仅采用了静息态 EEG 和基于任务的 NIRS 技术。这些技术存在一些明显的问题。例如,EEG 和 NIRS 技术空间分辨率非常低,因此无法探测到大脑深层结构的脑活动。另外,在基于任务的研究中,人们也无法设计一个单一的任务去测量到幸福感的所有方面。随着磁共振影像学的勃兴,结构磁共振成像(sMRI)和静息功能磁共振成像(rsfMRI)等技术已得到广泛的应用。鉴于主观幸福感的复杂性,有必要使用多模态的神经影像技术考察主观幸福感背后的神经机制。这将有助于我们更全面地揭示主观幸福感的神经生物基础,从而加深对幸福感的理解。接下来,第三节将通过对两个实证研究的介绍,来理解主观幸福感的神经机制。

## 第三节 主观幸福感的结构神经基础的近期研究

### 一、Kong 等人(2015b)的研究

笔者 2015 年使用基于体素的形态学技术(voxel-based morphometry,VBM)的方法,探讨了主观幸福感的结构神经基础(Kong et al.,2015b),并发表在 *Social Cognitive and Affective Neuroscience* 上。因此,在这一部分,我们将着重对这一研究进行介绍,来理解主观幸福感的结构神经基础。

#### (一)引言

随着主观幸福感研究的不断深入,科学家们逐渐开始关注主观幸福感与大脑的关系。例如,使用静息态 EEG 技术,研究发现,大脑 alpha 波的局部活动存在不对称关系,左额上皮层与右额上皮层的差值与主观幸福感有显著的相关(Urry et al.,2004)。这表明,额上皮层可能是主观幸福感的神经机制。采用 NIRS 技术,研究发现,在言语流畅任务中,精神分裂个体前额叶的激活与主观幸福感存在显著的相关(Pu et al.,2013)。再次表明,前额皮层在主观幸福感中具有重要的作用。尽管这两项研究为主观幸福感的神经机制提供了一定的基础,但是仍存在一定的局限性,即 EEG 和 NIRS 技术的空间分辨率非常低,无法探测到大脑深层结构的脑活动。

为了考察大脑结构与主观幸福感的关系,这一研究应用 sMRI 中的

基于体素的形态学技术(VBM)来回答这一问题。这种技术能够精确地测量大脑局部灰质体积(gray matter volume)的大小或者灰质密度(gray matter density)的强弱。与传统基于任务的 fMRI 研究相比,这种分析方法是一种完全数据驱动的方法,不需要任何先验的假设,也不需要任何实验设计的知识,因此能够对脑与行为的关系进行客观无偏的估计。因为主观幸福感是个体的主观判断,所以目前主要的测量方式是自我报告的测量。因此,VBM 技术特别适合探讨主观幸福感与大脑结构间的关系。先前的研究已经表明,作为大脑皮质的主要组成部分,灰质体积与大脑中神经元、神经胶质、神经突起以及突触体积的水平有关(Draganski et al.,2004;May,Gaser,2006)。VBM 技术已经被广泛应用于研究正常人以及病人的脑功能。例如,这种技术可以用来探讨各种精神疾病的大脑灰质结构异常,如认知障碍(Ferreira et al.,2011)、自闭症(Nickl-Jockschat et al.,2012)、抑郁症(Bora et al.,2012)、焦虑症(Radua et al.,2010)等。同时,这种技术也可以探讨人格与行为个体差异的神经机制,如情绪智力、大五人格等(DeYoung et al.,2010;Takeuchi et al.,2011)。

主观幸福感是一个复杂的心理结构,因此,除了前额皮层以外(Pu et al.,2013;Urry et al.,2004),还应该有一些其他的脑区参与主观幸福感的加工。Kringelbach 和 Berridge(2009)认为,大脑默认网络(DMN)参与自我参照的加工,而自我参照的加工有助于个体对于幸福感的精确评估,因此,大脑默认网络在幸福感中起到重要的作用。一般来讲,默认网络包括额上皮层、内侧前额叶皮层(mPFC)、后扣带回/楔前叶、颞下皮层、海马旁回(PHG)、顶外皮层等脑区(Buckner et al.,2008;Fair et al.,2008)。大量的研究发现,当个体在心理游离(mind-wander)时,默认网络是激活的(Brewer et al.,2011)。当个体在想象他人、想象自己、记住过去、计划未来等与自我参照相关的任务中,这一网络也被激活(Buckner et al.,2008)。但是,当个体完成一些目标定向任务时,这一网络是去激活的(deactivated),因此,这一网络也被研究者称为任务负激活网络。因此,

## 第四章 主观幸福感与大脑

本研究推测,默认网络相关的脑区可能与主观幸福感存在相关关系。

大量的行为研究表明,主观幸福感存在认知幸福感和情感幸福感两个成分(Diener et al.,2003)。一些研究者认为,应该对它们分别进行研究,因为二者的区别远远大于它们之间的联系(Eid,Larsen,2008;Lucas et al.,1996)。因此,通过 VBM 技术,本研究预期,默认网络相关脑区的灰质体积与主观幸福感的两个成分可能存在不同的相关关系。

### (二)方法

1. 被试

299 名北京师范大学在校大学生(平均年龄为 21.55 岁,标准差为 1.01,其中 159 名女性)参与这一研究。这些数据是基因、环境、脑与行为数据库(Gene,Environment,Brain & Behavior,GEB^2)的一部分。所有被试在参加实验之前没有任何认知障碍、精神疾病和脑损伤病史。所有被试视力或矫正视力正常。在实验后,被试获得适当报酬。本研究得到北京师范大学伦理委员会的批准。所有被试在参加实验前都填写了知情同意书。

2. 行为测量

生活满意度量表(SWLS;Diener et al.,1985)被用来评估被试的认知幸福感水平。文献回顾发现,这个量表是一个单维度量表,并具有良好的内部一致性信度(Pavot,Diener,1993)。这个量表也被发现与孤独、积极情感、消极情感、自尊、焦虑和抑郁等变量有显著相关,表明 SWLS 有较好的效度(Diener et al.,1985;Neto,1993;Kong et al.,2014;Kong,You,2013;Kong,Zhao,2013)。这个量表包括 5 个项目,如"我对我的生活是满意的"。问卷采用 7 点 Likert 计分方式(1 = "完全不赞同",7 = "完全赞同")。更高的得分表明更高的认知幸福感。SWLS 有良好的内部一致性信度(Cronbach's $\alpha = 0.82$)。

积极与消极情感量表(PANAS,Watson et al.,1988)被用来评估被试的情感幸福感水平。这个量表包括 20 个题目,一半代表积极情感,一半代表消极情感。被试需要回答通常在多大程度上体验到每种情绪状态,测量个体长期的情感体验。问卷采用 5 点 Likert 计分方式(1 = "非常少",5 = "非常频繁")。不过,有研究者指出,20 个项目版本的 PANAS 并不是适合所有国家,因为有些词在英语中是模糊不清的,因此,本研究使用了这个量表的国际简化版(I - PANAS - SF,Thompson,2007),共有 10 个题目,一半代表积极情感(如坚定),一半代表消极情感(如紧张),均来自原始的 PANAS 量表。根据通用的情感幸福感的计算方法,本研究将积极情感得分减去消极情感得分所得之差作为情感幸福感的指标。I - PANAS - SF 版本已被发现具有跨文化的一致性,并且有较高的信效度(Thompson,2007)。在本实验中,积极与消极情感子量表有较好的内部一致性,Cronbach's α 分别是 0.71 和 0.63。

3. 脑成像数据的采集

T1-weighted 的结构像数据的采集使用北京师范大学脑成像中心的西门子 3T 核磁共振扫描仪(Siemens 3T Trio scanner)。结构像扫描采用三维磁化快速梯度回波序列,获取 128 层矢状面图像。具体的扫描参数为:repetition time(TR) = 2530;echo time(TE) = 3.39;inversion time(TI) = 1100 ms;flip angle = 7 degrees;field of view(FOV) = 256 × 256 毫米。每个体素大小为 1 × 1 × 1.33 毫米。

4. VBM 的预处理

使用 SPM8(Statistical Parametric Mapping,Wellcome Department of Imaging Neuroscience,London,UK)对 sMRI 图像进行预处理。预处理包括以下步骤:(1)对图像质量进行检查,并剔除图像有异常的被试。根据这个标准,本研究总共剔除了 5 个被试(约占样本量的 1.7%)。(2)为了更好地配准,被试的 sMRI 图像重新对准到前联合(anterior commissure)。(3)采用统一分割(unified segmentation)方法将图像分割成灰质、白质和脑脊液(Ashburner,Friston,2005)。(4)采用 DARTEL(Diffeomorphic Anatomical Registration through Exponentiated Lie)方法进行配准(registration)、标准化(normalization)和图像调制(modulation)(Ashburner,2007)。每个被试的灰质图像配准到MMI152标准空间,并将图像重新采样为2×2×2毫米。调制的目的是为了得到被试的局部灰质体积(regional gray matter volume,rGMV)。(5)采样8毫米半高宽(full width at half-maximum,FWHM)高斯核进行平滑。为了区分灰质和白质的边界,本研究使用了0.2的绝对阈限掩蔽(absolute threshold masking)。预处理得到的灰质图像用于进一步的统计分析。

5. VBM的统计分析

使用SPM8对灰质体积数据进行统计分析。在全脑分析(whole brain analysis)中,本研究使用一般线性模型(general linear model,GLM)探讨了主观幸福感两个成分的神经基础。在这个模型中,认知和情感幸福感的得分作为自变量,年龄、性别和全脑灰质体积(global gray matter volume,gGMV)作为控制变量。对于得到的显著脑区,为避免出现假阳性的结果,本研究使用基于随机场理论的非稳态团块校正方法(non-stationary cluster correction)进行多重比较校正(Hayasaka et al.,2004)。团块(cluster)水平的阈限设置为 $P<0.05$,体素水平的阈限设置在 $P<0.0025$。本研究也完成了小体积校正(small volume correction,SVC)分析。基于AAL模板,本研究选择内侧前额皮层、后扣带回/楔前叶、颞下皮层、海马旁回、顶外侧皮层作为感兴趣的区域(regions of interest,ROI)(Maldjian et al.,2003)。对于这些脑区,本研究同样使用非稳态团块校正方法进行多重比较校正(Hayasaka et al.,2004)。团块(cluster)水平的阈限设置为 $P<0.05$,体素水平的阈限设置在 $P<0.0025$。

6. 验证性因素分析

为了检验主观幸福感是否在本研究的数据中也存在两因素的结构,本研究使用AMOS 20.0完成了验证性因素分析(confirmatory factor analysis,CFA)。在这个分析中,本研究应用了最大相似估计法(maximum likelihood estimation method)和协方差矩阵(covariance matrices)。基于以往的研究,两个比较模型被建立。在第一个模型中,认知和情感幸福感被要求是独立的,即不存在相关关系。在第二个模型中,认知和情感幸福感被允许存在相关。本研究使用四个指标来评估模型拟合(model fit)的好坏:近似方差均方根(root mean square error of approximation, RMSEA)、比较拟合指数(comparative fit index, CFI)、拟合优度指数(goodness of fit index, GFI)和近似均方根误差(standardized root mean square residual, SRMR)。具体评价标准为:GFI≥0.90,CFI≥0.90,RMSEA≤0.10,SRMR≤0.10(Byrne,2001)。另外,Akaike 信息准则(Akaike Information Criterion, AIC)和期望交叉验证指数(Expected Cross-Validation Index, ECVI)用来进行两个模型的比较。AIC 和 ECVI 越小,表明模型越好。

(三)结果

为了验证先前报告的主观幸福感的两因素模型,作者完成了验证性因素分析。模型一要求主观幸福感的两个成分是独立的,即不存在相关关系。结果发现,该模型拟合并不理想,$\chi^2(35) = 131.20, p < 0.001$;GFI = 0.92,CFI = 0.88,RMSEA = 0.097,SRMR = 0.135,AIC = 171.20,ECVI = 0.59。模型二要求主观幸福感的两个成分存在相关。结果发现,该模型拟合良好,$\chi^2(34) = 90.06, p < 0.001$;GFI = 0.95,CFI = 0.93,RMSEA = 0.075,SRMR = 0.050,AIC = 132.06,ECVI = 0.46。本研究使用 $\Delta\chi^2$、AIC 和 ECVI 等指标比较了两个模型的拟合情况。结果发现,$\Delta\chi^2(1) = 41.13, p < 0.001$,同时模型二有更小的 AIC 和 ECVI,表明模型二是更优的模型。正如图4-4所示,在最优的模型中,因素负荷大小从0.43到0.81,所有因素负荷都是显著的($ps < 0.001$)。另外,认知幸福感和情感幸福感有中度的相关关系($r = 0.46, p < 0.001$),表明主观幸福感的两个成分是相关但是独立的两个概念。接下来,本研究将检验主观幸福感的两个成分是否具有不同的神经基础。

## 第四章 主观幸福感与大脑

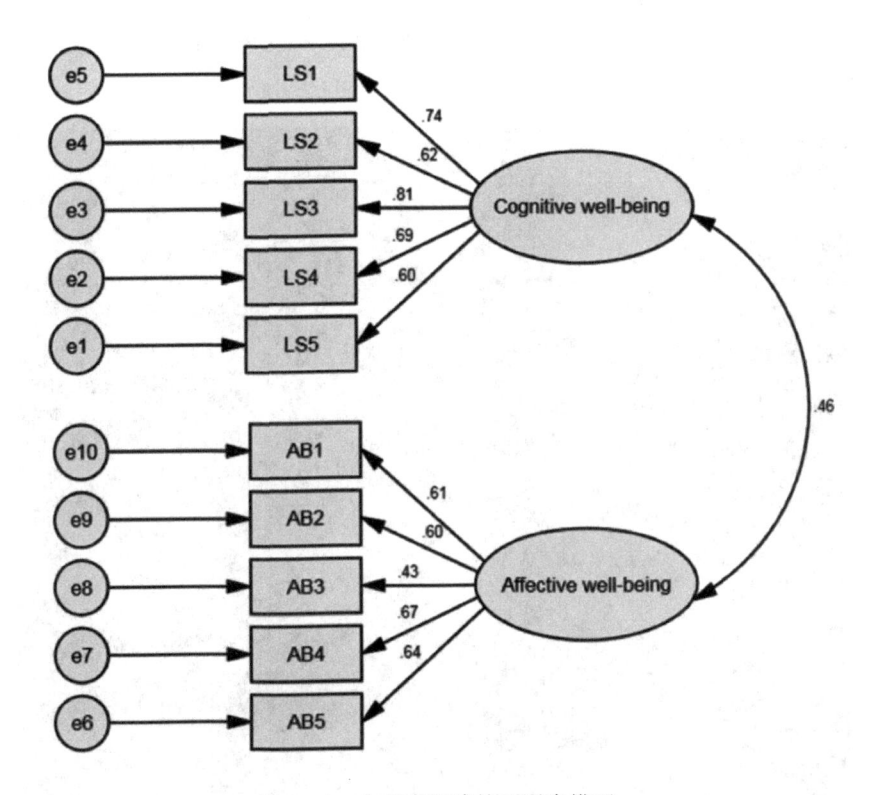

图4-4 主观幸福感的两因素模型

资料来源:Neural correlates of the happy life: the amplitude of spontaneous low frequency fluctuations predicts subjective well-being.

全脑分析结果发现,左侧楔前叶(precuneus)的rGMV与认知幸福感存在显著负相关(MNI坐标: $-8,-62,22$; $t=4.66$; $r=-0.32$;团块大小 $=13\,712$; $P<0.05$)(图4-5A)。所有脑区的rGMV与主观幸福感的情感成分均不存在显著相关。

小体积校正分析发现,左腹内侧前额皮层(ventromedial prefrontal cortex,vmPFC)的rGMV与认知幸福感存在显著的负相关(MNI坐标: $-4,50,-18$; $t=3.86$; $r=-0.22$;团块大小 $=952$; $P<0.05$)(图4-5B)。右侧海马旁回的rGMV与认知幸福感存在显著的正相关(MNI坐标: $36,-18,-24$; $t=3.46$; $r=0.21$;团块大小 $=728$; $P<0.05$)(图4-5C)。没有其他DMN

幸福神经科学——关于幸福的生物学

的脑区与认知幸福感有显著相关。另外，小体积校正分析发现，情感幸福感与所有 DMN 相关的脑区均不存在相关。具体结果见表4-1。

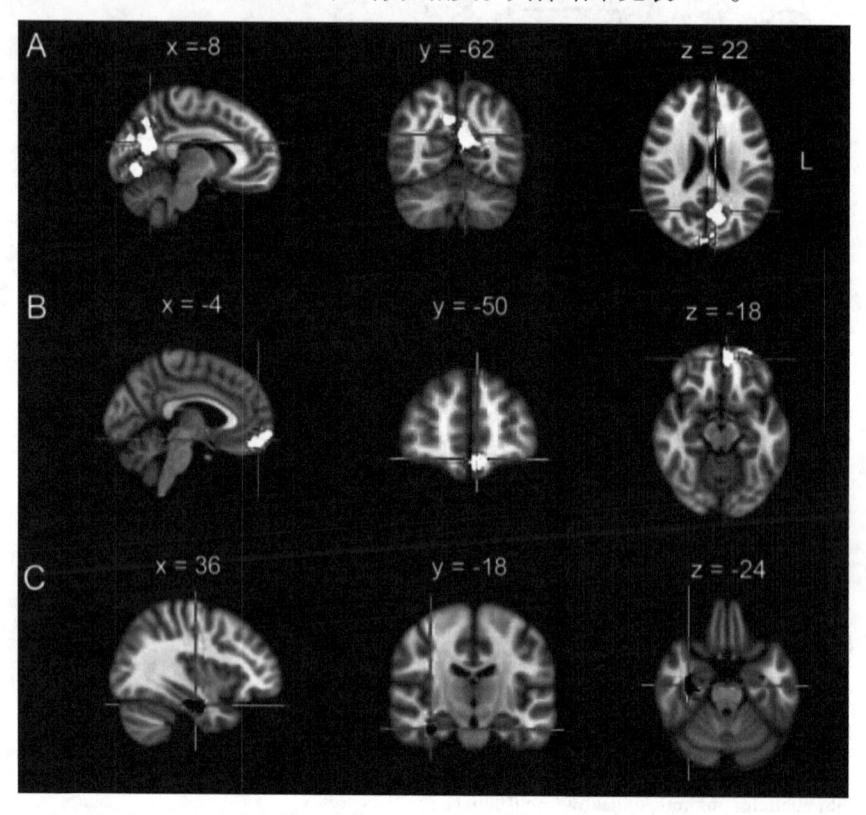

图4-5 与认知幸福感相关的脑区

资料来源：Examining gray matter structures associated with individual differences in global life satisfaction in a large sample of young adults。

注：使用非稳态团块校正方法得到的结果（$P<0.05$）。L = 大脑左半球。A = 左侧楔前叶，B = 左侧腹内侧前额皮层，C = 右侧海马旁回。所有脑区坐标呈现在是 MNI(Montreal Neurological Institute)空间。

为了检验这些脑区是否特异于认知幸福感，本研究从被试的 MRI 扫描序列中提取了这些脑区的平均 rGMV，然后完成了脑区与认知幸福感的偏相关分析。在控制了情感幸福感后，认知幸福感仍然与左侧楔前叶（$r = -0.31, p<0.001$）、左侧腹内侧前额皮层（$r = -0.23, p<0.001$）以

# 第四章 主观幸福感与大脑

及右侧海马旁回($r=0.22, p<0.001$)的 rGMV 有显著的相关,表明这些脑区是特异于认知幸福感的。

表 4-1 与认知幸福感相关的脑区

| Region | 位置 | \multicolumn{3}{c|}{MNI 坐标} | T | 团块大小 ($mm^3$) |
|---|---|---|---|---|---|---|
| | | $x$ | $y$ | $z$ | | |
| 楔前叶 | L | -8 | -62 | 22 | -4.66 | 13 712* |
| 海马旁回 | R | 36 | -16 | -24 | 3.36 | 728* |
| 腹内侧前额皮层 | R | -4 | 54 | -14 | -3.58 | 952* |

注:MNI = Montreal Neurological Institute。Side 是大脑半球(L=左侧;R=右侧)。采用非稳态团块校正方法对结果进行多重比较校正。团块水平的阈限设置为 $P<0.05$,体素水平的阈限设置在 $P<0.0025$。

### (四)讨论和结论

本研究通过大样本与行为的相关分析,考察了主观幸福感个体差异的神经解剖基础。本研究发现,右侧海马旁回的 rGMV 越大,个体的认知幸福感越高;左侧楔前叶以及腹内侧前额皮层的 rGMV 越小,个体的认知幸福感越高。所有三个脑区都是 DMN 网络的核心节点,与本研究的假设一致。本研究第一次证实了主观幸福感的结构神经基础。

认知幸福感与右侧海马旁回的 rGMV 存在相关,表明这个脑区的功能应该有助于认知幸福感的加工。先前的研究表明,海马旁回参与知觉加工(Epstein,2008)、场景与位置的提取和编码(LaBar,Cabeza,2006)、情绪记忆的提取和编码(Sterpenich et al.,2006;Murty et al.,2010)以及情感知觉决策(Pessoa,Padmala,2005)。这个脑区也被发现在压力知觉以及压力管理中起到重要作用(Li,Li,2014;Ulrich-Lai,Herman,2009)。此外,这个脑区的功能异常与创伤后应激障碍(Etkin,Wager,2007)、焦虑障碍(Etkin,Wager,2007)和精神分裂症(Gradin et al.,2011)有关。因此,较高的认知幸福感与更大的海马旁回存在关联,可能因为具有高认知幸福感的个体有更好的认知与情绪能力,如更好的情绪记忆、更准确的疼痛和压力知觉以及更好的情绪管理能力。

本研究发现,认知幸福感与左侧楔前叶的 rGMV 有显著的负相关。这个负相关并不奇怪,因为最近已经有一些研究报告了 rGMV(如内侧前额皮层)与认知功能(如智力)的负相关(Takeuchi et al.,2011;for a review,see Kanai,Rees,2011)。这种负相关可能与个体发展过程中皮层髓鞘化(intracortical myelination)以及突触修剪(synaptic pruning)有关(Paus,2005;Sowell et al.,2001)。先前的研究表明,楔前叶参与客体与客体特征间的注意控制和转换(Barber,Carter,2005;Cavanna,Trimble,2006)。此外,这个脑区也被发现参与一系列的高整合任务,包括视觉空间表象(Simon et al.,2002)、情景记忆提取(Lundstrom et al.,2005)以及自我相关操作,如自我意识、自传体记忆和自我反思(Cavanna,Trimble,2006;Freton et al.,2014;Lou et al.,2004;Vogeley et al.,2004)。所有这些功能在意识加工的调节中起到重要作用(Cavanna,Trimble,2006;Cavanna,2007)。这个脑区的功能异常也与睡眠、植物人状态、药物麻醉状态以及神经精神疾病,如癫痫病、阿兹海默症等有关(Vogt,Laureys,2005;Cavanna,2007)。因此,发展过程中无效突触的修剪可能导致了这个脑区灰质的减少,从而促进了意识加工,并有助于个体从情景或自传体记忆中获得一个积极自我形象,从而导致个体较高的认知幸福感。

本研究还发现,左侧的腹内侧前额皮层的 rGMV 与认知幸福感存在显著的负相关。先前的研究已经发现,腹内侧前额皮层负责编码金钱、面孔、食物等奖赏的效价(Chib et al.,2009;Lin et al.,2012;Kim et al.,2011;Winecoff et al.,2013)。此外,这个脑区也参与情绪调节、情绪观点采择、共情、社会决策以及协作注意(Saxe et al.,2006;Etkin et al.,2011;Mitchell et al.,2005;Rilling,Sanfey,2011;Takeuchi et al.,2011)。所有这些功能对于社会行为与幸福感具有重要的价值。先前的研究表现,这个脑区的功能异常会导致精神障碍(Motzkin et al.,2011)、抑郁症(Brassen et al.,2008)、精神分裂症(Park et al.,2008)和广泛性焦虑障碍(Evans et al.,2008)等等。因此,这个脑区的高度发育可能有助于个体更好地管理情绪反应,感受他人的体验以及评价合作关系中的长远利益,因此个体更容易获得更高的认知幸福感。

总之,本研究在一个大样本中考察了主观幸福感的结构神经基础。本研究发现,认知幸福感与多个 DMN 网络相关的脑区的灰质结构有关。这是第一个证实了主观幸福感的结构神经基础的研究。总之,本研究结果有助于揭示主观幸福感的神经根源。不过,没有脑区的 rGMV 与情感幸福感存在关联,可能是因为在本研究中的大脑指标(即灰质体积)对于情感幸福感并不敏感。因此,进一步的研究应该尝试在其他大脑指标(如静息自发脑活动)寻找情感幸福感的神经机制。

## 二、来自其他研究者的研究

除了这项研究外,一些来自国内外的其他学者也尝试探讨了主观幸福感的结构神经基础。佐藤等人(Sato et al.,2015)招募了 51 名健康日本成人(26 名女性;平均年龄为 22.5 ± 4.5),并要求他们完成了主观快乐量表(Subjective Happiness Scale)、情感强度量表(Emotional Intensity Scale)、生活目标测验(Purpose in Life Test)等去评估个体的情绪幸福感和心理幸福感,同时完成了结构磁共振成像扫描。他们完成了一个感兴趣脑区分析(感兴趣脑区为楔前叶),结果发现,快乐与楔前叶的灰质体积有显著的相关。而且,楔前叶的灰质体积也跟积极情感强度有显著正相关,跟负性情感强度有显著负相关。这与本研究结果是一致的。另外,这个研究中,将主观幸福感的得分与心理幸福感的得分相加,得到一个总体幸福感得分。结果发现,总体幸福感仍然与楔前叶的灰质体积有关。因此,这也表明主观幸福感和心理幸福感具有共享的神经基础。总而言之,这项研究证实了楔前叶是主观幸福感的结构神经机制。

松永等人的研究也探讨了主观幸福感的结构基础(Matsunaga et al.,2016)。他们招募了 106 名健康成人(57 女性;平均年龄为 21.4),并要求他们完成了主观快乐量表,并将其作为主观幸福感的指标,并要求他们完成了结构磁共振成像扫描。他们采用感兴趣脑区分析(感兴趣脑区为内侧前额皮层)而不是全脑分析对主观幸福感的结构神经基础进行了考察。结果发现,主观幸福感与内侧前额皮层的灰质密度有显著的相关。这个研究结果与 Kong 等人(2015b)的研究结果也是一致的。这表明,内侧前额皮层是主观幸福感的结构神经机制。

范特恩特等人在另外一个大样本($N = 724$)双生子中考察了皮层下脑区与主观幸福感的关系(Van't Ent et al.,2017)。他们发现,主观幸福感与海马而不是基底神经节、丘脑、杏仁核和伏隔核的灰质体积有关联。他们还发现,主观幸福感和海马的关系是非线性的。相对有中等和更大的海马体积的被试而言,拥有低水平幸福感的个体有更小的海马体积。另外,这个研究还发现,遗传对于这一关系的影响似乎不重要。

卡宾等人采集了 807 名成年被试的扩散加权磁共振成像和 T1 加权成像数据,并要求这些被试完成 NIH 工具箱中生活满意度调查(Cabeen et al.,2021)。这些数据是人类连接组项目(Human Connectome Project)的一部分。结果发现,前粒状岛叶皮质(anterior agranular insular cortex,AAIC)的白质结构与主观幸福感的认知成分有关。作者进一步采用重测数据,发现这一结果是可重复的。

一些学者采用全基因组关联分析研究(genome-wide association study,GWAS)的方法,考察了在中国成年样本中($N = 595$)主观幸福感的遗传结构与大脑皮层厚度间的关系(Song et al.,2019)。结果发现,主观幸福感的多基因得分与右侧颞上回和右侧脑岛的皮层厚度存在显著相关。这个研究证实了主观幸福感具有重要的遗传基础,同时也证实了脑-基因-幸福感之间的关系。

此外,Lewis 等人(2014)招募了 70 名健康成人,要求被试完成心理幸福感量表,探讨了心理幸福感与大脑灰质体积的关系。结果发现,右侧脑岛与心理幸福感存在显著相关。这与部分探讨主观幸福感的研究结果相一致(Cabeen et al.,2021;Song et al.,2019)。

不过,不难看出,其实很多研究间的结果并不完全一致。我们推测这个不一致的结果可能是样本大小导致的。一些研究者指出,当我们探讨个体差异时,如果样本量少于150,得到的研究结果可能是不可信的,很难被重复出来(Schönbrodt,Perugini,2013)。

总之,孔风等人的研究在不同程度上被来自其他国家的研究所复制,也表现出研究结果的可靠性。这些研究结果一致表明,位于大脑默认网络的楔前叶、内侧前额皮层以及海马相关的脑结构是主观幸福感的结构神经基础。

## 第四节 主观幸福感的功能神经基础的近期研究

### 一、笔者等人(2015d)的研究

笔者及同事使用rsfMRI的方法,探讨了主观幸福感的功能神经基础,并发表在 *Neuroimage* 上(Kong et al.,2015d)。这里将着重通过对这一研究进行介绍,来理解主观幸福感的功能神经基础。

(一)引言

虽然每个人都在试图追寻幸福,但是最终是否幸福却存在很大的个体差异。大量的研究表明,主观幸福感与多方面的因素有关系,如较难控制的外部环境因素(如压力生活事件)以及稳定的人格因素(如外倾性、神经质等)(Diener et al.,2003;Eid,Larsen,2008)。与不幸福的个体相比,幸福个体似乎有较强的情绪知觉和管理能力,有更好的情绪稳定性,有更高的自尊和自我效能感,有令人满意的人际关系(Bastian et al.,2005,Extremera,Fernández-Berrocal,2005;Kong et al.,2012a;Yarcheski et al.,2001;严标宾 等,2011)。尽管主观幸福感引起了研究者广泛的关注,但是,很少有研究在神经科学的框架下去揭示主观幸福感的本质。目

前,仅仅两项研究探讨了主观幸福感的功能神经机制。使用 EEG 和 NIRS 技术,研究者发现,主观幸福感与前额皮层的脑活动有关,表明前额叶皮层可能是主观幸福感的神经机制(Pu et al.,2013;Urry et al.,2004)。但是,到目前为止,还没有 rsfMRI 的研究探讨主观幸福感的功能神经机制。

近年来,rsfMRI 技术迅速发展,并越来越受到研究者的青睐。我们知道,幸福感是一个复杂的结构,同时又是个体的主观内在体验,因此无法设计一个特定的实验任务来诱发个体的幸福感。rsfMRI 技术能够很好地解决这一难题。使用这种技术,被试躺在扫描仪里,只需保持清醒,不需特定的实验任务操作,因此不受任务设计的限制。这种技术是一种强有力的工具,通过可靠地测量静息态下血氧水平依赖信号(blood oxygen level-dependent,BOLD)下的低频振荡(low frequency fluctuations,LFFs;0.01—0.10 Hz),从而研究大脑的内在功能组织(Biswal,2012;Fox,Raichle,2007)。这种低频振荡具有生理意义,被认为与大脑的自发神经活动有关(Logothetis et al.,2001)。本研究采用一种 rsfMRI 中比较流行的测量,即低频振幅比率(fractional amplitude of low frequency fluctuations,fALFF,Zou et al.,2008)来研究自发脑活动与主观幸福感的关系。fALFF 指的是个体在静息状态时大脑的某一区域中低频信号(0.01—0.1Hz)的能量(power)在所有频段信号(0—0.25Hz)能量(power)中占的比率。本实验采用 fALFF 有四个主要原因:(1)fALFF 是一种完全数据驱动的方法,不需要任何先验的假设,也不需要任何实验设计的知识,因此能够对脑与行为的关系进行客观无偏的估计。(2)fALFF 具有较高的重测信度(test-retest reliability),因此它能可靠地反映局部大脑活动(Zuo et al.,2010)。(3)fALFF 能被用来研究正常人的脑功能。这种方法与任务激活相关,并可以用来探讨人格与行为个体差异的神经机制,如工作记忆、反应抑制、共情等(Cox et al.,2012;Hu et al.,2014;Mennes et al.,2011;Zou et al.,2013)。(4)fALFF 的异常与认知和情感障碍有关,如精神分裂症、抑郁症、轻度认知障碍等,并可以作为它们的神经标记物(Han et al.,

2011;Hoptman et al.,2010;Liu et al.,2013a)。

总之,本研究通过主观幸福感两个成分与静息态 fALFF 的相关关系,以期能揭示静息态下主观幸福感的功能神经机制。已有研究表明,主观幸福感是一个复杂的心理结构,并与一系列高级的认知与情感功能有关。因此,本研究预期,除了前额叶皮层外,主观幸福感应该与多个脑区的 fALFF 有关联。

### (二)研究方法

#### 1. 被试

294 名北京师范大学在校大学生(平均年龄为 21.55 岁,标准差为 1.00,其中 158 名女性)参与本实验(5 个被试的图像有过多噪音或者解剖异常并没有包含在本研究中)。

#### 2. 行为测量

生活满意度量表(Satisfaction with Life Scale,SWLS;Diener et al.,1985)被用来评估被试的认知幸福感水平。这个量表也被发现有较好的信效度(Kong et al.,2014;Kong,You,2013;Kong,Zhao,2013)。在本实验中,SWLS 有满意的内部一致性信度(Cronbach's $\alpha = 0.82$)。(2)积极与消极情感量表国际简化版(I - PANAS - SF,Thompson,2007)被用来评估被试的情感幸福感水平。I - PANAS - SF 共 10 个项目,一半代表积极情感,一半代表消极情感。I - PANAS - SF 版本已被发现具有跨文化的一致性,并且有较高的信效度(Thompson,2007)。在本实验中,积极与消极情感两个子量表有满意的内部一致性,Cronbach's $\alpha$ 分别是 0.71 和 0.63。

#### 3. 数据的采集

rsfMRI 数据的采集使用北京师范大学脑成像中心的西门子 3T 核磁共振扫描仪。本次扫描采用梯度回波平面成像序列(gradient echo planar Imaging,GRE - EPI)。具体的扫描参数为:TR = 2000,TE = 25,number of slices = 33,flip angle = 90 度,FOV = 200 × 200 毫米。每个体素大小为 3.13 × 3.13 × 3.6 毫米,共采集到 240 个全脑图像(volume)。在 rsfMRI 扫

描过程中,被试需要仰卧在检查床上,头部位于线圈中央,并用海绵固定。在扫描过程中,不添加任何认知任务,要求被试闭着眼睛,保持清醒,在扫描过程中头部尽量避免移动。

为了在空间上配准 rsfMRI 扫描图像,本研究也收集了被试的 T1 加权结构像数据。结构像扫描采用 MPREAGE 序列,获取 128 层的矢状面图像。具体参数为:TR = 2530 毫秒;TE = 3.39 毫秒;TI = 1100 毫秒;flip angle = 7 度,FOV = 256 × 256 毫米。每个体素大小为 1 × 1 × 1.33 毫米。

4. 数据预处理与 fALFF 计算

本实验采用了 FSL(FMRIB Software Library,www.fmrib.ox.ac.uk/fsl/)对 rsfMRI 数据进行预处理。预处理包括以下步骤:(1) 对 rsfMRI 图像使用 MCFLIRT 进行头动校正,并以 6 毫米半高宽(full-width half-maximum,FWHM)进行空间平滑;(2) 对每个被试的图像进行标准化(intensity normalization);(3) 去除线性趋势(removing linear trends);(4) 滤波(0.01—0.1Hz)。目的是排除生理噪音(如心跳等)的影响。在预处理中,1 名被试由于头动过大或顶叶图像缺失被剔除。

参照 Zou 等人(Zou, et al., 2008)的方法,本研究计算每个被试每个体素对应的 fALFF。具体而言,计算每个体素在 0.01—0.1Hz 下低频振幅(amplitude)的总和值在全频段(0—0.25Hz)的总和值中占的比率,即得到 fALFF,并将每个体素的 fALFF 值进行标准化(standardization)处理(Zuo et al., 2010)。然后,将每个被试标准化的 fALFF 图像配准到标准空间(Montreal Neurological Institute 152—brain template, MNI152;分辨率为 2 × 2 × 2 毫米)。由于 fALFF 是对 ALFF 标准化后的指标,因而不容易受邻近血管或突然头动的影响(Zuo et al., 2010)。

5. 统计分析

由于低频振幅在大脑灰质更为敏感(Biswal et al., 1995),随后的分析仅仅在大脑灰质区域内完成。使用 FSL 对 rsfMRI 数据进行统计分析。本研究使用了一般线性模型探讨了主观幸福感的神经机制。在这个模型

## 第四章 主观幸福感与大脑

中,认知和情感幸福感的得分分别作为自变量,每个体素的 fALFF 值作为因变量,年龄和性别作为干扰变量。在整个分析过程中,本研究针对每个体素进行了一次检验,因此需要进行多重比较矫正。本研究使用蒙特卡洛模拟(10 000 iterations)的方法(Monte Carlo simulations,3dClustSim,AFNI,http://afni.nimh.nih.gov),进行了多重比较校正。基于这种方法,其中体素水平的阈限是 0.01,团块大小的阈限大于 96.6 个体素,才能保证犯一类错误的概率小于 0.05。

### (三)结果

脑与行为相关分析发现,认知幸福感与多个脑区的 fALFF 存在显著的相关(如图 4-6 和图 4-7 所示)。具体而言,左侧颞上回后部(posterior superior temporal gyrus;如图 4-6A 所示)、右侧颞上回后部(posterior superior temporal gyrus,pSTG;如图 4-6B 所示)、左侧颞平面(planum temporale;如图 4-6C 所示)、右侧中扣带回(mid-cingulate cortex,MCC;如图 4-6D 所示)、右侧舌回(lingual gyrus;如图 4-6E 所示)、右侧丘脑(thalamus;如图 4-6F 所示)以及左侧中央后回(postcentral gyrus;如图 4-6G 所示)的 fALFF 正向预测了个体的认知幸福感。左侧额上回(superior frontal gyrus,SFG;如图 4-7A 所示)、右侧额上回(SFG;如图 4-7B 所示)、右侧眶额皮层(如图 4-7C 所示)和左侧颞下回(inferior temporal gyrus,ITG;如图 4-7D 所示)的 fALFF 负向预测了个体的认知幸福感(见表 4-2)。相比较,仅仅右侧杏仁核(amygdala)的 fALFF 正向预测个体的情感幸福感(如图 4-8 所示)。这些结果表明,主观幸福感的两个成分有不同的神经基础。

表 4-2 与主观幸福感相关的脑区

| 变量 | 脑区 | 位置 | MNI 坐标 $x$ | $y$ | $z$ | $Z$ | 团块大小 ($mm^3$) |
|---|---|---|---|---|---|---|---|
| 认知幸福感 | 中央后回 | L | -40 | -26 | 46 | 4.74-7 | 2680* |
|  | 颞上回后部 | R | 64 | -18 | 8 | 4.61 | 1736* |

续表

| 变量 | 脑区 | 位置 | MNI 坐标 x | MNI 坐标 y | MNI 坐标 z | Z | 团块大小 (mm³) |
|---|---|---|---|---|---|---|---|
| 认知幸福感 | 颞平面 | L | -46 | -38 | 10 | 3.97 | 1416* |
| | 颞上回后部 | L | -64 | -24 | 4 | 4.61 | 816* |
| | 中扣带回 | R | 6 | -2 | 42 | 3.7 | 1408* |
| | 舌回 | R | 22 | -56 | 0 | 3.91 | 1232* |
| | 丘脑 | R | 8 | -20 | 2 | 3.38 | 952* |
| | 额上回 | L | -14 | 58 | 20 | -4.31 | 2312* |
| | 额上回 | R | 20 | 50 | 28 | -3.75 | 1304* |
| | 颞下回 | L | -54 | -20 | -26 | -4.43 | 1184* |
| | 眶额皮层 | R | 16 | 20 | -12 | -4.12 | 952* |
| 情感幸福感 | 杏仁核 | R | 14 | 2 | -16 | 4.05 | 1072* |

注：MNI = Montreal Neurological Institute。Side 是大脑半球(L = 左侧; R = 右侧)。采用 3dClustSim 校正方法对结果进行多重比较校正。团块水平的阈限设置为 $P < 0.05$，体素水平的阈限设置在 $P < 0.01$。

为了检验认知与情感幸福感的神经基础是否是特异于对方的，本研究从被试的 MRI 扫描序列中提取了这些脑区的平均 fALFF 值，然后完成了偏相关分析。结果发现，在控制情感幸福感后，左侧颞上回后部($r = 0.20, p = 0.001$)、右侧颞上回后部($r = 0.24, p < 0.001$)、右侧中扣带回($r = 0.26, p < 0.001$)、右侧丘脑($r = 0.21, p < 0.001$)、左侧中央后回($r = 0.24, p < 0.001$)、右侧舌回($r = 0.18, p = 0.002$)以及左侧颞平面($r = 0.20, p = 0.001$)的 fALFF 仍然可以正向预测个体的认知幸福感。左侧额上回($r = -0.27, p < 0.001$)、右侧额上回($r = -0.22, p < 0.001$)、右侧眶额皮层($r = -0.23, p < 0.001$)和左侧颞下回($r = -0.24, p < 0.001$)的 fALFF 仍然负向预测了个体的认知幸福感。在控制了认知幸福感后，右

第四章 主观幸福感与大脑

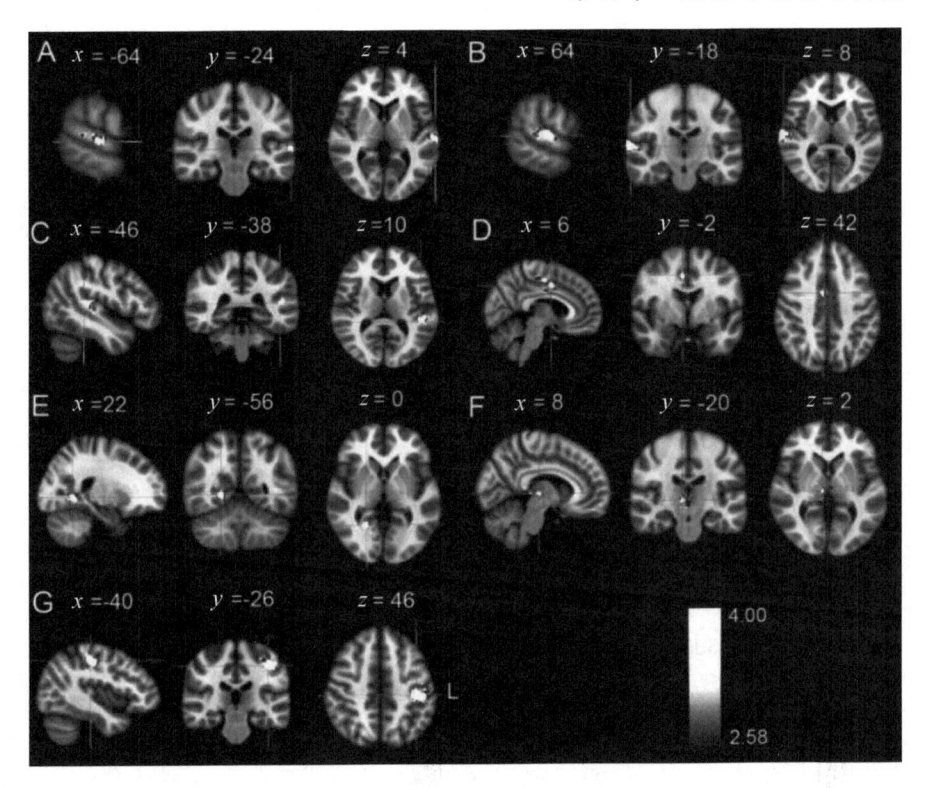

图 4-6 与认知幸福感正相关的脑区

资料来源:Neural correlates of the happy life: the amplitude of spontaneous low frequency fluctuations predicts subjective well-being.

注:这是使用 3dClustSim 方法进行多重校正得到的结果($P<0.05$)。L = 大脑左半球。A = 左侧颞上回后部,B = 右侧颞上回后部,C = 左侧颞平面,D = 右侧中扣带回,E = 右侧舌回,F = 右侧丘脑,G = 左侧中央后回。所有坐标呈现在 MNI 空间。

侧杏仁核($r=0.22,p<0.001$)的 fALFF 仍然正向预测了个体的情感幸福感。

先前的研究表明,头动可以影响静息态下的自发脑活动,因此,本研究也检验了头动是否影响当前的结果。本研究计算了每个被试的平均 FD(framewise displacement)作为头动的指标。在进一步控制被试的平均 FD 后,左侧颞上回后部($r=0.20,p=0.001$)、右侧颞上回后部($r=0.24,p<0.001$)、右侧中扣带回($r=0.25,p<0.001$)、右侧丘脑($r=0.20,p<$

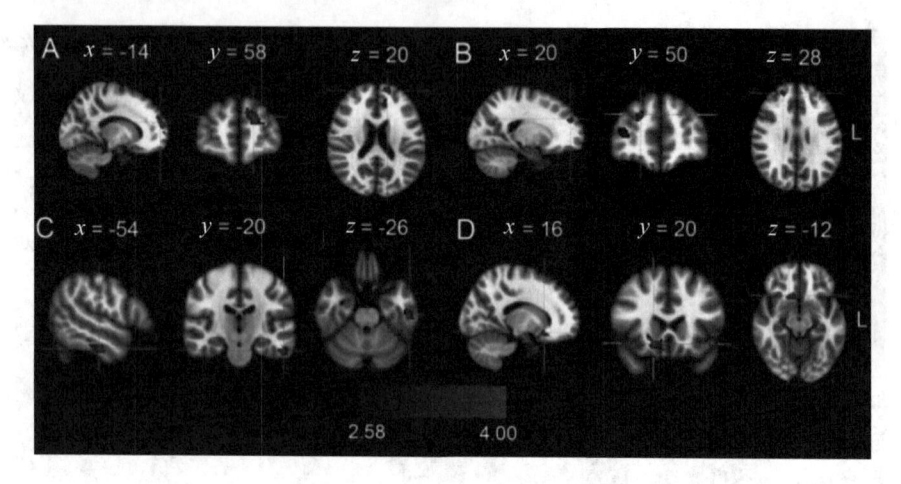

图 4-7　与认知幸福感负相关的脑区

资料来源：Neural correlates of the happy life: the amplitude of spontaneous low frequency fluctuations predicts subjective well-being。

注：这是使用 3dClustSim 方法进行多重比较校正得到的结果（$P<0.05$）。L = 大脑左半球。A = 左侧额上回，B = 右侧额上回，C = 右侧眶额皮层，D = 左侧颞下回。所有脑区坐标呈现在是 MNI 空间。

$0.001$）、左侧中央后回（$r=0.24, p<0.001$）、右侧舌回（$r=0.18, p=0.002$）以及左侧颞平面（$r=0.20, p=0.001$）的 fALFF 仍然可以正向预测了个体的认知幸福感。左侧额上回（$r=-0.26, p<0.001$）、右侧额上回（$r=-0.21, p<0.001$）、右侧眶额皮层（$r=-0.25, p<0.001$）和左侧颞下回（$r=-0.25, p<0.001$）的 fALFF 仍然负向预测了个体的认知幸福感。在进一步控制平均 FD 后，右侧杏仁核（$r=0.22, p<0.001$）的 fALFF 仍然正向预测个体的情感幸福感。这些结果表明，被试的头动并没有影响主观幸福感的神经机制。

（四）讨论和结论

本研究通过大样本与行为的相关分析，考察了主观幸福感个体差异的功能神经基础。本研究发现，双侧颞上回后部、右侧中扣带回、右侧丘脑、左侧中央后回、右侧舌回以及左侧颞平面的 fALFF 正向预测了主观幸

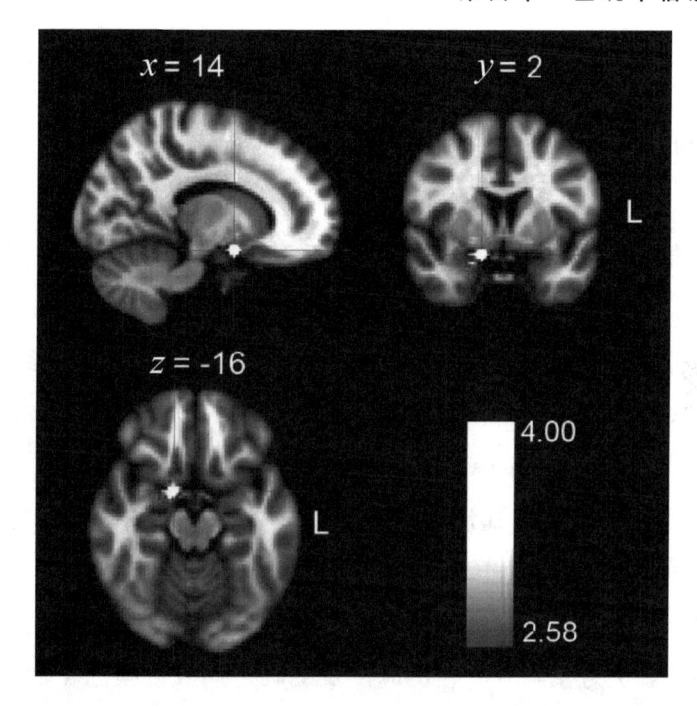

图 4-8 与情感幸福感正相关的脑区

资料来源:Neural correlates of the happy life:the amplitude of spontaneous low frequency fluctuations predicts subjective well-being。

注:这是使用 3dClustSim 方法进行多重比较校正得到的结果($P<0.05$)。L = 大脑左半球。右侧杏仁核的 fALFF 与个体的情感幸福感有显著的正相关。

福感的认知成分,而双侧额上回、右侧眶额皮层和左侧颞下回的 fALFF 负向预测了主观幸福感的认知成分。相比较而言,仅仅右侧杏仁核的 fALFF 正向预测了主观幸福感的情感成分。这些结果表明,认知与情感幸福感有不同的神经基础。据我们所知,本研究首次证实了静息态下主观幸福感的功能神经基础。

正如本研究所预期的,认知幸福感与前额叶皮层,即双侧额上回和右侧眶额皮层的 fALFF 负向预测个体的认知幸福感。这与以往的研究是一致的。例如,研究发现,左额上皮层与右额上皮层的更高的 alpha 波的活动与认知幸福感存在显著相关(Urry et al.,2004)。在言语流畅任务中,前额叶的激活与主观幸福感存在显著相关(Pu et al.,2013)。此外,在许多认知与情感障碍,如网络成瘾、注意缺陷多动障碍、抑郁症、焦虑症中,这两个脑区的(f)ALFF是增强的(Liu et al.,2014;Xu et al.,2014;Yan et al.,2013;Yang et al.,2011;Yuan et al.,2013)。在这些认知与情感障碍中,增强的额上回和眶额皮层的自发脑活动可能反映了神经可塑性(neuroplasticity)和皮层重映射(cortical remapping)的重组织机制,或者是抑制机制的损害(Xu et al.,2014;Zhou et al.,2014)。行为研究已经发现,在网络成瘾、情感障碍和注意缺陷多动障碍个体中,认知幸福感被损害(Bozoglan et al.,2013;Gudjonsson et al.,2009;Zatzick et al.,1997)。额上回普遍被认为参与自我面孔识别(Platek et al.,2008)、工作记忆(Klingberg,2006)、认知控制(Egner,Hirsch,2005)以及认知与情感的整合,如情绪调节(Goldin et al.,2008;Ochsner et al.,2004)。眶额皮层是大脑边缘系统的一部分,被认为在调节情感反应以及编码疼痛或愉悦的奖赏效价中起重要作用(Leknes,Tracey,2008;Kringelbach,2010;O'Doherty et al.,2001)。因此,本研究推测,之所以双侧额上回和眶额皮层的fALFF与认知幸福感存在相关可能是由于一些高水平的认知和情感功能(如奖赏加工、情绪调节和自我控制等)的参与。

认知幸福感与中央后回、舌回、丘脑和颞下回的fALFF存在关联,表明这些区域的功能有助于认知幸福感的加工。以往研究发现,在抑郁和精神分裂个体中,中央后回有减弱的自发脑活动(Liu et al.,2012;Yu et al.,2014);在抑郁、创伤后应激障碍和精神分裂个体中,舌回有减弱的自发脑活动(Hoptman et al.,2010;Xu et al.,2014;Yin et al.,2011;Yu et al.,2014);在帕金森疾病和精神分裂个体中,丘脑有减弱的自发脑活动;在抑郁、帕金森疾病和注意缺陷多动障碍个体中,颞下回有减弱的自发脑活动(Wang et al.,2012;Zhang et al.,2013)。中央后回位于初级躯体运动皮层,主要参与触觉、温度觉、本体感觉以及痛觉(Kreisman,Zimmerman,1973;Ploner et al.,2000)。舌回和颞下回位于腹侧视觉通路的后

## 第四章 主观幸福感与大脑

部,主要负责编码视觉客体,如字母和面孔(Op de Beeck,Baker,2010;Reddy,Kanwisher,2006)。作为大脑边缘系统的一部分,丘脑是一个对称中线结构(symmetrical midline structure),负责传送感觉、动作和情绪信号到大脑皮层,以及参与意识、睡眠、警觉和冥想等过程(Sherman,Guillery,2006;Steriade,Llinás,1988;Zeidan et al.,2011)。因此,这些脑区的参与,可能是因为认知幸福感的获得需要对感觉信息(如视觉、触觉、温度觉、本体感觉等)的成功识别以及对当下注意的调节。另外,已有研究发现,额上回、中央后回、舌回和颞下回这些区域是DMN网络的核心节点,表明默认网络可能参与认知幸福感的加工。

认知幸福感与颞上回后部也存在关联,表明这些脑区的功能有助于个体的认知幸福感。先前的研究表明,作为大脑社会认知网络的核心节点,颞上回后部参与生物运动知觉(如眼睛、手部、嘴部、身体运动等知觉)、社会知觉以及语音知觉((Allison et al.,2000;Belin et al.,2004;Grosbras et al.,2012)。认知幸福感也与左侧颞平面的fALFF相关。左侧颞平面已被发现参与听觉和语言加工(Binder et al.,1996;Scott,Johnsrude,2003)。所有这些功能对于人际交流以及适应性社会行为是非常重要的。先前的研究发现,满意的人际关系可以预测个体的认知幸福感(Kong et al.,2012a;Kong,You,2013),因此,拥有高水平认知幸福感的个体能够从社会和语言知觉中得到有用的信息,从而导致颞上回后部与颞平面的参与。

另外,本研究也发现,认知幸福感与右侧中扣带回的fALFF有显著的负相关,这与以往发现注意缺陷多动症病人比控制组有更低的ALFF是一致的(Yang et al.,2011)。先前的研究发现,作为大脑边缘系统的一部分,中扣带回参与感觉运动整合(如疼痛知觉)(Erpelding et al.,2012;Vogt,2005)。此外,在长期神经性背部疼痛综合征病人中,这个脑区也存在功能异常(Willoch et al.,2003)。以往的研究表明,长期患有疼痛疾病的个体,他们的认知幸福感也是损害的(Jensen et al.,2007)。因此,认知

**幸福神经科学——关于幸福的生物学**

幸福感与中扣带回的相关可能暗示,与低认知幸福感的个体相比,高认知幸福感的个体拥有更好的感觉运动整合能力。总之,认知幸福感与多个脑区的自发脑活动有关,表明认知幸福感可能需要来自感觉、知觉以及高级认知与情感功能等多个水平的整合(如图4-9所示)。

与认知幸福感相比,情感幸福感与右侧杏仁核的 fALFF 有显著的相关,表明这个脑区的功能有助于个体的情感幸福感。这与以往的研究是一致的(Cunningham, Kirkland, 2014)。来自神经影像的研究表明,作为大脑边缘系统的一个关键节点,杏仁核在探测、注意、编码情绪唤醒和威胁刺激到记忆中起到作用(Holland, Gallagher, 1999; Phelps, 2006; Whalen et al., 1998)。这个脑区的激活也与情绪体验和情绪调节有关(Barrett et al., 2007; Ochsner et al., 2012; Wager et al., 2008)。此外,这个脑区的异常也会导致情感障碍,如焦虑和抑郁(Etkin, Wager, 2007; Hajek et al., 2009)。因此,杏仁核的参与可能有助于在个人和社会生活中积极和消极事件的成功储存以及情绪的调节,这反过来有助于个体获得更高的情感幸福感。

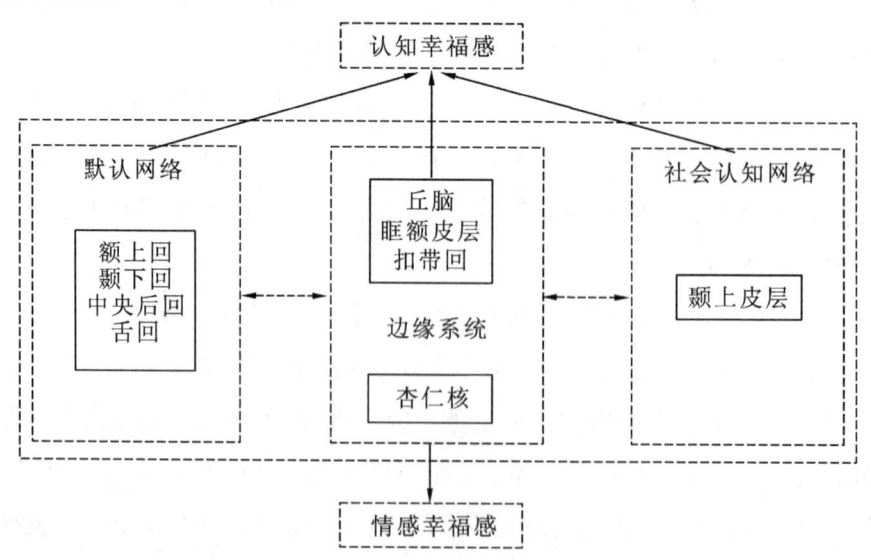

图4-9 主观幸福感的脑功能基础

## 第四章 主观幸福感与大脑

总之,当前的研究在一个大样本中考察了主观幸福感的功能神经基础。结果发现,位于大脑默认网络的额上回、中央后回、舌回和颞下回、位于大脑社会认知网络的颞上皮层以及位于边缘系统的眶额皮层、丘脑和扣带皮层与认知幸福感有关,暗示了自我相关加工、社会认知加工以及情绪和动机加工在认知幸福感中起到重要作用。大脑的杏仁核与情感幸福感存在紧密关系,暗示了情绪加工在情感幸福感中起到重要作用。这些研究结果有助于揭示主观幸福感的神经生物学根源。

### 二、来自其他研究者的研究

除了笔者等人的研究(Kong et al., 2015d),其他的一些研究者也尝试探讨了主观幸福感的功能神经基础。目前没有 MRI 研究直接探讨主观幸福感的神经机制,但是一些研究探讨了与主观幸福感相关的概念,如快乐(happiness)的个体差异的神经机制。例如,研究人员要求 42 名被试评定图片是正性还是负性,同时使用 fMRI 记录大脑的神经反应,同时完成主观快乐感量表(Cunningham, Kirkland, 2014)。结果发现,高快乐水平的个体对所有图片都表现出杏仁核的激活,而快乐水平低的个体只对负性图片表现出杏仁核的激活。这表明,快乐水平高的个体虽寻求积极体验,但对负性体验也是敏感的。

罗扬眉等使用静息态 fMRI 技术探讨了快乐与局部静息脑活动的关系(Luo et al., 2014)。他们根据被试完成主观快乐量表的得分将被试分为两个组,即高快乐个体组和低快乐个体组,每组 25 名被试。结果发现,与低快乐个体相比,高快乐个体在内侧和外侧前额叶皮层、颞上皮层、海马旁回有更强的静息脑活动,在中扣带回、丘脑、额下回、纹状体有更低的静息脑活动。这个研究结果与笔者(Kong et al., 2015d)发现的很多脑区是重叠的,如中扣带皮层、前额皮层、颞上皮层、丘脑等。不一致的结果可能有两个原因。首先,快乐只是诸多积极情绪体验的一种,并不能等同于主观幸福感,或者说只是主观幸福感中的一个子成分(Strobel et al.,

2011)。因此,并不能完全揭示主观幸福感的神经机制。其次,不一致的结果可能是由于罗扬眉等人(2014)的研究使用 AlphaSim 方法对结果进行矫正,而这种方法已被证实是不准确的。再次,他们的研究采用了较为宽松的矫正阈限(最小团块大小为 486 立方毫米),笔者的研究(Kong et al.,2015d)采用了较为严格的矫正阈限(最小团块大小为 773 立方毫米)。如果采用这一研究中的阈限的话,仅仅内侧和外侧前额皮层、中扣带回以及丘脑的结果显著,而这些脑区与孔风等人的研究结果是一致的。

松永等的研究也探讨了主观幸福感的功能神经基础(Matsunaga et al.,2016)。他们招募了 26 名健康成人,并要求他们完成一个生活事件想象任务。具体而言,首先是介绍阶段,给被试解释生活事件(如向你的对象求婚)。然后是想象阶段(如想象求婚被接受了),其次是评定阶段(评定此时你有多快乐),最后是放松阶段。在想象阶段,呈现给被试一张附有文字的图片,这描述了积极、消极或中性的结果。要求被试想象在这种条件下,他会有大程度的快乐或幸福。结果发现,主观评定的快乐或幸福得分显著地跟内侧前额皮层的活动有关。这表明,内侧前额皮层是主观幸福感的结构神经机制。

金等招募了 40 名健康成人,要求被试完成生活满意度量表(Kim 等人 et al.,2020)。基于量表得分的中间值(19 分),将被试分成两组人,即高分组和低分组。其中高分组有 21 名被试,低分组有 19 名被试。要求所有被试完成一个面孔—单词相关评定任务。具体而言,要求被试观看一个由面孔和单词组成的面孔刺激。面孔位于上面,单词位于下面。面孔刺激分为三种,即自己、公众人物和陌生人。单词分为积极词、消极词和中性词。要求被试评定面孔对应词的相关性(1 是不相关;2 既不是相关的,也不是不相关的;3 是相关)。结果发现,积极词条件下,低分组有更高的背内侧前额皮层的激活;而消极条件下,高分组有更高的背内侧前额皮层激活。而且,两组被试中背外侧前额皮层与情绪加工相关的脑区有不同模式的功能连接。这些结果表明,主观幸福感与自我参照的加工有关,并强调了情绪调节在这一过程中的重要作用。

另外,笔者等招募了286名健康成人,要求被试完成心理幸福感量表,考察了心理幸福感与局部静息脑活动的关系(Kong et al.,2015e)。结果发现,右侧颞上回和丘脑与心理幸福感存在显著相关。功能连接分析发现,丘脑和脑岛的功能连接与心理幸福感也存在显著相关。因为丘脑是默认网络的核心节点,而颞上回和脑岛是社会认知网络的核心节点。因此,心理幸福感与自我参照加工和社会认知加工有关。另外,以往研究也发现,颞上回和丘脑的局部静息脑活动与主观幸福感也是相关的(Kong et al.,2015d),因此二者具有共享的脑机制,再次表明将两种幸福感整合为一个综合幸福感的必要性。

总之,位于大脑默认网络的额上回、中央后回、舌回和颞下回,位于大脑社会认知网络的颞上皮层以及位于边缘系统的杏仁核、眶额皮层、丘脑和扣带皮层与主观幸福感有关,暗示了自我相关加工、社会认知加工以及情绪和动机加工在主观幸福感中起到重要作用。这些研究结果有助于揭示主观幸福感的神经生物学根源。

## 第五节 主观幸福感的神经化学基础

每当我们感到快乐或满足时,除了大脑中某些脑区活动的结果外,从微观层面来看,实际上也会同时启动大脑中的一个复杂的突触网络。虽然很难说清楚到底是什么负责幸福感的产生,但研究发现,至少有四种与幸福感相关的化学物质:多巴胺(dopamine)、血清素(serotonin)、内啡肽(endorphin)和催产素(oxytocin)。这些物质被认为是"幸福的荷尔蒙"或者"幸福分子"。

### 一、多巴胺

多巴胺是大脑中含量最丰富的儿茶酚胺类的神经递质,可以帮助大

### 幸福神经科学——关于幸福的生物学

脑通过神经系统向身体的不同部位发送信息,以便信息能相互传递。多巴胺与奖赏有着十分密切的关系,主要参与奖赏驱动行为和快乐寻求,因此被认为是大脑的"快乐分子"或"奖赏分子"(reward molecule)。积极情绪的神经化学理论认为,积极情绪与大脑中多巴胺水平的增加有关(但不一定是由其引起的),并且积极情绪对个体认知产生的影响主要是多巴胺水平的增加导致的(Ashby et al.,1999)。例如,积极情绪促进问题解决,部分是因为在前扣带皮层的多巴胺水平增加,从而促进了认知灵活性和认知策略的选择。

中脑的腹侧被盖区(VTA)是多巴胺能神经元集中的地方,神经元通过轴突传送多巴胺到不同的脑区,如前额皮层、纹状体以及边缘系统。边缘系统参与情绪加工,前额皮层参与高级认知加工,而这些大脑区域都被证实与幸福感有关。因此,多巴胺对于个体的幸福感是至关重要的。

在日常生活中,很多情况下都会分泌多巴胺。例如,当你吃到美味的东西,或听到你最喜欢的歌曲,或看到爱人的照片时,大脑多巴胺都会分泌增加。当你在做体育运动或性行为时,多巴胺也会分泌。而这些其实都会提升个体的幸福感。另外,有研究指出,多巴胺的主要作用是对快乐产生期待,而不是产生快乐,它有助于强化和激励人们一遍又一遍地做某事。例如,多巴胺的增加会让动物频繁地按压杠杆来获得美味的食物奖励。因此,多巴胺与各种上瘾行为(如吸烟、喝酒,打游戏)有关(Dsouza et al.,2020)。

人体内多巴胺的多少和遗传基因、生活方式、外界刺激都有一定关联。因此,从理论上讲,要想提升多巴胺分泌,多去参加一些让我们感官愉悦的活动,如欣赏美景、品尝美食、听听音乐、看看伴侣,做做运动,等等。

### 二、血清素

血清素又称 5-羟色胺(5-hydroxytryptamine,5-HT),是一种重要

## 第四章　主观幸福感与大脑

的神经递质。血清素在我们的身体中扮演着如此多的不同角色,以至于要给它贴上标签真的很困难。血清素与情绪和压力调节有着密不可分的关系。因此,当个体血清素功能不良时,就会出现一些心理问题,如抑郁症。市面上最常见的抗抑郁药,大多都是作用于血清素的,目的都是维持和提高大脑中的血清素含量。这些抗抑郁药主要是血清素特异性再摄取抑制剂(selective serotonin reuptake inhibitors,SSRIs),包括百忧解或氟西汀(prozac)、西酞普兰(celexa)、艾司西酞普兰(lexapro)、舍曲林(zoloft)等。SSRIs药物的主要适应症是临床抑郁症,但也经常被用于治疗焦虑症、恐慌症、强迫症、饮食失调、慢性疼痛和创伤后应激障碍等。

血清素也可以调控个体的自尊、积极注意偏向、乐观认知等。因为血清素在这些方面,特别是自我认知中的作用,血清素又被研究者称为"自信分子"(confidence molecule)。因此,除了抗抑郁药外,还有一些自然方法可以提高血清素水平,如尝试参加提升乐观的活动、参与具有意义感并增强自我价值的活动,这都被称为血清素促进剂。自尊、乐观、希望等积极个体因素是影响幸福感的重要变量,因此不难理解,血清素也是影响幸福感的重要神经递质。

血清素也会影响人的胃口、食欲和睡眠。大多数食物都有血清素,如香蕉、豆类、鸡蛋等。另外,色氨酸、维生素B6、维生素D等是血清素产生的必要物质。因此富含这些物质的食物也可以提高大脑血清素水平,如菠菜、樱桃、大蒜、南瓜、低脂牛奶等。晒太阳10到15分钟能增加维生素D的合成,可以增加血清素的含量。规律的有氧运动也可以增加血清素的含量。因此也就不难理解,为什么经常吃高蛋白以及蔬菜水果的人或者经常做户外运动的人,比其他人抑郁水平更低,幸福感更多。

### 三、内啡肽

内啡肽是一种内成性(脑下垂体分泌)的类吗啡生物化学合成物激素。它是由脑下垂体和脊椎动物的丘脑下部所分泌的氨基化合物(肽),

能与吗啡受体结合,产生与吗啡、鸦片一样的止痛效果和欣快感。所以内啡肽是一种天然的镇痛剂,又被称之为"脑内吗啡"。在压力刺激下,白细胞代谢产物能直接刺激垂体分泌阿片类物质,如内啡肽。分泌的阿片肽激活外周阿片受体,通过抑制感觉神经的兴奋性或释放兴奋性神经肽产生镇痛作用,而这些效应的发生没有副作用,如呼吸困难、意识模糊或成瘾(Machelska,2007)。在内啡肽的激发下,人的身心处于轻松愉悦的状态中。内啡肽也被称之为"快感荷尔蒙"或者"年轻荷尔蒙",即这种荷尔蒙可以帮助人保持年轻快乐的状态。

研究发现,很多情况都可以诱发内啡肽(Dsouza et al.,2020)。例如,与同伴一起观看喜剧节目30分钟以上,便可以提高内啡肽水平。60分钟的中等强度锻炼可以维持健康男性的欣快感,这与内啡肽的分泌有关。在大学赛艇队进行同步训练而不是单独训练时,男运动员的内啡肽提升。冥想时,通过深呼吸,集中注意力让你的大脑平静下来,减轻疼痛的同时,也会增加内啡肽。完成一种音乐表演,如唱歌、跳舞和打鼓等,比听音乐能释放更多的内啡肽。吃辣的食物会在舌头上制造疼痛感,为了平衡这种痛苦,人体会分泌内啡肽。有规律的性生活给我们带来快乐的同时,还能产生内啡肽。

**四、催产素**

催产素是由9个氨基酸组成的神经肽,是由大脑下丘脑的室旁核和视上核产生的一种化学物质。催产素合成后,这一神经肽被运输并储存在脑垂体后叶,在那里被释放到血液中并产生外周效应。例如,催产素通过增加子宫张力和促进子宫收缩来诱导分娩,并与产妇泌乳有着密不可分的联系。催产素的释放会导致母亲皮肤血管的扩张,这不仅会将母亲的温暖传递给婴儿,还会增进母亲的幸福感(IsHak et al.,2011)。另一条途径是室旁核有特定的投射机制,室旁核分泌催产素后,将催产素输送到大脑的杏仁核、下丘脑、海马体和伏隔核等其他结构,最终与催产素受体

## 第四章 主观幸福感与大脑

结合,影响个体的心理和行为。

催产素在性行为中起到重要作用(IsHak et al.,2011)。发生性行为时,催产素被释放到血液中,并在高潮时达到顶峰,甚至可以达到平时的几倍。在雄性大鼠腹侧被盖区(VTA)注射催产素会诱发阴茎勃起,并增强与奖赏和动机有关的中枢多巴胺通路中多巴胺受体的激活。向雄性大鼠 VTA 注射催产素也能通过激活中枢多巴胺能神经元细胞体中的一氧化氮合成酶来促进阴茎勃起。另外,鼻喷催产素可以增加夫妻双方性高潮的强度,以及性交后的满足感,并且这种效应在男性中更明显(Behnia et al.,2014)。而对那些性欲不强的女性而言,催产素是一味"催情剂"。长期鼻喷催产素可以显著改善性功能问题(Muin et al.,2015)。

催产素也因在人类的情感纽带如爱情中的作用而被称为"爱情荷尔蒙"或"爱的分子"(IsHak et al.,2011)。对 47 对夫妻的研究表明,在夫妻发生冲突讨论后,鼻喷催产素可以降低他们的焦虑水平以及唾液中皮质醇水平。并且,在冲突过程中,鼻喷催产素让他们的积极沟通行为增加,消极行为减少。在另一项研究中,研究者让异性恋情侣回忆他们的第一次约会,然后看一段他们以往的录像,并评估他们的情绪。结果发现,与愤怒或尴尬等其他情感相比,回忆浪漫爱情的体验时,血液中的催产素水平会迅速升高。

对个体而言,催产素在社会认知和促进社会交往中也有着重要影响(IsHak et al.,2011)。有研究发现,与安慰剂相比,实验前 50 分钟接受鼻内催产素的男性志愿者的信任水平增加,在金融投资测试中转账金额更高,并且信任水平的增加与投资风险无关。当要求被试在模拟信任游戏中出现了几次信任违约后,与安慰剂相比,鼻喷催产素仍然可以让被试产生持续的信任行为。并且在信任破坏过程中,接受催产素组杏仁核、中脑和纹状体的激活也减少。催产素还可以促进亲社会行为。例如,催产素给药可以选择性地降低小鼠的分离反应,使其增加社会接触。通过使用催产素拮抗剂,草原田鼠的社会互动减少,并出现社会隔离。研究者认为,催产素促进亲社会行为的机制是通过增加对人脸眼睛区域的注视来发生的。例如,在一项双盲随机对照研究中,接受催产素的男性与接受安慰剂的男性相比,对人脸眼部区域的注视次数和总注视时间增加。也有研究指出,催产素可能通过改善人类对面孔身份的记忆和情感心理理论来促进亲社会行为。

Ma等人(2016)认为,催产素对于社会功能的影响可以通过社会适应模型来解释。这一模型认为,催产素通过三种心理过程对个体的社会适应产生影响。第一种是催产素对负性情绪的调节,如减轻焦虑。第二种是催产素可以提高个体的社会动机,让个体产生更多的社会互动。第三种是催产素可以促进社会凸显性加工,能增加个体对社会信号的注意和知觉,增加社会敏感性。这三个过程的相互促进最终让个体更好地适应社会环境。笔者认为,催产素能被称之为幸福感的荷尔蒙,是因为催产素在诸多方面的作用,特别是在社会适应中的作用。

# 第五章　大五人格、主观幸福感与大脑

## 第一节　人格与主观幸福感关系的研究现状

### 一、大五人格理论

研究人员（Tupes，Christal，1992）采用正交旋转而不是斜交旋转，重新分析菲斯克样本中的员工和队友评分数据，以及卡特尔两个样本中的评分数据，并进行了后续研究。他们用另外的四个新样本的数据分析了卡特尔的35种人格。其中三个样本是空军军官学校的毕业班学生，一个样本是空军指挥和参谋学校班级的学生。在这8组数据中，他们发现了5个因素的证据，将这5个因素分别贴上了"冲动性""宜人性""可信性""情绪稳定性"和"文雅"的标签。

当代的学者们一致认为，以上研究人员发现的五种主要人格因素并没有产生较大的影响，因为他们的研究结果被报告在一份空军技术报告中。密歇根大学的沃伦·诺曼（Warren Norman）教授阅读他们的报告后，试图在他所在大学的学生群体中进行复制。诺曼（1963）运用卡特尔特质评定量表从学生那里获得了评定数据。运用正交旋转，在这些数据中寻找独立的因素，并发现了五个人格因素的证据：外倾性、接纳度、尽责性、情绪稳定性和文雅。据此认为卡特尔的35个变量可以用五个因素进行概括。进入20世纪80年代以后，人格结构的五因素模型（Five-Factor Model，FFM）得到了广泛的公认。

大五人格主要指的是开放性(Openness)、宜人性(Agreeableness)、尽责性(Conscientiousness)、神经质(Neuroticism)、外倾性(Extraversion)。(1)开放性。喜欢学习新事物、享受新体验的人通常开放性较高。开放包括洞察力和想象力,以及广泛的兴趣。(2)尽责性。有高度尽责性的人是可靠和敏捷的。特点包括有条理、做事彻底。(3)外倾性。外向的人从与他人的互动中获得能量,而内向的人从自己的内心获得能量。外倾性包括精力充沛、健谈和自信的特征。(4)宜人性。这些人友好、合作、富有同情心。随和度低的人可能更冷淡。性格特征包括善良、多情和富有同情心。(5)神经质。神经质有时也被称为情绪稳定。这个维度与人的情绪稳定性和消极情绪的程度有关。神经质得分高的人通常会经历情绪不稳定和负面情绪。性格特征包括喜怒无常和紧张。

## 二、大五人格测量

对于大五人格,目前主要使用自陈问卷,如"大五问卷"(Big Five Questionnaire,BFQ;Big Five Inventory,BFI)等。但目前使用最多、影响最大的还是 NEO Personality Inventory-Revised(NEO PI – R)。研究人员根据每一个人格维度的含义,按自上而下的原则,确定出每一个维度下所包含的重要的特质或层面(facets),再编写句子描述反映这一层面特点的行为和思想(Costa,McCrae,1992)。这样,就构建了一个由 5 个维度、30 个层面(每个维度含 6 个层面)、240 个项目(每个层面含 8 个项目)组成的综合性人格问卷,即 NEO PI – R。NEO PI – R 所测量的 5 个维度以及各自的层面见表 5 – 1。

表 5 – 1　NEO PI – R 所测量的人格结构的维度及其层面

| 1. 外倾性 | 4. 神经质 |
| --- | --- |
| 热情(Warmth) | 焦虑(Anxiety) |
| 合群(Gregariousness) | 敌意(Angery Hostility) |
| 自信(Assertiveness) | 抑郁(Depression) |

## 第五章 大五人格、主观幸福感与大脑

续表

| 1. 外倾性 | 4. 神经质 |
|---|---|
| 活动性(Activity) | 自我意识(Self-Consciousness) |
| 追求兴奋(Excitement-Seeking) | 冲动(Impulsiveness) |
| 积极情绪(Positive Emotions) | 脆弱(Vulnerability) |
| 2. 宜人性 | 5. 开放性 |
| 信任(Trust) | 幻想(Fantasy) |
| 坦诚(Straightforwardness) | 有美感(Aesthetics) |
| 利他(Altruism) | 情感丰富(Feelings) |
| 顺从(Compliance) | 行动(Actions) |
| 谦逊(Modesty) | 观念(Ideas) |
| 温和、亲切(Tender-Mindedness) | 价值(Values) |
| 3. 尽责性 | |
| 能力(Competence) | |
| 守秩序(Order) | |
| 负责任(Dutifulness) | |
| 追求成功(Acheivement Striving) | |
| 自我控制(Self-Discipline) | |
| 深思熟虑(Deliberation) | |

为了方便大规模施测,一些学者也编制了简版的大五人格问卷,如10个项目的大五人格问卷(Ten-Item Personality Inventory,TIPI;Gosling et al.,2003,见表5-2)。研究人员完成了两个研究考察10个项目的大五人格问卷的心理测量学特性。研究一发现,这个简短的人格问卷具有较好的区分效度和会聚效度,同时也具有较好的重测信度。研究二重复了研究一的结果,表明这个问卷具有较好的心理测量学特性,能用于评估个体的大五人格水平。

表 5-2 十项大五人格问卷

指导语:以下是一些性格特质,它们可能适用于您,也可能并不适用。请仔细阅读下面的这些描述,选择最符合您情况的选项,并在最符合的选项上打"√"。得分越高,代表越同意题目中的观点。

| 我是一个…… | 非常不同意 | 比较不同意 | 有些不同意 | 中立 | 有些同意 | 比较同意 | 非常同意 |
| --- | --- | --- | --- | --- | --- | --- | --- |
| 1 外向的,热情的 | 1 | 2 | 3 | 4 | 5 | 6 | 7 |
| 2 挑剔的,好争论的 | 1 | 2 | 3 | 4 | 5 | 6 | 7 |
| 3 可靠的,自律的 | 1 | 2 | 3 | 4 | 5 | 6 | 7 |
| 4 焦虑的,易心烦的 | 1 | 2 | 3 | 4 | 5 | 6 | 7 |
| 5 愿意接触新事物的,思维复杂的 | 1 | 2 | 3 | 4 | 5 | 6 | 7 |
| 6 内向的,安静的 | 1 | 2 | 3 | 4 | 5 | 6 | 7 |
| 7 有同情心的,温暖的 | 1 | 2 | 3 | 4 | 5 | 6 | 7 |
| 8 缺乏条理的,粗心的 | 1 | 2 | 3 | 4 | 5 | 6 | 7 |
| 9 冷静的,情绪稳定的 | 1 | 2 | 3 | 4 | 5 | 6 | 7 |
| 10 循规蹈矩的,缺乏创造性的 | 1 | 2 | 3 | 4 | 5 | 6 | 7 |

版权所有引用:Lu J G, et al., 2020. Disentangling stereotypes from social reality: Astrological stereotypes and discrimination in China[J]. Journal of Personality and Social Psychology, 119(6), 1359-1379.

注:第2、4、6、8、10题,反向计分。外倾性量表包括第1、6题;宜人性量表包括第2、7题;尽责性量表包括第3、8题;情绪稳定性(即低神经质)量表包括第4、9题;开放性量表包括第5、10题。量表计分方式为各量表项目得分相加。得分越高,说明每种人格特质水平越高。

另外,Lang等人也编制了另外一个版本的简版大五人格问卷(15-item Big Five Inventory-Short Version,BFI-15;Lang et al.,2011)。这个量表总共包括15个项目。在BFI-S中,每种人格特质分别通过3个项目来测

## 第五章 大五人格、主观幸福感与大脑

量。量表采用7点Likert量表从1(非常不同意)到7(非常同意)进行评分(见表5-3)。这个量表已经被证实具有良好的信度和效度(Lang et al.,2011)。

表5-3 十五项大五人格问卷(BFI-15)

指导语:以下是一些性格特质,它们可能适用于您,也可能并不适用。请选择一个选项来代表您多大程度上同意或者不同意那个陈述,并在最符合的选项上"√"。得分越高,代表越同意题目中的观点。

| 我认为我是…… | 非常反对 | 比较反对 | 有些反对 | 中立 | 有些同意 | 比较同意 | 非常同意 |
|---|---|---|---|---|---|---|---|
| 1 多虑的 | 1 | 2 | 3 | 4 | 5 | 6 | 7 |
| 2 容易紧张的 | 1 | 2 | 3 | 4 | 5 | 6 | 7 |
| 3 在紧张情境中镇定自若的 | 1 | 2 | 3 | 4 | 5 | 6 | 7 |
| 4 健谈的 | 1 | 2 | 3 | 4 | 5 | 6 | 7 |
| 5 外向,好交际的 | 1 | 2 | 3 | 4 | 5 | 6 | 7 |
| 6 内向含蓄的 | 1 | 2 | 3 | 4 | 5 | 6 | 7 |
| 7 具有独创性,会产生新想法的 | 1 | 2 | 3 | 4 | 5 | 6 | 7 |
| 8 重视艺术和审美体验的 | 1 | 2 | 3 | 4 | 5 | 6 | 7 |
| 9 想象力活跃的 | 1 | 2 | 3 | 4 | 5 | 6 | 7 |
| 10 有时对他人粗鲁 | 1 | 2 | 3 | 4 | 5 | 6 | 7 |
| 11 宽容体谅的 | 1 | 2 | 3 | 4 | 5 | 6 | 7 |
| 12 对大部分人友善和体贴的 | 1 | 2 | 3 | 4 | 5 | 6 | 7 |
| 13 工作中尽职尽责的 | 1 | 2 | 3 | 4 | 5 | 6 | 7 |
| 14 有些懒散的 | 1 | 2 | 3 | 4 | 5 | 6 | 7 |
| 15 做事有效率的 | 1 | 2 | 3 | 4 | 5 | 6 | 7 |

版权所有引用:Lang F R,et al.,2011. Short assessment of the Big Five:Robust across survey methods except telephone interviewing[J]. Behavior Research Methods,43(2),548-

567.

注：第3、6、10、14题反向计分。神经质量表包括第1、2、3题；外倾性量表包括第4、5、6题；开放性量表包括第7、8、9题；宜人性量表包括第10、11、12题；尽责性量表包括第13、14、15题。量表计分方式为各量表项目得分相加。得分越高,说明每种人格特质水平越高。

### 三、大五人格与主观幸福感的关系

一般来说,幸福感的个体差异理论要么是情境理论,要么是人格理论(Heller et al.,2004)。在情境理论中,情境因素,如生活事件,被认为独立于人格对幸福感产生影响(Magnus et al.,1993)。人格理论认为,某些特质使个体倾向于有较高或较低的幸福感。并且,人格可以直接影响幸福感,这独立于生活事件的影响。人格也可以或通过生活事件间接影响幸福感,或通过与生活事件产生对幸福感的交互影响(Bolger,Shilling,1991；Bolger,Zuckerman,1995；McCrae,Costa,1991；Magnus et al.,1993)。

虽然早期关于幸福感决定因素的思考主要是由情境理论主导的,但最近的文献已经转向人格理论。因为证据表明幸福感相对稳定,因此更有可能被内在的人格特征所反映。一些研究支持人格理论。例如,人格和幸福感显示出了很强的相关性,并具有很强的遗传成分。研究发现,人格大约有50%是遗传的(Bouchard,Loehlin,2001),而大约50%的幸福也是遗传的(Lykken,Tellegen,1996)。甚至有研究者发现,80%的稳定的幸福成分是由基因决定的(Nes et al.,2006)。对973对双胞胎的研究发现,同卵双胞胎间主观幸福感的相关为0.31,但异卵双胞胎间只有0.10的相关(Weiss et al.,2008)。此外,虽然生活事件与抑郁症和其他精神症状有关,但是一些重大事件对幸福感的影响作用并不大(DeNeve,Cooper,1998；Heller et al.,2004；Diener et al.,2006)。一种观点认为,人们对这些事件的适应是非常快的,以至于幸福感不会受到明显的影响。例如,根据动态平衡模型(Headey,Wearing,1989),每个人都有一个适度稳定的压力水平和幸福感,这能够根据稳定的人的特征来预测,比如性格特征。虽然

## 第五章 大五人格、主观幸福感与大脑

积极或消极的事件与幸福的波动有关,但这种影响是短暂的,因为稳定的人的特征保证了个体能够迅速回归他们的初始水平。

在诸多影响主观幸福感的人格因素中,大五人格是被检验最多的变量之一。大量研究表明,外倾性和神经质是与主观幸福感有最稳定关系的人格维度(Diener et al.,2003;Eid,Larsen,2008;邱林,郑雪,2013)。这可能是因为,外倾性得分高的个体更擅长外交,而神经质得分低的个体能控制他们的冲动行为,不易被压力压垮,因此有更高的主观幸福感。另外,一些研究发现,这两种人格与情感幸福感有更强的关系(Eid,Larsen,2008)。例如,情感幸福感与神经质($r = -0.54$)和外倾性($r = 0.39$)比认知幸福感与神经质($r = -0.27$)和外倾性($r = 0.26$)的相关更强(Eid,Larsen,2008)。

除了这两种人格维度外,其他维度也与主观幸福感存在不同程度的相关。例如,Steel 等人(2008)的一项元分析发现,尽管神经质和外倾性对于个体的情感幸福感和认知幸福感的预测力最高,但是开放性也预测了个体的情感幸福感,并且开放性、尽责性和宜人性也预测了个体的认知幸福感。不过,对于神经质与外倾性之外的人格维度与主观幸福感的关系并没有得到一致的结论(邱林,郑雪,2013)。作者推测,这种不一致可能是因为这些关系本身比较微弱,极易受样本大小和取样群体的影响。另外,希马克等人(2002)发现,当前的情感状态是人们判断生活是否满意的基础。因此,他们提出了人格影响主观幸福感的中介模型,即情感幸福感中介了人格对认知幸福感的影响。

另外,研究人员使用行为遗传学的方法检验了大五人格与主观幸福感之间关系的遗传性(Weiss et al.,2008)。他们征集了 365 对同卵双生子和 608 对异卵双生子被试,并要求他们完成大五人格和主观幸福感的测量。研究结果如图 5-1 所示。图中 N、E、O、A、C 分别是五种人格特质英文名称的首字母。AG 表示五种人格特质与主观幸福感法人共同的遗传效应。AN、AE、AO、AA、AC 表示对主观幸福感的独特的遗传效应。

# 幸福神经科学——关于幸福的生物学

结果发现,五种人格特质与主观幸福感具有共同的遗传基础。神经质、外倾性与尽责性对主观幸福感具有独特的遗传效应。在控制人格因素的遗传影响后,主观幸福感的遗传效应不再显著。这表明,人格因素和主观幸福感存在共同的遗传基础。

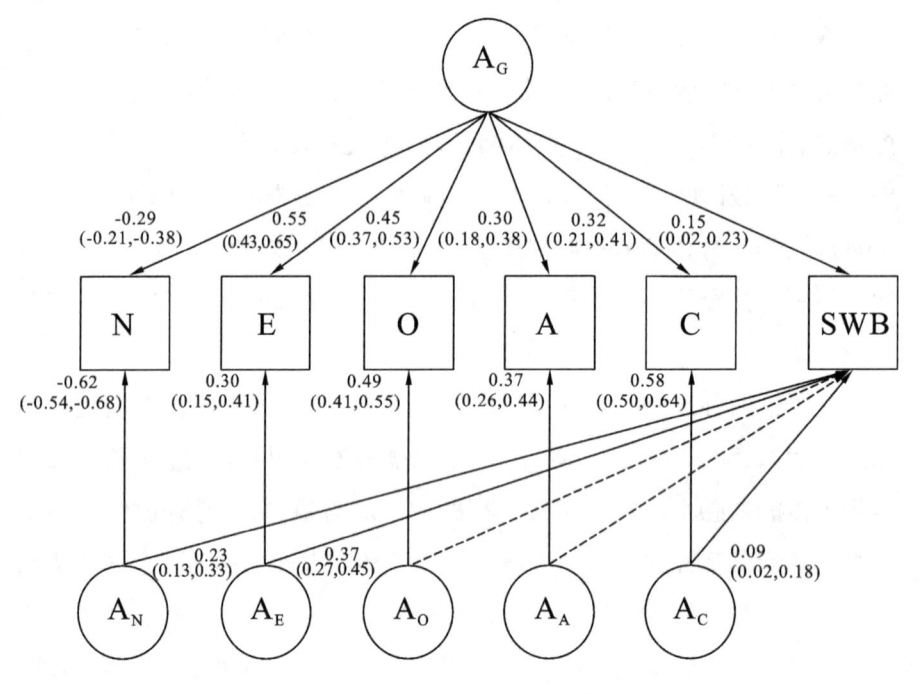

图 5-1  大五人格与主观幸福感的遗传模型

资料来源:Happiness is a personal(ity) thing: The genetics of personality and well-being in a representative sample。

以上研究表明,人格与幸福感存在可靠的关联。那么,如何解释二者的关系呢?研究人员指出,一般有两类解释:工具性理论和气质性理论(McCrae,Costa,1991)。根据工具性理论,人格特质通过情境选择或生活事件体验间接影响主观幸福感。例如,乐观主义者可能会期待好事发生,因此会去尝试他们很难实现的目标。这种额外的努力实际上可能会带来成功和更有益的结果,这些结果可能会影响主观幸福感。相反,气质理论认为两者之间存在直接联系不会被生活事件或生活经历所影响。

第五章　大五人格、主观幸福感与大脑

此外,尽管我们的人格在很大程度上是很难改变的,但是,研究发现,当我们去参与一些跟特定人格相关的行为时,幸福感仍然可以改变(Margolis, Lyubomirsky, 2020)。研究者要求被试在接下来的一周,试着改变他们的行为。具体来说,在接下来的一周里,被试试着表现得健谈、自信和率直,尽可能像一个外倾性的人,或者试着表现得审慎、安静、内敛,尽可能像一个内倾性的人。结果发现,在外倾性行为周里,被试的幸福感提升,而在内倾性行为周里,被试的幸福感下降。这表明,尽管外倾性是一个相对稳定的特质,但是,外倾性行为的操纵仍能够改善幸福感。

## 第二节　大五人格影响主观幸福感的神经机制

### 一、大五人格的神经基础

#### (一)外倾性

外倾性中包含自信、善交际等特质成分,反映的是与奖励相关的趋近行为。外倾性通常体现在社会交往中,这是因为个体获得的奖励通常为社会关系或地位。大量实证研究表明,外倾性调节了药物操纵对多巴胺能系统的作用(Chavanon et al., 2013; Mueller et al., 2014; Wacker et al., 2006)。研究者采用经典性条件反射也证明这一点,即外倾性高的个体对多巴胺奖励效果更敏感(Depue, Fu, 2013)。要理解这种关系的意义,必须理解刺激奖赏与结果奖赏的差异。刺激奖赏是一个人接近目标线索,而结果奖赏是目标的实际实现。多巴胺负责获得奖励的驱动力,参与奖赏线索的反应,而不是参与奖励的快乐享受的反应,这种区别已经被描述为渴求与喜欢(Berridge et al., 2009)。这在第四章中也有一些介绍。多巴胺能系统负责欲望或渴求,而鸦片剂系统(the opiate system)负责喜欢(Peciöa et al., 2006)。多巴胺与外倾性的关联只反映出外倾性与对奖励的渴望有关。

**幸福神经科学——关于幸福的生物学**

一些其他研究发现,外倾性其实不仅仅反映"渴求",也与"喜欢"有关。一些结构进行的 MRI 研究发现,外倾性与腹内侧前额皮层的容量相关,这一脑区参与的是对奖励价值的编码(Cremers et al.,2011;Omura et al.,2005)。fMRI 研究表明,在对积极或奖励刺激的反应中,外倾性与内侧眶额叶皮层、伏隔核、杏仁核和纹状体的激活呈正相关(Canli et al.,2021,2002;Cohen et al.,2005;Mobbs et al.,2005;Schaefer et al.,2011)。此外,以往研究发现,外倾性与颞上回(Kumari et al.,2004)和丘脑(Kumari et al.,2004)的静息脑活动也相关。

(二)神经质

神经质描述的是体验焦虑、沮丧、愤怒、深思等消极情绪和认知的倾向。一些证据表明,5-羟色胺(又称血清素)与神经质有关。5-羟色胺药物被用于治疗抑郁症、焦虑症、恐慌症、间歇性爆发性精神障碍等与神经质相关的障碍。在抑郁症中,选择性5-羟色胺再摄取抑制剂(SSRIs)已被证明可以降低神经质,这种降低似乎可以中介 SSRIs 引起的抑郁症状的改善(Quilty et al.,2008;Tang et al.,2009)。临床试验也表明 SSRI 可以减少神经质的成分,如易怒和愤怒(Kamarck et al.,2009)。几项 PET 研究发现,神经质可以预测5-羟色胺受体或转运蛋白结合(Frokjaer et al.,2008;Takano et al.,2007;Tauscher et al.,2001)。

一些结构态 sMRI 研究发现,神经质与内侧前额皮层的皮层厚度相关(Holmes et al.,2012)。任务态 fMRI 研究表明,在对负性刺激的反应中,神经质与内侧前额皮层、后扣带皮层和楔前叶的激活呈正相关(Haas et al.,2008;Lemogne et al.,2011;Williams et al.,2006)。另外,有研究使用静息态功能连接(RSFC)研究了与神经质关联的脑区。研究发现,神经质与前扣带回、楔前叶和背内侧前额皮层相联系,这些脑区与情感调节和自我评估相关,其中前扣带回和楔前叶被认为是认知和情感的中枢,这与神经质的内涵相一致。

另外,影像学研究表明,神经质也与颞上回(STG)和丘脑对负性刺激的反应中的结构变化和活动相关（De Young et al.，2010；Kumari et al.，2007；Omura et al.，2005）。基于任务的功能磁共振成像研究表明，神经质可以预测在冒险或某些决策时右脑岛的活动（Feinstein et al.，2006；Paulus et al.，2003）。

（三）开放性

开放性与智力和工作记忆能力等认知能力呈正相关，反映的是对抽象信息、感觉信息的加工能力。一些学者认为，开放性可能与大脑默认网络（default network）相关，因为开放性和默认网络都与想象认知相关（De Young，2015）。这一观点得到了人格神经科学的支持。例如，一项采用结构态sMRI的研究发现，颞中回后部（posterior middle temporal gyrus, pMTG）的灰质体积与开放性呈正相关（Li et al.，2015b）。也就是说，个体越具有开放性，颞中回后部的灰质体积越大。贝蒂等人采用结构方程模型和rsfMRI数据研究了开放性与大脑默认网络的关系（Beaty et al.，2016），结果发现开放性与默认网络呈正相关，即随着开放性增加，默认网络表现出更加有效的信息加工处理。在控制到智力、年龄、性别和其他人格因素后，开放性能解释默认网络的18%的变异。这可能是因为默认网络的活动与情景记忆提取、未来想象、心理模仿、心理理论、创造性认知、心理游离等自我相关的认知过程相关，这与开放性相一致。贝蒂等人（2018）进一步发现，除了默认网络外，大脑默认网络和认知控制网络的交互作用也与开放性有关。

另外，帕萨蒙蒂等人的研究发现，开放性与右脑黑质/腹侧被盖区（多巴胺输入的主要来源）和同侧背外侧前额叶皮层（编码、维持和更新与适应性行为相关信息的关键区域）之间的功能连接呈正相关（Passamonti et al.，2015）。多巴胺系统中一种神经元类型为凸显性编码神经元（Salience Coding Neurons），是定向注意的支持性大脑系统，负责编码凸显性刺激。考虑到多巴胺能信号在调控dlPFC的信息中的关键作用，具有开放性人格的个体中皮层网络功能连接的增加可能解释了为什么这些人更偏好加工感觉信息和凸显刺激。

(四)尽责性

尽责性通常是指为了实现目标而抑制自己的行为,反映的是自律和自我管理中的能力,尽责性对学业和职业成功、健康有预测作用。一些研究发现,尽责性与前脑岛有关。例如,一项结构态 sMRI 研究发现,尽责性与脑岛及邻近壳核、尾状核和前扣带皮层的白质体积呈负相关(Liu et al.,2013b)。另一项研究发现,前脑岛皮层厚度与尽责性呈负相关(Churchwell,Yurgelun-Todd,2013)。脑岛属于凸显性网络的核心节点,它主要参与将注意力从分散的事物转移到对目标追求重要的刺激上(Fox et al.,2006)。

一些结构态 sMRI 还发现,尽责性与背侧前扣带皮层和毗邻的内侧前额皮层有关。例如,一项结构性研究发现,尽责性相关特质与左前扣带皮层体积呈负相关(Matsuo et al.,2009)。另一项研究发现,青少年尽责性预测了背侧前扣带皮层的结构不对称(Whittle et al.,2009)。在一项反应抑制的 fMRI 研究中,尽责性相关特质与背侧前扣带皮层和尾状核的活动呈负相关(Brown et al.,2006)。一项静息状态的 fMRI 研究发现,尽责性与前扣带皮层和相邻的内侧前额皮层的功能连接强度显著相关(Adelstein et al.,2011)。一些结构态 MRI 研究还发现,尽责性水平与背外侧前额皮层的体积有关(DeYoung et al.,2010;Kapogiannis et al.,2013)。这一脑区参与了工作记忆中与目标相关信息的维持,也参与了计划行为的执行(Carpenter et al.,2000)。

此外,笔者等人的静息态 fMRI 研究发现,丘脑的的 fALFF 与尽责性存在显著正相关(Kong et al.,2015e)。这可能反映了丘脑在睡眠调节(Sherman,Guillery,2006)和自我意识(Crick,Koch,2003;Tsakiris et al.,2007)、自我认知(Devue,Brédart,2011;Northoff,Panksepp,2008)和冥想(Christoff et al.,2009;Zeidan et al.,2011)中的作用,从而有助于个体从事目标导向活动并对自己和环境加以控制。

# 第五章　大五人格、主观幸福感与大脑

## （五）宜人性

宜人性反映的是个体利他、合作的行为倾向。一项使用 fMRI 的研究发现,在情感归因任务中高宜人性个体在右侧颞顶联合区(temporoparietal junction,TPJ)表现出较高的活动水平(Haas et al.,2015)。这是因为宜人性与同情、心理理论和观点采择等社会认知功能相关,这些社会认知能力有助于个体了解他人情绪反应的原因。TPJ 已被发现在推测他人的目标、意图和欲望等暂时状态方面具有重要作用(Van Overwalle,2009)。另一项 MRI 研究发现,宜人性与颞上沟(superior temporal sulcus)、后扣带回和梭状回(fusiform gyrus)相联系,因为这些脑区与社会加工相关(De Young et al.,2010)。

## 二、大五人格影响主观幸福感的神经基础

目前仅一项研究探讨了大五人格影响幸福感的神经机制,所以这里重点介绍笔者(Kong et al.,2015e)发表在 *Cognitive, Affective, & Behavioral Neuroscience* 上的研究。在这个研究中,仅仅关注了实现主义取向的幸福感,即心理幸福感。

### （一）研究方法

1. 被试与行为测量

286 名北京师范大学在校大学生(平均年龄为 21.55 岁,标准差为 1.01,其中 155 名女性)参与本实验。所有被试完成以下测量:(1)心理幸福感量表(SPWB)(Ryff et al.,2007)。该表被用来评估被试的心理幸福感水平。SPWB 由 6 个维度组成(自主性、环境掌控、自我接受、积极人际关系、生活目标和个人成长)。每个维度用 7 个项目来测量,参与者对每个项目用 6 点李克特量表来回答,回答选项从非常不同意到非常同意。这个量表已经被发现有较好的信效度(宛燕等,2010)。(2)大五人格问卷(NEO-PI-R;Costa,McCrae,1992)。该问卷被用来评估被试的人格特质水平。这个问卷包括 5 个维度,即神经质、外倾性、尽责性、开放性和

宜人性。每个维度有24个项目,总共120个项目。问卷采用5点Likert计分方式,1代表"完全不同意",5代表"完全同意"。这个量表已经被发现有较好的信效度。在本研究中,五个子量表的内部一致性α系数从0.71到0.88,表明问卷具有良好的内部一致性信度。

2. 数据的采集

rsfMRI数据的采集使用北京师范大学脑成像中心的西门子3T核磁共振扫描仪(Siemens 3T Trio Scanner)。本次扫描采用梯度回波平面成像序列(GRE – EPI)。具体的扫描参数为:TR = 2000,TE = 25,number of slices = 33,flip angle = 90度,FOV = 200 × 200毫米。每个体素大小为3.13 × 3.13 × 3.6毫米,共采集到240个全脑图像(volume)。在rsfMRI扫描过程中,被试需要仰卧在检查床上,头部位于线圈中央,并用海绵固定。在扫描过程中,不添加任何认知任务,要求被试闭着眼睛,保持清醒,告知被试在扫描过程中尽量避免头动。为了在空间上配准rsfMRI扫描图像,本研究也收集了被试的T1加权结构像数据。结构像扫描采用MPREAGE序列,获取128层的矢状面图像。具体参数为:TR = 2530毫秒;TE = 3.39毫秒;TI = 1100毫秒;flip angle = 7度,FOV = 256 × 256毫米。每个体素大小为1 × 1 × 1.33 mm。

3. 数据预处理与fALFF计算

本实验采用了FSL对rsfMRI数据进行预处理。预处理包括以下步骤:(1)对rsfMRI图像使用MCFLIRT进行头动校正,并以6毫米半高宽(FWHM)进行空间平滑;(2)对每个被试的图像进行标准化;(3)去除线性趋势;(4)滤波(0.01—0.1 Hz)。目的是排除生理噪音(如心跳等)的影响。在预处理中,1名被试由于头动过大或顶叶图像缺失被剔除。

参照Zou等人(2008)的方法,计算每个被试每个体素对应的fALFF。具体而言,计算每个体素在0.01 - 0.1 Hz下低频振幅的总和值在全频段振幅的总和值中占的比率,即得到fALFF,并将每个体素的fALFF值进行标准化处理(Zuo et al.,2010)。然后,将每个被试标准化的fALFF图像

## 第五章　大五人格、主观幸福感与大脑

配准到MNI152标准空间(分辨率为2×2×2毫米)。由于fALFF是对ALFF标准化后的指标,因而不容易受邻近血管或突然头动的影响(Zuo et al.,2010)。

由于低频振幅在大脑灰质更为敏感(Biswal et al.,1995),随后的分析仅仅在大脑灰质区域内完成。使用FSL对rsfMRI数据进行统计分析。这里,作者使用了一般线性模型探讨了心理幸福感的神经机制。在这个模型中,心理幸福感的得分分别作为自变量,每个体素的fALFF值作为因变量,年龄和性别作为干扰变量。在整个分析过程中,针对每个体素进行了一次检验,因此需要进行多重比较矫正。使用蒙特卡洛模拟(10 000迭代)的方法(即3dClustSim方法),进行了多重比较校正。基于这种方法,其中体素水平的阈限是0.005,团块大小的阈限是大于66个体素,才能保证犯一类错误的概率小于0.05。

4. RSFC 计算

为了探讨在fALFF中发现的关键区域是否与大脑其他区域或区域之间相互作用自身形成一个功能网络,作者计算了与心理幸福感相关的核心区域与大脑中的其他体素的静息态功能连接。根据在fALFF-行为相关分析中观察到的显著区域(s)的峰坐标,创建了感兴趣的球形种子区域(半径=5毫米)。这种方法已被广泛用于构建RSFC网络(Cox et al.,2012;Xu et al.,2014)。为了检验网络对心理幸福感的功能相关性,随后将RSFC强度与心理幸福感得分关联起来。在静息态功能连接分析之前,FSLMATHS应用时间带通滤波器(0.01-0.1 Hz)以减少低频漂移和高频噪声。此外,从FSL的BOLD信号中回归出6个头部运动参数、全局均值信号、白质信号、脑脊液信号以及这些信号的导数。RSFC分析在FSL中进行。将四维剩余时间序列转化为MNI152标准空间。计算每个被试种子ROI(s)的平均时间序列,并将其与大脑中所有其他体素的时间序列进行关联。将相关系数转换为费舍尔$z$分数,形成每个被试的$z$-功能连接性图。然后完成与行为偏相关分析。对参与者的年龄、性别和平

均头动 FD 进行控制。显著性阈值是通过 3dClustSim 来确定的。将校正后的聚类阈值设为 $p<0.01$（单体素 $p<0.005$，团块大小 $\geqslant 66$ 体素；528 立方毫米）。

5. 中介分析

最后，为了研究人格特质与心理幸福感相关的自发性大脑活动之间的不同关联，笔者使用 SPSS 宏程序进行了多重中介分析。与简单中介分析相比，多重中介分析可以通过比较具体的间接效应来确定哪个中介变量在关联中发挥更重要的作用。多重中介分析采用 bootstrapping 方法来检验自变量（independent variable, IV；人格特征）通过中介（mediator, M；fALFF 的大脑区域）对结果变量（dependent variable, DV；心理幸福感）的影响。总效应（路径 c）是指不控制 M 时 IV 和 DV 之间的关系。直接效应（路径 c'）是指控制 M 后 IV 和 DV 之间的关系。具体间接效应的估计由 5000 个 bootstrap 样本的均值推导而来（Preacher, Hayes, 2008）。如果 95% 置信区间不包括零，间接效应在 0.05 水平显著。

（二）结果

在局部区域层面，在控制年龄和性别后，心理幸福感与右后侧颞上回（pSTG, MNI：66, -20, 6; $z=4.30$；团块大小 $=1192$；$p<0.01$）和丘脑（MNI：-6, -16, 0; $z=3.94$；团块大小 $=800$；$p<0.01$）存在显著的相关。

在功能连接水平，计算了与心理幸福感相关的脑区与大脑中所有其他体素之间的 RSFC，然后将 RSFC 强度与心理幸福感进行相关分析。结果发现，在控制了年龄、性别和平均 FD 后，对于种子 ROI 丘脑来说，心理幸福感显著的与丘脑和右脑岛之间的 RSFC 强度呈负相关（MNI: 36、14、-2; 720 $mm^3$; $p<0.01$）。具体来说，心理幸福感得分高的个体在这两个区域之间表现出较弱的 RSFC。在这个分析中，没有发现种子 ROI 右后侧颞上回的显著结果。

之前的研究表明，全球平均信号可以降低非神经信号相关性或导致虚假的反相关关系（Murphy et al., 2009; Saad et al., 2012）。因此，在预处

## 第五章　大五人格、主观幸福感与大脑

理分析中,当全球平均信号没有被回归时,作者重新检验了 RSFC 和心理幸福感之间的相关性。笔者发现,在控制年龄、性别和平均头动后,心理幸福感显著的与丘脑和右脑岛之间的 RSFC 强度仍呈负相关(MNI:36、14、-2;800 立方毫米;$Z=3.38$;$p<0.01$)。虽然团块的大小出现了小的变化,但显著的区域与最初分析中确定的区域相同。

为了评估大脑内在活动在预测心理幸福感中的共同贡献,笔者进行了多元线性回归分析。以被试心理幸福感评分为因变量,以 pSTG、丘脑 fALFF 及丘脑-岛叶连通性为自变量。结果表明,这些自变量在心理幸福感中解释了 12.3% 的方差($R^2=0.123$)和所有大脑区域的回归系数都是显著的。上述结果提示,pSTG 与丘脑的 fALFF 以及丘脑与脑岛之间的连通性可以解释心理幸福感个体差异的独特差异。

然后,笔者分析了大五人格与心理幸福感的行为关联。结果发现,与之前的研究一致(Abbott et al.,2008;Augusto et al.,2010;Garcia,2011;Grant et al.,2009),神经质($r=-0.52, p<0.001$)、外倾性($r=0.48, p<0.001$)、尽责性($r=0.51, p<0.001$)与心理幸福感高度相关,而开放性($r=0.30, p<0.001$)和亲和性($r=0.14, p=0.015$)与心理幸福感呈中度相关。此外,多元回归分析显示,他们共同解释了心理幸福感 47% 的差异。

为了研究人格特征对心理幸福感脑机制的影响,对人格与心理幸福感相关区域和连通性进行了相关分析。结果发现神经质与 pSTG($r=-0.15, p=0.048$)、丘脑($r=-0.20, p=0.005$)和脑岛($r=0.17, p=0.021$)存在显著相关。外倾性与 pSTG($r=0.21, p=0.005$)和丘脑($r=0.19, p=0.007$)存在相关性。尽责性与丘脑相关($r=0.21, p=0.005$)。其他人格因素与这些脑区没有显著相关性。这表明人格特征与心理幸福感相关的自发大脑活动存在差异。接下来,对三种人格特质进行了多重中介分析,以检验心理幸福感与人格特质之间的关联是否受到不同神经机制的影响。

幸福神经科学——关于幸福的生物学

对于神经质,在控制 pSTG、丘脑和丘脑-岛叶连接后,神经质对心理幸福感的影响有所减弱,但仍然显著。进一步使用 bootstrap 分析($n = 5000$)来检验这些因素的中介效应的显著性。发现 pSTG、丘脑和丘脑-脑岛连接在神经质与心理幸福感的关系中起着显著的中介作用($p < 0.05$)。进一步的间接效应对比显示,三种介质的间接效应量无统计学差异,说明它们在神经质与心理幸福感的关联中发挥着同等重要的作用(如图 5-2 所示)。

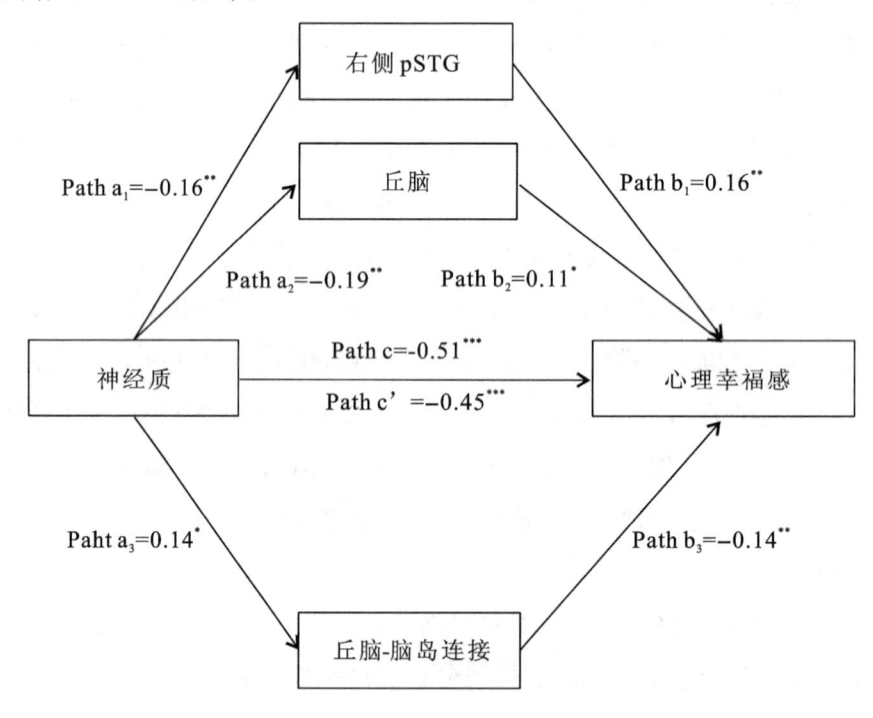

图 5-2 神经质影响心理幸福感的神经基础

资料来源:Different neural pathways linking personality traits and eudaimonic well-being: a resting-state functional magnetic resonance imaging study。

对于外倾性,在控制 pSTG 和丘脑后,外倾性对心理幸福感的影响减弱,但仍然显著。Bootstrap 分析表明,pSTG 和丘脑显著中介外倾性和心理幸福感之间存在关联($p < 0.05$)。进一步的间接效应对比显示,两个中介因子的间接效应量在统计学上没有显著差异,说明它们在外倾性和心

## 第五章 大五人格、主观幸福感与大脑

理幸福感之间的关联中发挥着同等重要的作用(如图5-3所示)。

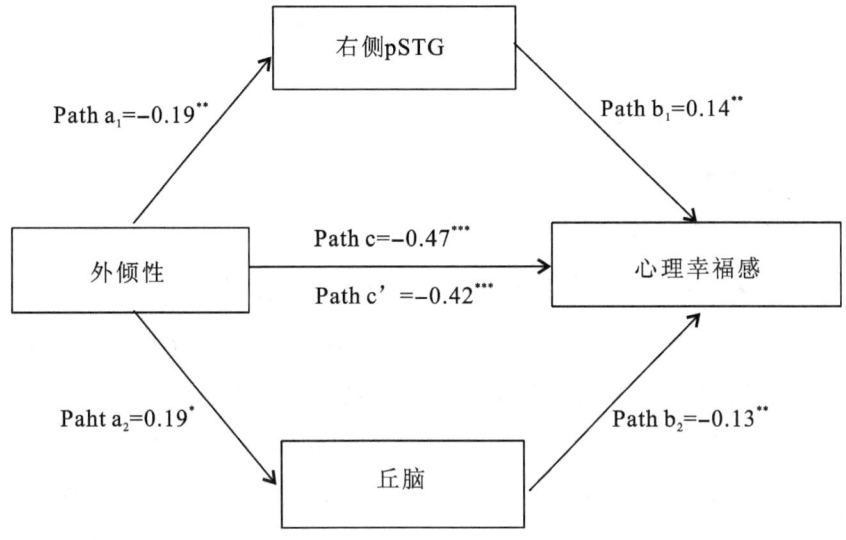

图 5-3 外倾性影响心理幸福感的神经基础

资料来源：Different neural pathways linking personality traits and eudaimonic well-being: a resting-state functional magnetic resonance imaging study。

对于尽责性，在控制pSTG后，尽责性对心理幸福感的影响有所减弱，但仍然显著。Bootstrap分析表明，丘脑在尽责性和心理幸福感的关系中起着显著的中介作用（$p<0.05$）（如图5-4所示）。

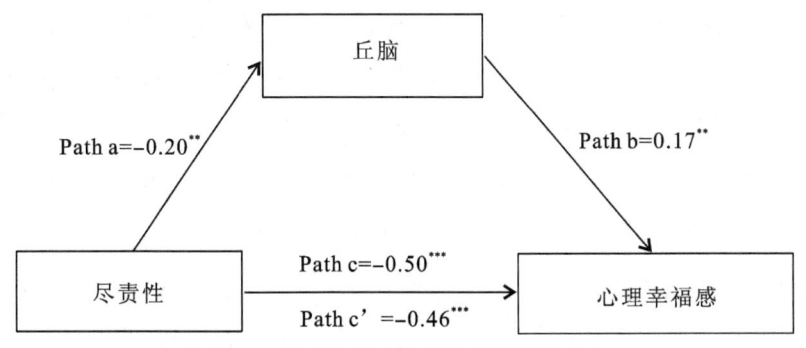

图 5-4 尽责性影响心理幸福感的神经基础

资料来源：Different neural pathways linking personality traits and eudaimonic well-being: a resting-state functional magnetic resonance imaging study。

### 幸福神经科学——关于幸福的生物学

采用相同的中介分析程序,考察了大脑相关区域对心理幸福感与人格特质关系的中介模型。结果表明,三种间接效应的95% CI 均为零,表明这些脑区的内在活动并没有在心理幸福感和人格特质之间起到中介作用。因此,可以得出结论,这些大脑区域的自发活动中介了人格特质和心理幸福感之间的联系。

### (三)讨论和结论

本研究的目的是在神经科学的框架内考察健康个体中大五人格与心理幸福感之间的不同关联。在行为层面,外倾性、神经质和尽责性比宜人性和开放性与心理幸福感的相关性更强,约占心理幸福感变异的一半;这一发现与之前的研究一致(Abbott et al.,2008;Augusto et al.,2010;Garcia,2011;Grant et al.,2009)。在神经层面,心理幸福感与右脑 pSTG 和丘脑的 fALFF 呈正相关,与丘脑-岛叶功能连接强度呈负相关。重要的是,特定的人格特征对预测与心理幸福感相关的自发大脑活动有不同的作用。在区域水平上,pSTG 和丘脑在神经质和外倾性对心理幸福感的影响中起中介作用,丘脑在尽责性对心理幸福感的影响中起中介作用。在功能连接水平上,丘脑-脑岛的功能连接连通仅在神经质对心理幸福感的影响中起中介作用。

在区域水平上,右侧 pSTG 和丘脑的 fALFF 在神经质与心理幸福感的关系中起中介作用。这与罗扬眉等(2014)报道的幸福感与丘脑和颞上叶内在大脑活动的局部一致性相关的发现相一致。此外,先前的影像学研究表明,神经质与 STG 和丘脑对负性刺激的反应中的结构变化和活动有显著的相关(DeYoung et al.,2010;Kumari et al.,2007;Omura et al.,2005)。STG 已被证实与自我参照加工有关,如自我识别(Kircher et al.,2001)和自传体记忆(Spreng,Grady,2010)。丘脑在睡眠调节(Sherman,Guillery,2006)和自我意识(Crick,Koch,2003)、自我认知(Devue,Brédart,2011)和冥想中起作用(Christoff et al.,2009;Zeidan et al.,2011)。所有这些过程都密切反映了心理幸福感的多层面内涵,如在追求内在目标过

## 第五章 大五人格、主观幸福感与大脑

程中表现出高水平的自我意识、自我认识和自我反思(Ryan et al.,2008)。因此,pSTG 和丘脑的自发活动可能通过自我认知、自我意识和自传体记忆等自我相关过程与神经质和心理幸福感相关。

更重要的是,在功能连接水平上,丘脑-岛叶的功能连接在神经质与心理幸福感的关系中起中介作用。一方面,这是笔者所知的第一个研究,揭示了心理幸福感与丘脑-岛叶的功能连接之间的关系。这一观察结果与先前发现的脑岛在心理幸福感中的作用的研究一致(Lewis et al.,2014)。精神分裂症患者在休息状态下的丘脑-脑岛结构和功能连接更强(Corradi-Dell' Acqua et al.,2012;Klingner et al.,2013),而这些个体的心理幸福感显著低于健康人群(Strauss et al.,2012)。另一方面,这一结果表明丘脑-岛叶连接可能是神经质的重要神经机制。基于任务的功能磁共振成像研究表明,神经质可以预测在冒险或某些决策时右脑岛的激活(Feinstein et al.,2006;Paulus et al.,2003)。在神经质个体中,较强的丘脑-脑岛连接似乎支持 Sylvester 等人(2012)的假设,即过度活跃的脑岛网络是焦虑障碍的一种内表型。脑岛被认为在内感受、感觉和运动的意识、自我识别、情绪意识、认知控制和表现监测中发挥着至关重要的作用(Craig,2009;Singer et al.,2009)。所有这些功能似乎对神经质的各个方面都是必不可少的,包括自我意识差、冲动控制差、敌对、焦虑、抑郁和担忧(Costa,McCrae,1992)。因此,神经质可能通过自我意识、情绪意识、认知控制和表现监测等能力与心理幸福感相关联,从而导致丘脑-脑岛连接的参与。

相反,只有 pSTG 和丘脑的区域自发活动可以解释外倾性和心理幸福感之间的关联。先前的研究表明,外倾性与 STG 中的 rsfMRI 信号(Kumari et al.,2004)和丘脑相关(Kumari et al.,2004)。此外,基于任务态的功能磁共振成像研究表明,外倾性可以预测幽默欣赏过程中的 STG 的活动(Mobbs et al.,2005)和丘脑对快乐面孔的反应(Suslow et al.,2010)。除了 STG 和丘脑在自我相关过程中的作用外,STG 还涉及社会相关过

程,如参与声音知觉(Belin et al.,2004)、社会知觉(Zilbovicius et al.,2006)和心理理论(Spreng,Grady,2010)。这两种类型的过程对社会功能至关重要,比如人际交流。这与大五人格模型对外倾性的描述一致。该模型认为,外倾性的核心特征是参与社会行为的倾向。因此,pSTG和丘脑的自发活动中介外倾性和心理幸福感之间的联系是合理的。

相对于神经质和外倾性,只有丘脑中的fALFF中介了尽责性和心理幸福感之间的联系。相对于神经质和外倾性,关于尽责性的神经相关因素的神经影像学研究相对较少。本研究表明,丘脑可能在尽责性方面发挥了重要作用。先前的研究探讨了毅力的神经相关因素。毅力与尽责性高度相关,被认为是尽责性的一个重要方面。结果发现,毅力与丘脑葡萄糖代谢率降低有关(Haier et al.,1987)。鉴于丘脑在自我调节过程中的作用,丘脑可能有助于个体从事目标导向活动并对自己和环境有效控制,从而使个体拥有更高水平的心理幸福感。

综上所述,笔者采用fALFF方法研究了大五人格特质对健康成人心理幸福感的不同影响。研究结果表明,pSTG和丘脑的fALFF可以预测心理幸福感。丘脑与脑岛之间的功能连接进一步证实了这些区域在心理幸福感中的作用。五种人格特质,尤其是神经质、外倾性和尽责性,均与心理幸福感有关,但它们可能通过不同的内在脑活动模式影响心理幸福感。

# 第六章 积极自我、主观幸福感与大脑

自我,又称自我意识或自我认知,是个体对其存在状态的认知,包括对自己的生理状态、心理状态、人际关系及社会角色的认知。从内容上看,可以分为积极自我和消极自我。从形式上看,自我意识表现为认知的、情感的、意志的三种形式,分别称为自我认识、自我体验和自我调控(孙圣涛,卢家楣,2000;郑和钧,2004)。

自我认识是指一个人对自己各种身心状况的认识,是自我意识的认知成分。它包括自我观察、自我概念和自我评价等。自我认识是最基础的部分,是自我体验和自我调控的前提。自我体验是自我意识的情感成分,在自我认识的基础上产生,反映个体对自己所持的态度,包括自爱、自尊、自信、自豪、自我效能感等,其中,自尊是自我体验中最主要的方面。自我调控是自我意识的意志成分,指个体对自己心理活动和行为的调节与控制,包括自我监督、自我控制、自我检查等。自我控制是个体意志品质的集中体现,我们常说的自制力,就是自我控制能力。总之,三个成分之间相互联系、相互制约,统一于个体的自我意识之中。接下来,我们将主要介绍两个与积极自我相关的概念,即自尊和自我控制。

## 第一节 自尊、主观幸福感与大脑

### 一、自尊概述

#### (一)自尊的内涵

自我系统包括自我认识、自我体验、自我调控,而自尊是自我系统的重要概念之一,自尊是自我概念的评价方面,对应于自我有价值或无价值的整体观点(Baumeister,1998)。库帕史密斯认为自尊是一个人对自己的评价(Coopersmith,1967)。它表达了一种赞许的态度,表明了一个人认为自己有能力、有意义、成功和有价值的程度。根据罗森伯格的观点,自尊是指一个人在社会比较过程中得到的有关自我价值的积极评价与体验(Rosenberg,1965)。简而言之,自尊是对个人价值的一种个人判断,这种判断表现在个人对自己的态度上。因此,自尊是一种对自我的态度,与个人对技能、能力、社会关系和未来结果的信念有关。总体来说,自尊是个体对自我能力和自我价值的情感体验,是自我体验的一种,具有一定的评价意义。

在很多研究中,自尊和自我概念这两个术语经常互换使用。根据人本主义心理学家卡尔·罗杰斯(Carl Rogers,1959)的观点,一个人只有实现了自我,才能实现他的人生目标和愿望。在他的人格理论中,自我概念有三个主要组成部分:自我形象或我们看待自己的方式;自尊或者说我们如何评价自己;理想的自我或者我们想成为的自我。根据罗杰斯的理论,自尊是自我概念的一部分,是个人评价自己是非常重要的方式。

不过,二者却有着重要的不同。自我概念是指人们对自己的认知信念的总和;它是关于自我的一切信息,包括诸如姓名、种族、喜好、厌恶、信仰、价值观和外貌描述(如身高和体重)。相比之下,自尊是人们在思考和评价自己的不同方面时所产生的情感反应。虽然自尊与自我概念有关,但是二者并不相同。例如,尽管人们会相信自己在学习、体育或艺术等方面的才能,但仍然可能不喜欢自己。相反,人们有可能喜欢自己,因此拥有很高的自尊,尽管他们缺乏任何客观指标来支持这种积极的自我看法。虽然受自我概念内容的影响,但二者并不是一回事。

(二)自尊的结构

自尊可以指整体的自我,也可以指自我的特定方面,如社会地位、种族或民族、身体特征、运动技能、工作或学业表现等方面的自尊。自尊文

第六章　积极自我、主观幸福感与大脑

献中的一个重要问题是,自尊究竟是一个总体的特质,还是一个多维特质。根据总体的观点,自尊被认为是一种全面的自我态度,渗透在人们生活的各个方面。由此,罗宾斯等人开发了一个单一项目的总体自尊量表(Robins et al.,2001)。这个量表只包含了"我有很高的自尊"这一个项目,采用李克特5点计分。

自尊也可以被定义为一个多维结构,可以被分解成不同成分。从这个角度来看,有三个主要成分:表现自尊、社会自尊和身体自尊(Heatherton,Polivy,1991)。这些成分中的每一个都可以分解成越来越小的子成分。表现自尊是指一个人的一般能力感,包括智力、在校表现、自我调节能力、自信心、效能感和能动性。高表现自尊的人相信他们是聪明和有能力的。社会自尊指的是人们如何相信别人对他们的看法。如果人们受到他人的相信,特别是重要的人重视和尊重他们,他们就会有很高的社会自尊。社会自尊水平低的人通常会经历社会焦虑,在公共场合自我意识较高。他们高度关注自己的形象,担心别人如何看待自己。最后,身体自尊指的是人们如何看待自己的身体,包括运动技能、身体吸引力、身体形象,以及对种族和民族的感觉等。

(三) 自尊的测量

根据自尊是外显自尊(explicit self-esteem)还是内隐自尊(implicit self-esteem),自尊的测量方式也分为两种。中西方研究者一致认为,自尊具有双重结构,即外显性和内隐性,他们是两种相互独立的心理结构(Greenwald,Farnham,2000;蔡华俭,2003)。因为内隐自尊是无意识的、不需要内省的内在态度,因此多通过间接方式进行测量,最常用的就是内隐联想测验范式。此外还有启动范式、词汇完成测验、自我统觉测验等。外显自尊则采用自我报告的量表进行测量。由于研究者对自尊多样的定义和界定,相应的测量方式也被开发。作为一种人格特质的自尊,可以采用自我报告的方式加以测量,常用的量表如罗森伯格自尊量表(Rosenberg Self-Esteem Scale;Rosenberg,1965,见表6-1)和德克萨斯社会行为

### 幸福神经科学——关于幸福的生物学

量表(Texas Social Behavior Inventory; Fleming, Courtney, 1984);还可以采用自我参照加工范式(Self-Referential Processing, SRP)来加以诱发。典型的 SRP 要求被试判断,不同类型的特质形容词在多大程度上能够描述自己(或他人)(Northoff et al., 2006),当个体将积极词与自我特征相联系时,便被看作是高自尊的表现。

**表 6-1 罗森伯格自尊量表**

指导语:这个量表是用来了解你是怎样看待自己的。请仔细阅读下面的句子,选择最符合你情况的选项。请在最符合的选项上打"√"。得分越高,代表越同意题目中的观点。

| | 完全不符合 | 不符合 | 符合 | 完全符合 |
|---|---|---|---|---|
| 1.我感到我是一个有价值的人,至少与其他人在同一水平上。 | 1 | 2 | 3 | 4 |
| 2.我感到我有许多好的品质。 | 1 | 2 | 3 | 4 |
| 3.归根结底,我倾向于觉得自己是一个失败者。 | 1 | 2 | 3 | 4 |
| 4.我能像大多数人一样把事情做好。 | 1 | 2 | 3 | 4 |
| 5.我感到自己值得自豪的地方不多。 | 1 | 2 | 3 | 4 |
| 6.我对自己持肯定态度。 | 1 | 2 | 3 | 4 |
| 7.总的来说,我对自己是满意的。 | 1 | 2 | 3 | 4 |
| 8.我希望我能为自己赢得更多尊重。 | 1 | 2 | 3 | 4 |
| 9.我确实时常感到自己毫无用处。 | 1 | 2 | 3 | 4 |
| 10.我时常认为自己一无是处。 | 1 | 2 | 3 | 4 |

版权所有引用:Rosenberg M, 1965. Society and the adolescent self-image[M]. Princeton, NJ: Princeton University Press.

问卷中文版来源:汪向东,等. 1999. 心理卫生评定量表手册[M]. 北京:中国心理卫生杂志社.

# 第六章　积极自我、主观幸福感与大脑

注：第1,3,5,8,9,10题，反向计分。该量表的计分方式为10个项目的分值相加，便得到自尊得分。分值越高，说明自尊水平越高。

## 二、自尊与幸福感关系的研究现状

一些研究者假定，自尊与主观幸福感存在紧密的关系（Diener, Diener, 1995; Neto, 1993; Yarcheski et al., 2001; 徐维东 等, 2005）。这可能是因为，作为一种积极资源，高自尊可以使个体较少地感受到压力的威胁，并有助于建立满意的人际关系，从而促进个体的幸福感。大量的实证研究发现，自尊是影响主观幸福感的一个重要的预测变量（Campbell, 1981; Diener, Diener, 1995; Kong, You, 2013; Kong et al., 2012a; Kwan et al., 1997; Neto, 1993; 耿晓伟, 郑全全, 2008; 孔风 等, 2012）。另外，心理学家长期的研究发现，在人格特质、适应能力、自尊、年龄、婚姻状况、经济水平等预测指标中，自尊是预测生活满意度的最佳指标之一。例如，坎贝尔在一个美国样本发现，在所有与主观幸福感认知成分相关的因素中，自尊与主观幸福感认知成分具有中度的相关，并且是最高的相关（$r = 0.55$）（Campbell, 1981）。内图通过对青少年群体的测查也得到了相同的结论（Neto, 1993）。另外，研究者使用31个国家的数据发现，自尊与主观幸福感认知成分的相关为 0.47（Diener, Diener 1995）。

除了采用横断设计考察自尊和主观幸福感的关系外，也有研究采用纵向设计考察两者的关系。一些研究者使用纵向研究检验了二者的方向性（Ye et al., 2012）。他们发现，自尊能显著预测个体8个月后的主观幸福感水平，但主观幸福感却不能预测自尊的水平。这表明，自尊能因果性地预测主观幸福感。自尊与主观幸福感的关系能通过幸福感的自上而下的理论来解释。根据这个理论，个体对自己的生活满意的评价依赖于对于具体领域（如家庭、朋友和自我等）的满意度的评价（Schimmack, 2002; Heller et al., 2004）。因为自尊反映了个体对自我的判断和评价，而生活满意度反映了对自己生活的总体评价。因此，自尊能够在主观幸福感中起到重要的预测作用。

另外,还有研究考察了特殊群体的自尊和主观幸福感的关系。如离退休老干部的自尊对主观幸福感有显著的预测作用(李佳,冯正直,2007)。贫困大学生的主观幸福感明显低于非贫困大学生,并且自尊可以显著预测个体的主观幸福感(孔德生 等,2007)。另外,高自尊水平农民工的主观幸福感和感知社会支持都高于低自尊农民工,自尊是农民工感知社会支持和主观幸福感间的中介变量(胡关娟 等,2011)。虽然也有研究得出了不一致的结果,但已有的大量研究都支持了自尊与主观幸福感间存在密切关系。

### 三、自尊影响主观幸福感的神经机制

#### (一)自尊的神经基础

首先,结构态 sMRI 研究结果发现,自尊与海马的体积呈显著正相关(Kubarych et al.,2012;Lu et al.,2018;Pruessner et al.,2005)。这可能在于两者都会受到慢性压力(chronic stress)的影响。当面对压力事件时,个体唾液中的皮质醇或血浆中的糖皮质激素等的分泌会增加(Smeets et al.,2012;杨娟 等,2011)。因为海马富含对糖皮质激素反应敏感的受体,所以会在持续应激的作用下体积发生改变。而高自尊可以帮助个体采取有效的应对策略,以缓冲对压力的生理反应(Pruessner et al.,2005)。研究者认为,海马与自尊间的关联可以通过海马负责的主要功能而获得解释。海马是记忆情境化的主要结构,而恰当地将某些生活事件(如失败或社会排斥)情境化的能力降低,可能与自尊的发展有关。也就是说,如果与消极生活事件相关的特定情境和环境特征不能被回忆起来,这种源监控的失败可能会引发一种过度泛化的自我认知,认为自己是一个失败的人或被社会排斥,进而导致自尊的降低(Pruessner et al.,2005)。除了在结构上与海马体积相关之外,笔者等人(Kong et al.,2015b)也发现,自尊与楔前叶以及海马旁回的灰质体积存在显著相关。这揭示了默认网络

## 第六章　积极自我、主观幸福感与大脑

(DMN)的核心脑区均与自尊水平相联系,提示自尊涉及自我参照加工。

自尊还被发现与特定脑区的自发神经活动有关(Chen et al.,2021; Pan et al.,2016)。例如,研究发现,自尊与左侧腹内侧前额皮层(vmPFC)的低频振幅存在显著正相关(Pan et al.,2016)。同时,自尊既与左侧腹内侧前额叶与双侧海马的功能连接显著正相关,也与左侧楔回/舌回与右侧背外侧前额叶(dlPFC)和前扣带回(ACC)间的连接强度呈正相关。Chen 等(2021)采用小学生群体发现,特质性自尊与右侧 dlPFC 的低频振幅值比率(fALFF)存在显著正相关。重要的是,自尊水平越高,dlPFC 与右侧颞下回(ITG)、左侧梭状回(FG)、右侧中央后回(PoCG)和左侧楔前叶(PCu)等脑区的连接越低。另外,这个研究还发现,自我概念能中介 dlPFC 的局部活动,dlPFC – FG 的功能连接以及 dlPFC – PCu 的功能连接与自尊的关联。总之,这两个研究揭示了默认网络以及社会认知网络的核心脑区均与自尊水平相联系,提示自尊同时涉及自我参照加工以及社会认知等多个过程。

采用 SRP 范式完成的 fMRI 研究结果基本上与静息态 fMRI 的结果相似。结果发现,内侧前额叶皮层(mPFC)、ACC、楔前皮层和颞顶皮层(temporoparietal cortex,TPC)都会参与自尊的加工(Ochsner et al.,2005; Qin et al.,2012;Qin,Northoff,2011)。例如,研究发现,相比判断他人(或判断字形)而言,当被试在判断特质形容词是否与其自我相关时,mPFC 有更强的激活(Heatherton et al.,2006)。此外,研究者将视觉呈现(观看自己或陌生人的照片)与词语判断(评价积极/消极形容词能够描述自我/他人的程度)相结合,以避免自我 – 积极偏差对研究结果的干扰。结果显示,mPFC、ACC 和左侧 TPC 也会参与 SRP 的加工(Frewen et al.,2013)。因为这些脑区的活动既与被试对于形容词的判断(如 mPFC)相关,也与任务诱导出的情绪反应(如 ACC)有关,因此,自尊可能包含"认知"与"情绪"两种自我评价成分(Frewen et al.,2013)。

综上所述,关于自尊神经机制的研究结果揭示,自尊涉及与认知与情

绪两方面自我评价相关的认知神经加工机制。在结构层面,自尊与海马体积有关,可能是因为压力和海马在压力事件中发挥的作用;在功能层面,自尊的加工机制涉及与自我参照加工以及社会认知等多个过程相关的脑区。

(二)自尊影响主观幸福感的神经基础

目前,直接探讨情绪智力影响主观幸福感的神经基础的研究非常少,仅有一项研究。笔者 2015 年发表在 Social Cognitive and Affective Neuroscience 上的研究,第一次使用 sMRI 探讨了自尊影响主观幸福感的结构神经基础。接下来,将对这个研究进行详细讲解。

1. 研究方法

(1)被试与行为测量

研究招募 274 名北京师范大学在校大学生(平均年龄为 21.58 岁,标准差为 1.01,其中 150 名女性)参与本实验。他们使用了以下行为测量来测量自尊和幸福感水平。(1)生活满意度量表(SWLS;Diener et al.,1985)被用来评估被试的认知幸福感水平。(2)积极与消极情感量表国际简化版(Thompson,2007)被用来评估被试的情感幸福感水平。(3)Rosenberg 自尊量表被用来评估被试的自尊水平。这个量表已经被发现有满意的信度和效度(Kong et al.,2012b;2013;Kong,You,2013)。这个量表包括 10 个项目,如"有时我的确感到自己很没用"。问卷采用 6 点 Likert 计分方式(1 = "完全不赞同",6 = "完全赞同")。更高的得分表明更高的自尊水平。在本实验中,该量表有满意的内部一致性信度(Cronbach's $\alpha$ = 0.89)。

(2)sMRI 数据的收集与处理

对于 sMRI 的数据,他们使用北京师范大学脑成像中心的西门子 3T 核磁共振扫描仪。结构像扫描采用 MPRAGE 序列,获取 128 层矢状面图像。采用 spm8 对结构像数据进行预处理。具体步骤包括:剔除图像有异常的数据;为了更好地配准,被试图像位置重新对准在前联合;将图像分

## 第六章　积极自我、主观幸福感与大脑

割成灰质、白质和脑脊液;采用 DARTEL 进行配准、标准化和图像调制;进行平滑(FWHM = 8 毫米);使用 0.2 的绝对阈限掩蔽来区分灰质和白质的边界。

(3)数据分析

对于数据分析,使用 SPSS 对 rGMV 数据进行统计分析。首先,为了复制前人的行为研究结果,该研究计算了自尊人格与主观幸福感的皮尔逊相关,并进一步完成回归分析检验了自尊人格对主观幸福感的预测作用。其次,该研究完成 ROI 分析检验了哪些与主观幸福感相关脑区的 rGMV 和自尊人格有关系。对于每个被试,该研究抽取了研究一所得到的与主观幸福感相关的每个脑区中所有体素的平均 rGMV,并计算了这些脑区的 rGMV 与自尊人格的皮尔逊相关。基于前人的研究,总共包括功的 3 个脑区,即海马旁回、内侧前额皮层和楔前叶皮层。因为完成了 3 个相关分析,所以存在多重比较问题。为了保证结果的可靠性,该研究完成 Bonferroni 校正来控制整体虚报。最后,为检验自尊人格如何通过调制个体的大脑影响主观幸福感,该研究完成了多重中介分析(Preacher, Hayes, 2008)。每个脑区的 rGMV 作为自变量,自尊作为中介变量,主观幸福感的两个成分分别作为因变量。采用 Bootstrap 法($n$ = 5000)进行多重中介分析检验。中介效应显著的标准为:95% 的 CI 不包括 0。

2. 研究结果

为了检验自尊人格与主观幸福感的关系,在行为上,该研究首先计算了自尊人格与主观幸福感的皮尔逊相关。与预期一致,自尊人格与认知幸福感存在显著正相关($r$ = 0.45, $p$ < 0.001),也与情感幸福感存在显著正相关($r$ = 0.40, $p$ < 0.001)。进一步的回归分析发现,自尊人格可以解释认知幸福感 20.1% 的变异和情感幸福感 15.8% 的变异。接下来,他们进一步考查自尊人格影响主观幸福感的神经机制。

脑与行为的相关分析发现,在控制年龄、性别和 gGMV 后,自尊与左

侧楔前叶($r = -0.19, p = 0.002$)以及右侧海马旁回($r = 0.24, p < 0.001$)的 rGMV 存在显著相关。没有脑区与主观幸福感的情感成分存在显著相关。因为这些区域主要与认知幸福感有关系。因此,这些结果可能暗示,楔前叶、海马旁回是自尊影响认知幸福感的神经基础。

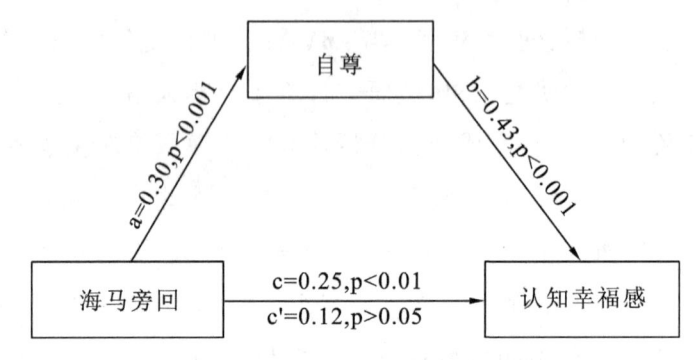

图 6-1 自尊影响认知幸福感的神经机制

资料来源:Examining gray matter structures associated with individual differences in global life satisfaction in a large sample of young adults。

为了检验这个假设,该研究对自尊、认知幸福感和脑区进行了中介分析。在中介模型中,年龄、性别和 gGMV 被作为一般控制变量。结果发现,当中介变量被控制后,海马旁回对认知幸福感的影响($\beta = 0.25, p < 0.001$)不再显著($\beta = 0.12, p > 0.001$)。Bootstrap 分析发现,海马旁回通过自尊的 rGMV 影响认知幸福感的中介效应是显著的,95% 的 CI 为 [0.26, 1.25](如图 6-1 所示)。另外,当中介变量被控制后,左侧楔前叶对认知幸福感的影响($\beta = -0.54, p < 0.001$)显著减少($\beta = -0.41, p > 0.001$)。Bootstrap 分析发现,左侧楔前叶通过自尊的 rGMV 影响认知幸福感的中介效应是显著的,95% 的 CI 为 [-1.47, -0.21](如图 6-2 所示)。

3. 研究讨论

该研究首次通过大样本脑与行为的相关分析,考察了自尊影响主观幸福感的神经机制。结果发现,尽管内侧前额皮层、左侧楔前叶和右侧海

# 第六章 积极自我、主观幸福感与大脑

```
              自尊
         ↗         ↘
  a=-0.34,p<0.001   b=0.40,p<0.001
       ↗               ↘
    楔前叶  —c=0.54,p<0.001→  认知幸福感
            c'=0.41,p<0.01
```

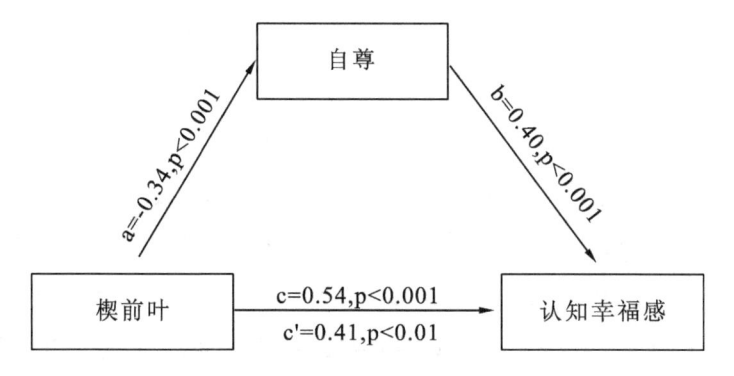

图 6-2 自尊影响认知幸福感的神经机制

资料来源：Examining gray matter structures associated with individual differences in global life satisfaction in a large sample of young adults。

马旁回的 rGMV 与自尊有显著相关,但自尊仅仅通过调制左侧楔前叶和右侧海马旁回的 rGMV 影响认知幸福感。这些结果表明,左侧楔前叶和和右侧海马旁回是自尊影响认知幸福感的神经基础。

该研究发现,左侧楔前叶在自尊与认知幸福感的关系中起到中介作用。这与以往探讨自尊的神经机制的研究是一致的(Rameson et al.,2010)。以往研究发现,楔前叶是大脑默认网络的核心节点(Fair et al.,2008;Buckner et al.,2008;Fransson,Marrelec,2008)。大脑默认网络通常被认为参与自我参照加工(self-referential processing),如内外部环境的觉知(Fransson,Marrelec,2008)。这种自我参照加工被认为构成自我的核心,并对自我体验是非常重要的(Northoff et al.,2006)。另外,楔前叶在视觉空间表象加工(Simon et al.,2002)和情景记忆提取(Lundstrom et al.,2005;Wagner et al.,2005)中也起到重要作用;额上回也参与工作记忆、认知控制以及情绪调节(Egner,Hirsch,2005;Goldin et al.,2008;Klingberg,2006;Ochsner et al.,2004)。因此,楔前叶的参与可能有助于个体更好地自我监控和管理,并从情景或自传体记忆中获得一个更积极的自我评价(也就是高自尊),从而进一步提升个体的认知幸福感。

该研究也发现,自尊在右侧海马旁回与认知幸福感的关系起到中介

作用。这与以往探讨自尊神经机制的研究是一致的(Pruessner et al., 2005;Kubarych et al.,2012;Frewen et al.,2013)。例如,研究发现,相对于高自尊个体而言,低自尊个体对社会拒绝反应有更高的激活(Onoda et al.,2010)。低自尊个体也被发现有更多的知觉压力和长期压力源(Abouserie 1994;Lo,2002),并表现出对压力更高的皮质醇反应(Kirschbaum et al.,1995;Pruessner et al.,2005),以及心血管和炎症反应(O'Donnell et al.,2008)。而以往研究发现,海马也跟对压力更好的皮质醇反应(Pruessner et al.,2005;Cunningham-Bussel et al.,2009;Root et al.,2009),以及心血管和炎症反应有关(Critchley et al.,2000)。先前的研究表明,海马旁回参与知觉加工(Epstein,2008)、场景与位置的提取和编码(LaBar,Cabeza,2006)、情绪记忆的提取和编码(Sterpenich et al.,2006;Murty et al.,2010)以及情感知觉决策(Pessoa,Padmala,2005)。这个脑区也被发现在压力知觉以及压力管理中起到重要作用(Li et al.,2014a;Ulrich-Lai,Herman,2009)。此外,这个脑区的功能异常与创伤后应激障碍(Etkin,Wager,2007)、焦虑障碍(Etkin,Wager,2007)和精神分裂症(Gradin et al.,2011)有关。因此,海马的参与可能通过自尊对压力的事件的缓冲作用进一步改善个体的认知幸福感水平。

总之,该研究初步证实了自尊影响主观幸福感的神经机制。该研究发现,左侧楔前叶和右侧海马旁回是自尊与认知幸福感的共享神经基础,可能表明自我以及社会认知相关的加工起到重要的作用。另外,尽管在本实验中,自尊与主观幸福感的情感成分有中等的相关,但是,该研究并没有发现自尊对情感幸福感影响的神经基础。这可能是因为,该研究所采用的指标仅仅是局部大脑指标。自尊影响主观幸福感情感成分的神经基础可能反映在其他大脑指标,如脑网络指标。未来的研究应该去检验这种可能性。

# 第六章 积极自我、主观幸福感与大脑

## 第二节 自我控制、主观幸福感与大脑

### 一、自我控制概述

（一）自我控制的内涵

自我的另一个特征是自我控制，它可以被定义为当一个人符合社会标准的要求时，改变或制止主导反应倾向和调节行为、思想和情绪的能力（Baumeister，Vohs，2007；de Ridder et al，2011）。个体的自我控制能力各不相同。有些人比其他人更能控制他们的脾气，履行他们的计划，抵制过度饮酒或暴饮暴食，履行他们的责任，坚持学习，等等。这些差异似乎应该与生活中更大的成功和幸福有关。戈特弗雷德森和赫斯基关于自我控制的观点认为，自我控制在抵抗诱惑中的作用体现在对避免犯罪和越轨行为的影响（Gottfredson，Hirschi，1990）。自我控制能促进人们在学校中表现良好，遵守社会规范，进入并保持健康的关系，有效应对压力等（Boals et al.，2011；DeBono et al.，2011；Duckworth et al.，2019）。

与自尊相比，自我控制不是对自己的愉快的感觉或积极的评价，而是一种抑制不明智冲动的意志力量，使个体能够以一种社会认可和促进的方式行事（Baumeister，Vohs，2007）。自我控制被认为是"自我与环境之间的互动方面"，自尊被认为是"对自我的评价或态度"，尽管理论上他们是不同的，但证据表明，它们有中等程度的相关（de Ridder et al.，2011；Trumpeter et al.，2006）。这是因为自我控制是个体意志品质的集中体现，而从某种意义上来说，自制力的优劣决定着学习、工作、生活的成败，因此会影响我们对自我的情绪反应，进而影响自尊。

（二）自我控制的双系统模型

霍夫曼等人提出的自我控制的双系统模型（dual-systems model of self-control；Hofmann et al.，2009）认为，一个完整的自我控制模型包括冲

动系统和自我控制系统(如图6-3所示)。冲动系统是冲动行为产生的原因。在面对诱惑时会自动激起一个相应的冲动行为,包括正向的归因于诱惑刺激的享乐评价以及接近诱惑的行为图式,即自动情感反应和自动接近—回避反应。冲动加工是自动化的,不需要认知资源的参与,主要通过内隐联想测验来测量。相较于高度资源节约的冲动系统,控制系统更加依赖控制资源,具有更强的主动性。这一系统是面对诱惑时更高阶心理活动产生的原因,包括深思熟虑的评价和抑制标准,主要通过口头报告的外显测量来测量。这一模型还认为,除了冲动和控制系统以外,自我控制的结果还取决于一些关键调节变量(即状态或者特质调节变量)之间交互作用的结果。

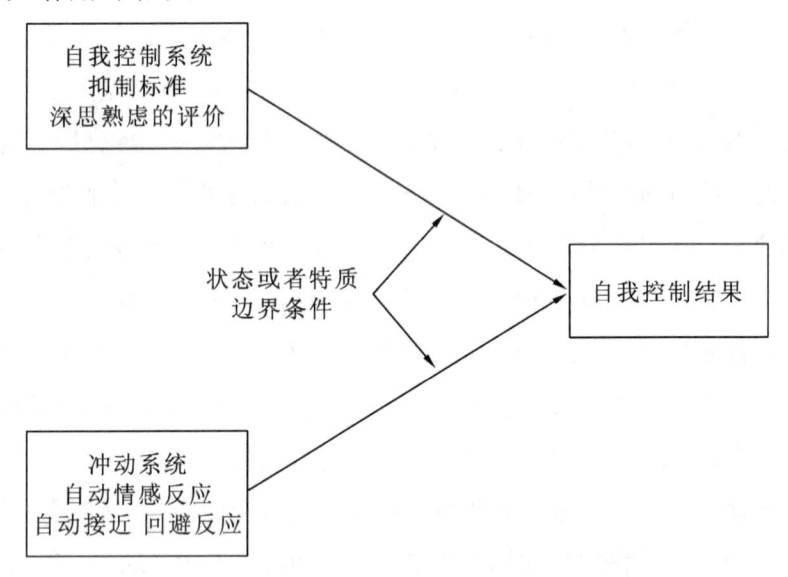

图6-3 自我控制的双系统模型

资料来源:Impulse and self-control from a dual-systems perspective。

## (三)自我控制的测量

基于双系统模型,也相应出现了一些自我控制测评工具。例如自我控制双系统量表分别测量了冲动系统和控制系统(Dvorak,Simons 2009)。这种基于自我控制内部机制的测量方法在普通人群中取得了良好的信效

## 第六章 积极自我、主观幸福感与大脑

度(梁虹 等,2016;谢东杰 等,2014)。

另外,自我控制量表(Self-Control Scale,SCS;Tangney et al.,2004)也是目前世界范围内使用较为广泛的测量自我控制水平的量表。该量表包括冲动控制、健康习惯、抵制诱惑、专注工作和节制娱乐等5个维度,共36个题目。2014年,莫兰对SCS进行修订,形成了7个条目的简式自我控制量表(Brief Self-Control Scale,BSCS;Morean et al.,2014)。这个量表包括两个维度:自律性(self-discipline)及冲动控制(impulse control)。量表采取Likert 5级评分,从"完全不符合"到"完全符合"(见表6-2)。

表6-2 简式自我控制量表

指导语:这个量表是用来了解你是怎样看待自己的。请仔细阅读下面的句子,选择最符合你情况的选项。请在最符合的选项上打"√"。得分越高,代表越同意题目中的观点。

|  | 完全不符合 | 不符合 | 中立 | 符合 | 完全符合 |
| --- | --- | --- | --- | --- | --- |
| 1. 我能很好地抵制诱惑。 | 1 | 2 | 3 | 4 | 5 |
| 2. 大家说我有钢铁般的自制力。 | 1 | 2 | 3 | 4 | 5 |
| 3. 我能为了一个长远目标高效地工作。 | 1 | 2 | 3 | 4 | 5 |
| 4. 我会做一些能给自己带来快乐但对自己有害的事。 | 1 | 2 | 3 | 4 | 5 |
| 5. 有时我会被有乐趣的事情干扰而不能按时完成任务。 | 1 | 2 | 3 | 4 | 5 |
| 6. 有时我会忍不住去做一些明明知道不对的事情。 | 1 | 2 | 3 | 4 | 5 |
| 7. 我常常考虑不周就付诸行动。 | 1 | 2 | 3 | 4 | 5 |

版权所有引用:Morean M E,et al.,2014. Psychometrically Improved,Abbreviated Versions of Three Classic Measures of Impulsivity and Self-Control[J]. Psychological Assessment,26(3),1003-1020.

**幸福神经科学——关于幸福的生物学**

简体中文版信效度检验:罗涛 等,2021. 简式自我控制量表中文版的信效度检验[J]. 中国临床心理学杂志,29(1),83-86.

注:其中,第4、5、6、7题,反向计分。该量表的计分方式为7个项目的分值相加,即可得到自我控制得分。分值越高,说明自我控制水平越高。

## 二、自我控制与幸福感关系的研究现状

自我控制理论认为,自我控制是参与有意志的目标导向行为的关键,这种行为使个体能够克服或抑制与目标无关的冲动、想法和情绪,并使它们与他们的总体目标保持一致(Baumeister et al. ,2007;Inzlicht et al. ,2014)。越来越多的证据表明,高自我控制具有广泛的益处,例如,有助于提高学习成绩和工作表现、加强人际关系、提升心理和身体健康等(Allemand et al. ,2019;Boals et al. ,2011;De Ridder et al. ,2012;DeBono et al. ,2011;Duckworth et al. ,2019;Galla,Duckworth,2015)。相比之下,低自制力与许多负面的个人和社会后果有关,包括肥胖、犯罪、药物滥用和拖延(Baler,Volkow,2006;Stutzer,Meier,A 2016;Vazsonyi et al. ,2017;Xu et al. ,2021a)。最近,人们也开始关注自我控制和主观幸福感之间的关系(Cheung et al. ,2014;Hofmann et al. ,2014;Li et al. ,2022;Wiese et al. ,2018;欧阳益 等,2016)。

霍夫曼等(2014)是最早实证检验自我控制与主观幸福感关系的研究之一。在3项研究中,作者发现,自我控制与情感和认知幸福感都呈正相关。具体来说,高水平的自我控制与更高水平的认知幸福感和积极情绪以及更少的消极情绪体验有关。作者进一步指出,高自我控制的人通过计划和主动控制可以很好地处理和回避现有的目标冲突,这使他们能够体验更少的情感痛苦和更多的幸福感。

在2002年的一项研究中,研究人员通过3个研究探讨了在中国群体中自我控制与主观幸福感的关系(Li et al. ,2022)。研究1结果显示,自我控制与主观幸福感的不同方面,包括生活满意度、情感幸福感和心理幸福感呈正相关。以个体为中心的潜在剖面分析表明,高自我控制组在幸

## 第六章 积极自我、主观幸福感与大脑

福感上的得分显著高于低自我控制组。研究2用日记证据进一步验证了研究1的结果,即高自我控制的个体在日常生活中经历了更高的幸福感。为了揭示自我控制对幸福感结果的因果关系,研究3采用短期纵向设计。交叉滞后路径分析表明,自我控制能正向预测3个月后的主观幸福感,包括生活满意度、情感幸福感和心理幸福感。

一些学者认为,自我控制会影响人们制定目标和追求目标的策略的方式,进而影响幸福感。也就是说,调节焦点在自我控制和主观幸福感之间的关系中起到中介作用(Cheung et al.,2014)。根据Higgins(1997)的调节焦点理论,人们有两种动机导向来指导他们的目标追求行为,即促进焦点和预防焦点。促进焦点关注的是成长、进步和成就,故而对积极结果的有无敏感,采取趋近行为的目标策略。预防焦点的重点是警惕、责任和安全,故而对消极结果的有无敏感,采取避免行为实现目标。而高自我控制的个体根据促进和预防焦点,确定追求目的策略,从而进一步提升他们的幸福感。

### 三、自我控制影响主观幸福感的神经机制

#### (一)自我控制的神经基础

来自任务态fMRI的研究表明,在自我控制过程中,长期目标的执行与vmPFC相关,对暂时诱惑的控制激活了dlPFC,暂时诱惑控制的失败和伏隔核关系密切。例如,研究人员选取自我报告的节食者作为研究对象,考察自我控制的神经机制(Hare et al.,2009)。首先,要求被试对电脑屏幕上呈现的食品的味道和该食物能促进健康的程度进行评价,然后要求他们从自己喜好的食品和其他食品中作出选择。结果发现,vmPFC的激活与长期目标(节食目标)的执行相关,与针对当前诱惑的自我控制程度无关。当被试针对暂时诱惑进行自我控制时,背外侧前额叶皮层的激活程度增加并且与腹内侧前额叶皮层的激活水平相关。这一结果说明dlPFC在自我控制的执行中发挥着重要的作用,其通过调节vmPFC中编

码的长期目标的价值信号影响自我控制。

蒂莫斯等人招募了50名慢性节食者和50名未节食者,探讨了长期目标执行失败(节食失败)的神经基础(Demos et al.,2011)。首先让一半被试(其中节食者和未节食者各半)喝水,另一半被试喝牛奶,随后给他们呈现不同类型的图片,如动物、风景、人物、美食等。结果发现,当呈现美食图片时,伏隔核和杏仁核的激活发生了分离。当未节食者吃美食后再看到食物图片时,伏隔核并没有被激活。和喝饮用水后的慢性节食者相比,吃了美食的节食者在看到食物图片时,伏隔核被激活。而杏仁核的激活则表现出了相反的效应,即节食者喝水之后或者未节食者吃了美食之后看到食物图片时杏仁核被激活。研究者认为,这反映了已对美食无消费欲望的未节食者和未破坏长期节食计划的节食者对美食的排斥心理。该研究表明,对暂时诱惑控制的失败(诱惑的满足)和伏隔核的激活关系密切。此外,其他研究者也发现,放弃直接诱惑支持长期目标的行为导致伏隔核和vmPFC的负性交互作用增强(Diekhof, Gruber, 2010)。

另外,一些静息态fMRI的研究也探讨了自我控制的神经基础。汉吉等人招募了40名健康的老年人,并要求他们完成自我控制测试以及静息态脑功能成像扫描(Hänggi et al.,2016)。全脑连接组分析发现,额叶-纹状体的功能连接强度(frontostriatal functional connecitivity)与自我控制有关。研究者采用青少年群体也考察了自我控制的神经基础(Lee, Telzer, 2016)。他们发现,在右侧额顶网络与边缘系统网络间的负性网络耦合与更高水平的自我控制有关。另一项研究发现,自我控制与执行控制网络的额下回、凸显网络的左侧脑岛,以及默认网络的左侧dlPFC、后扣带皮层和楔前叶等的自发脑活动水平有关(Li et al.,2021)。另外,自我控制与不同脑网络间的协调(如额下回与后扣带皮层的RSFC)和分离(如脑岛和dlPFC的RSFC)有关。另外,采用生态瞬时评估技术,研究者考察了真实生活中的自我控制与静息态脑功能间的关系(Krönke et al., 2020)。他们发现,凸显性网络与中央执行网络和默认模式网络的交互

## 第六章 积极自我、主观幸福感与大脑

作用越强,个体越具有更高水平的自我控制。以上研究表明,自我控制的加工过程需要分布在不同网络中的广泛的大脑区域的参与。

（二）自我控制影响主观幸福感的神经基础

目前,直接探讨自我控制影响主观幸福感的神经基础的研究非常少,仅有一项研究。2021 年李庆庆等发表在 *Social Cognitive and Affective Neuroscience* 的一项研究使用 rs-FMRI 探讨了自我控制影响主观幸福感的神经基础(Li et al.,2021)。接下来,将对这个研究进行详细讲解。

1. 研究方法

(1) 被试与行为测量

研究招募了 538 名在校大学生(平均年龄为 18.75 岁,标准差为 1.56,其中 337 名女性)参与这项研究。他们使用了以下量表来测量自我控制和幸福感水平。自我控制量表被用来评估被试的自我控制水平(Unger et al.,2016)。被试被要求按照李克特五点量表从 1(一点也不像我)到 5(非常像我)对每个项目进行评分,以指出他们的自控能力。在这个量表中得分越高,说明自我控制能力越强。该研究中,克隆巴赫 alpha 系数为 0.88。

积极与消极情感量表(PANAS;Watson et al.,1988)被用来评估被试的主观幸福感水平。积极情感和消极情感分别用 10 个项目来衡量。被试按照李克特五点量表进行打分,从 1(一点也不)到 5(非常)表示过去一个月发生的频率。使用享乐平衡(积极情感与消极情感的相对值)作为主观幸福感情感成分的指标(Bradburn,1969;Diener et al.,1995;Schimmack et al.,2002)。享乐平衡分数是积极情感分数加上消极情感项目反向分数计算出来,分数越高表明情绪幸福感越高。

(2) 脑成像数据收集

所有参与者在 Siemens PRISMA 3 Tesla 扫描仪(Erlangen,Germany)进行了共 8 分钟的静息状态 fMRI 扫描。在扫描的过程中,每个参与者被要求保持静止和放松,闭上眼睛,不刻意去想任何事情。采用梯度回波平

面成像序列获得静息态图像,扫描参数为:重复时间=2000毫秒;回声时间=30毫秒;层数=62;层厚度=2毫米;视野大小=224×224平方毫米;翻转角度=90°;分辨率矩阵=112×112;体素大小=2×2×2立方毫米;每个部分包含240个总量。高分辨率t1加权结构图像为功能扫描提供解剖学参考。

(3)数据预处理

使用DPABI对图像数据进行预处理。预处理包括以下步骤:为了获得稳定的磁共振图像,将功能像数据前10个时间点剔除,剩下的数据进行时间层校正和头动矫正。然后,这些图像与自己的T1像匹配,并标准化到SPM12 EPI模板,分辨率为3×3×3立方毫米。接下来,标准化图像进行4mm全宽半高平滑。最后,这些图像进行去线性漂移和Friston24参数模型去除头动影响。此外,由于BOLD信号表现出低频漂移,线性和二次趋势也被纳入回归量。为了去除极低频漂移和高频噪声的影响,所有图像都使用时间带通滤波器(0.01—0.08 Hz)(用于RSFC,但不用于ALFF)进行滤波。

(4)统计分析

参照前人的研究,计算ALFF,并将每个体素的ALFF值进行标准化(standardization)处理。为了确定与自我控制相关的自发脑活动的脑区,作者采用全脑相关性分析,计算了自我控制和大脑中每个体素的ALFF值的相关性,并将性别、年龄和头动参数作为控制协变量。使用高斯随机场程序对多结果进行多重比较校正,团块阈值设为 $p < 0.05$(单体素 $P < 0.005$,聚类大小≥35体素)。

为了探讨在ALFF中发现的关键区域是否与大脑其他区域或区域之间相互作用自身形成一个功能网络,计算与自我控制相关的核心区域与大脑中的其他体素的静息态功能连接。性别、年龄和头动参数作为控制协变量。使用高斯随机场(GRF)程序对多结果进行多重比较校正,聚类阈值设为 $p < 0.05$(单体素 $P < 0.005$,团块大小≥100体素)。

## 第六章 积极自我、主观幸福感与大脑

(5) 中介分析

最后,为了研究自我控制对于自发性大脑活动与主观幸福感之间的中介作用,使用 PROCESS 进行了中介分析。中介分析采用 bootstrapping 方法来检验自变量(IV,自发性大脑活动)通过中介(M,自我控制)对结果变量(DV,主观幸福感)的影响。总效应(路径 c)是指不控制 M 时 IV 和 DV 之间的关系。直接效应(路径 c')是指控制 M 后 IV 和 DV 之间的关系。具体间接效应的估计由 5000 个 bootstrap 样本的均值推导而来。如果 95% 置信区间不包括零,间接效应在 0.05 水平显著。

2. 研究结果

在行为上,该研究首先计算了自我控制与主观幸福感的皮尔逊相关。与预期一致,基线的自我控制与时间点 1 和时间点 2 的主观幸福感存在显著正相关。

脑与行为的相关分析发现,在控制年龄、性别和头动参数后,自我控制与左侧 dlPFC、后扣带皮层以及楔前叶的 ALFF 有显著负相关,与额下回和前脑岛的 ALFF 有显著正相关(如图 6-4 所示)。功能连接分析发

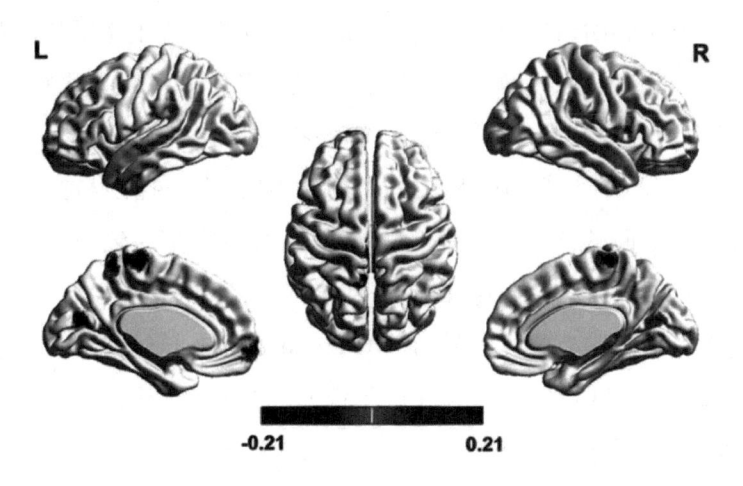

图 6-4 与自我控制相关的脑区(摘自 Li et al.,2021)

资料来源:Trait self-control mediates the association between resting-state neural correlates and emotional well-being in late adolescence.

现,自我控制与右侧额下回和右侧后扣带皮层,左侧后扣带皮层及枕下回,左侧楔前叶和 dlPFC 之间的 RSFC 呈正相关。以左侧脑岛为种子区时,左侧额下回和角回的 RSFC 降低,双侧后扣带皮层、脑岛、边缘上回和辅助运动区的 RSFC 增加与自我控制呈显著相关。此外,左侧楔前叶与中扣带回的的 RSFC 以及与右侧楔前叶的 RSFC 与自我控制呈负相关。

中介分析发现,额下回和楔前叶通过自我控制影响主观幸福感的中介效应是显著的。另外,脑岛与后扣带皮层、dlPFC、角回的功能连接通过自我控制影响主观幸福感的中介效应也是显著的。

3. 研究讨论

该研究采用 rsfMRI 方法考察青少年自我控制能力的脑神经基础,揭示了自我控制的静息脑功能基础以及与主观幸福感之间的关系。结果表明,自我控制与多个大脑网络有关系。这些网络节点包括执行控制网络的额下回,凸显网络的左侧脑岛,以及默认网络的左侧 dlPFC、后扣带皮层和楔前叶。另外,RSFC 结果表明,自我控制与不同脑网络间的协调(如额下回与后扣带皮层的 RSFC)和分离(如脑岛和 dlPFC 的 RSFC)有关。中介分析表明,自我控制中介了额下回和楔前叶的 ALFF 以及脑岛和 DMN 中的区域(如双侧后扣带皮层)的 RSFC 对主观幸福感的影响。因此,这个研究揭示了自我控制与主观幸福感的共享神经基础。

首先,ALFF‐与行为的相关分析结果表明,自我控制与执行控制网络的右侧额下回的 ALFF 呈正相关,这与已有研究是一致的。以往研究发现,额下回在执行控制、目标维持、情绪调节、抑制优势反应和不恰当想法等有关的任务中有较强的激活(Aron et al.,2014;Grecucci et al.,2013; Levy,Wagner,2011)。而且,自我控制资源的消耗会削弱额下回的功能,导致无法控制任务执行(Friese et al.,2013)。此外,该研究发现,凸显网络的脑岛与自我控制也是相关的。研究表明,脑岛是接收和整合来自多个通道和领域的认知和情感信息的关键枢纽(Chang et al.,2013;Kelly et al.,2012),而这些功能在很大程度上决定了一个人的一般认知能力(如

## 第六章 积极自我、主观幸福感与大脑

注意、切换和控制)(Sridharan et al.,2008;Menon,Uddin,2010;Cocchi et al.,2013)。

其次,位于默认网络的额中回、后扣带皮层楔前叶的 ALFF 与自我控制呈显著负相关。默认网络被认为参与了自我参照信息的加工,这看起来与外部导向、目标导向的认知加工明显不同(Amft et al.,2015;Raichle,2015;Davey et al.,2016)。研究还发现,抑制任务中默认网络的抑制有助于认知要求和目标导向认知的有效性加工(Bonnelle et al.,2012;Ma et al.,2018)。因此,默认网络的抑制可能是大脑通过抑制与目标无关的功能(如走神)来优化外部目标导向的认知控制的重要机制(Anticevic et al.,2012)。因此,该研究认为,高自我控制的个体更可能持久地发起和坚持长期目标导向的思想和行为,并较少受情绪刺激和社会信息的影响。

再次,功能连接分析结果表明,自我控制与脑岛-默认网络(如后扣带皮层)和执行控制网络(如缘上回)的一些脑区功能连接强度呈正相关,与脑岛-默认网络(如 dlPFC 和角回)的一些脑区呈负相关。该研究认为,这些关联是因为脑岛是在静息状态下的网络枢纽,可以接收和整合来自多个模态和领域的认知和情感信息(Kelly et al.,2012;Uddin,2015),并在不同脑网络(如执行控制网络、默认网络)之间的动态切换和协调以促进任务相关和凸显性信息的获取方面起着关键作用(Power et al.,2013;Gratton et al.,2018;Wu et al.,2019)。因此,脑岛与脑网络之间的功能连接有助于个体的自我控制能力。

此外,自我控制中介了额下回和楔前叶的 ALFF 对主观幸福感的影响,这与以往神经影像学的研究是一致的。具体而言,以往研究发现,幸福感涉及整合加工、认知控制和社会情绪加工等多个过程相关的脑区和脑网络(Kong et al.,2015d;Shi et al.,2018;King,2019)。该研究还发现,自我控制中介了脑岛和默认网络中的区域(如双侧后扣带皮层)的 RSFC 对主观幸福感的影响。研究表明,脑岛是抑制默认网络的活动和将注意力资源重新分配到凸显性事件的关键节点(Sridharan et al.,2008;Craig,

2009;Menon,Uddin,2010)。研究还表明,较高水平的幸福感体验可能与网络间更有效的信息传递有关(Shi et al.,2018)。因此,该研究认为,脑岛在不同网络之间的功能整合和分离组织,不仅有助于自我控制,而且对促进主观幸福感至关重要。

总之,这项研究探讨了静息状态下自我控制的脑功能基础,并考察了它们与主观幸福感的关系。研究结果提供了自我控制的神经基础的初步证据,并进一步揭示了自我控制影响幸福感的神经基础。

# 第七章　情绪智力、主观幸福感与大脑

## 第一节　情绪智力与主观幸福感关系的研究现状

### 一、情绪智力的内涵

丹尼尔·戈尔曼(Daniel Goleman)(1995)出版了畅销书《情商：为什么它比智商更重要》，这是第一本向大众介绍情商的学术著作。书中提出了一个重要的论点，即一个人能否在工作上取得成功和实现人生目标在很大程度上不是由智商决定，而取决于一个人的情商——识别和管理自己以及他人情绪的能力。这挑战了其他学者的观点，如政治学家查尔斯·默里(Charles Murray)与心理学家里查德·赫恩斯坦(Richard Herrnstein)在《钟形曲线》一书中指出，高智商是决定职业成功和高社会阶层的关键因素。

目前，关于情绪智力(emotional intelligence)的定义有两种(卡尔，2013)。一种是以迈耶和萨洛维(1997)为代表的能力模型。能力模型认为，情绪智力是个体知觉、理解、运用或管理个人和他人情绪的能力(Mayer, Salovey, 1997)。对于这个模型，情绪智力普遍采用的测量方式的是基于任务表现的测量，如迈耶、萨洛维和卡勒斯情绪智力测验。

在这个模型中，第一个分支是情绪知觉能力，即当情感信息在各种语境中(包括面部表情、声音语调和艺术作品)表达时，我们能够记录、关注和解读它们。善于感知情绪的人更了解他们所处的环境,因此也能更好地适应环境。一个能察觉到他人细微的易怒的面部表情的人,比一个无法察觉这种情绪的人,更能处理潜在的社会冲突。

情绪智力的第二个分支是情绪整合能力。它指的是获得和产生有助于思考的情绪的能力。情绪可以作为对某种特定感觉的一种明确想法进入认知系统,比如"我很快乐",也可以改变认知使其与当前情绪相符,比如一个快乐的人会认为"今天一切都会如我所愿"。因此,情绪可以通过提供我们自身的情绪状态信息来促进思考——让我们知道自己是高兴、悲伤、害怕还是生气——并让我们以一种与我们的情绪状态一致的方式思考。因此,擅长情感整合的人在快乐时更可能从乐观的角度看待事物,悲伤时更可能从悲观的角度看待事物,拥有良好情绪整合能力的人则可以从多个角度看待事物。这种多角度看待事物的能力有助于创造性地解决问题,这在一定程度上解释为什么情绪波动的人比情绪稳定的人表现出更大的创造力。

情绪智力的第三个分支是情绪理解能力。它是理解情绪含义的能力。拥有良好情绪理解能力的人能够理解一种情绪如何导致另一种情绪,情绪如何随时间变化,以及情绪的变化如何影响关系。例如,愤怒表现为伤害,进而升级为报复的话便导致悔恨。能够理解情绪变化的人能更好地处理冲突情境。

情绪智力的第四个分支是情绪管理能力,即一种调节情绪、开放地体验情绪并控制情绪表达方式的能力。一个拥有良好情绪管理能力的人可以选择体验情绪,也可以选择不去体验它们。例如,在正常的日常互动中,开放的情绪体验自己或他人表达的情绪,并自由地表达我们的情绪,可以丰富我们的生活,深化我们的关系。然而,在紧急情况下,如避免车祸、被抢劫、救火或进行危险的医疗手术,减少情绪体验和情绪表达可能更适合。拥有良好情绪管理能力的人能够控制他们自身的情绪体验和表达水平。

## 第七章　情绪智力、主观幸福感与大脑

另一种是以巴昂为代表的特质模型。该模型认为,人们有大量的情绪自我感知,以及构成个体人格的情绪特质。因此,这一情绪智力模型被认为是一个人格取向的模型,测量方式也是基于自我报告的方式,如情绪智力问卷。

巴昂(2000)的情绪智力的人格-特质模型(如图7-1所示)包括五个领域:人际内能力、人际间能力、适应性能力、压力管理能力和心境能力。在每一个领域中都有特定的技能,这些技能共同构成了情感和社会智力。人际内领域包括以下技能:情感自我意识、自信、独立、自我关注和自我实现。人际交往所需的技能包括共情、社会责任和人际关系管理。问题解决、现实检验和灵活性构成适应性领域的技能。压力承受和冲动控制是压力管理领域的主要技能。在心境领域,保持快乐和乐观是主要的技能。

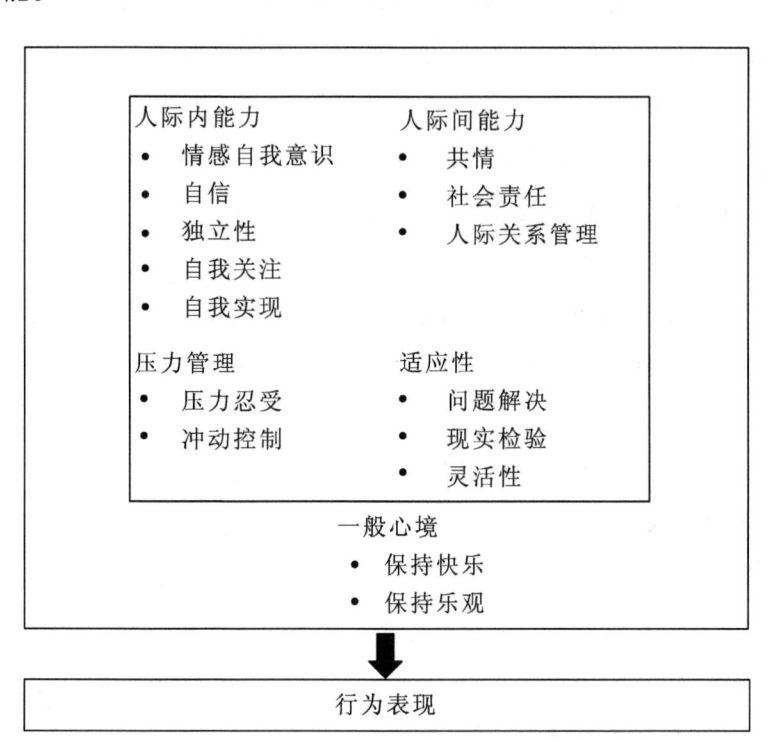

| 人际内能力 | 人际间能力 |
|---|---|
| • 情感自我意识 | • 共情 |
| • 自信 | • 社会责任 |
| • 独立性 | • 人际关系管理 |
| • 自我关注 | |
| • 自我实现 | |
| 压力管理 | 适应性 |
| • 压力忍受 | • 问题解决 |
| • 冲动控制 | • 现实检验 |
| | • 灵活性 |
| 一般心境 | |
| • 保持快乐 | |
| • 保持乐观 | |

↓

| 行为表现 |
|---|

图7-1　Bar-On的情绪智力模型

## 二、情绪智力的测量

1. 迈耶、萨洛维和卡勒斯情绪智力测验

基于情绪智力是一种与生俱来的智力或能力的信念,迈耶、萨洛维和卡勒斯情绪智力测验(MSCEIT;Mayer et al.,1999)旨在测量一个人学习情商技能的能力,就像智商测试(如韦氏测验或斯坦福-比奈测验)测量一个人学习认知材料的能力一样。它要求受访者解决八种问题,情绪智力的四个方面各包括两种。和标准的智商测试一样,MSCEIT 也有正确和错误的答案。这一情绪智力模型认为,情商是智力的一种形式。因此,用这种方式来测试情商是合理的。这个测试的挑战在于是否真的存在"正确"的答案。例如,在面对具有挑战性的情形时,人们可能对哪种情绪是最佳的策略存有分歧。此外,很难说对一张图片的正确的情绪反应该是什么,因为不同的人可能有不同的情感反应。因此,作者给出了两种评分方式:一种是基于专家给出的答案评分,另一种是基于人群中大多数人的反映作为正确项目进行评分。

2. 巴昂情绪智力问卷

巴昂情绪智力问卷(EQ-i)是基于巴昂的情绪智力模型而编制的情绪智力测量工具。EQ-i 是包含 133 项的自我报告测量,大约需要 30 分钟完成(Bar-On,2000)。该测量提供整体情绪智力得分以及五个子量表的得分:人际内能力、人际间能力、适应性、一般心境和压力管理。但是,尚不清楚这些成分中在概念上是如何与情绪智力建立关联的。研究发现,这个量表具有良好的信度和效度。例如,这个量表与韦氏智力量表的相关为 0.12(Bar-On,2000),与大五人格的平均相关约 0.50(Dawda,Hart,2000)。

3. 情绪和社会胜任力问卷

情绪和社会胜任力问卷(Emotional and Social Competence Inventory,

## 第七章　情绪智力、主观幸福感与大脑

ESCI)用于评估情绪胜任力和积极的社会行为(Boyatzis et al.,2000)。该量表基于情绪智力的混合模型,认为情绪智力是由认知能力和人格两方面构成。该模型主要用于工作场所。ESCI 包括 110 个项目,评估了 12 项胜任力。这些胜任力分为四个方面:自我意识、社会意识、自我管理以及社交管理。ESCI 采用 360 度评估技术,其中包括自我评定、同行评定和主管评定。这个量表在每个情绪智力结构中都包含了一套情绪能力。作者认为,情绪胜任力不是天生的,而是后天习得的,是能够加以培养的能力,并能通过训练达到很高的水平。这个量表的内部一致性范围为 0.61 到 0.85(Conte,2005)。

4. 自我报告的情绪智力测验

自我报告的情绪智力测验(Self-report Emotional Intelligence Test,SREIT)是基于迈耶和萨洛维(1997)的理论模型开发的(Schutte et al.,1998)。作者收集了 346 名参与者的数据,对 62 个项目进行因子分析,最后建构了一个包括 33 个项目的量表,评估了情绪智力的四个方面,即乐观/情绪调节、情绪评估、社交技能和情绪运用。该测量显示出良好的内部一致性(克隆巴赫 α 系数为 0.90)和重测信度($r=0.78$)。该量表还对理论相关的结构如述情障碍、情感的非语言交流、乐观、悲观、情绪注意、情绪清晰性、情绪修复、抑郁情绪和冲动等进行考察,发现其结构效度也良好。

5. Wong 和 Law 情绪智力量表

Wong 和 Law 情绪智力量表(Wong and Law Emotional Intelligence Scale,WLEIS)由香港学者黄炽森和罗胜强(2002)编制(见表 7-1)。情绪智力量表总共 16 道题,用于评估个体的自我情绪的评估与表达能力,对他人情绪的识别和评估能力,自我情绪管理能力和情绪运用能力。这个量表已经被验证有较好的信效度(Kong et al.,2012a,2012b;Kong,Zhao,2013)。

# 幸福神经科学——关于幸福的生物学

## 表7-1 Wong和Law情绪智力量表

指导语:请您根据自己的实际感受和体会,用下面16项描述对您自身情况进行评价和判断,并在最符合的数字上打"√"。评价和判断的标准如下:

| | | 非常不同意 | 不同意 | 有点不同意 | 不太确定 | 有点同意 | 同意 | 非常同意 |
|---|---|---|---|---|---|---|---|---|
| 1 | 通常我能知道自己会有某些感受的原因。 | 1 | 2 | 3 | 4 | 5 | 6 | 7 |
| 2 | 我很了解自己的情绪。 | 1 | 2 | 3 | 4 | 5 | 6 | 7 |
| 3 | 我真的能明白自己的感受。 | 1 | 2 | 3 | 4 | 5 | 6 | 7 |
| 4 | 我常常知道自己为什么觉得开心或不高兴。 | 1 | 2 | 3 | 4 | 5 | 6 | 7 |
| 5 | 遇到困难时,我能控制自己的脾气。 | 1 | 2 | 3 | 4 | 5 | 6 | 7 |
| 6 | 我很能控制自己的情绪。 | 1 | 2 | 3 | 4 | 5 | 6 | 7 |
| 7 | 当我愤怒时,我通常能在很短的时间内冷静下来。 | 1 | 2 | 3 | 4 | 5 | 6 | 7 |
| 8 | 我对自己的情绪有很强的控制能力。 | 1 | 2 | 3 | 4 | 5 | 6 | 7 |
| 9 | 我通常能为自己制定目标并尽量完成这些目标。 | 1 | 2 | 3 | 4 | 5 | 6 | 7 |
| 10 | 我经常告诉自己是一个有能力的人。 | 1 | 2 | 3 | 4 | 5 | 6 | 7 |
| 11 | 我是一个能鼓励自己的人。 | 1 | 2 | 3 | 4 | 5 | 6 | 7 |
| 12 | 我经常鼓励自己要做到最好。 | 1 | 2 | 3 | 4 | 5 | 6 | 7 |
| 13 | 我通常能从朋友的行为中猜到他们的情绪。 | 1 | 2 | 3 | 4 | 5 | 6 | 7 |
| 14 | 我观察别人情绪的能力很强。 | 1 | 2 | 3 | 4 | 5 | 6 | 7 |
| 15 | 我能很敏锐地洞悉别人的感受和情绪。 | 1 | 2 | 3 | 4 | 5 | 6 | 7 |
| 16 | 我很了解身边的人的情绪。 | 1 | 2 | 3 | 4 | 5 | 6 | 7 |

版权所有引用:Wong C S,Law K S,2002. The effects of leader and follwer emotional intelligence on performance and attitude: An exploratory study[J]. Leadership quarterly, 13(3),243-243.

简体中文版信效度检验:Kong F,2017. The validity of the Wong and Law Emotional Intelligence Scale in a Chinese sample: Tests of measurement invariance and latent mean differences across gender and age[J]. Personality and individual differences,116,29-31.

注:自我情绪评估分量表共4道题,具体包括第1、2、3、4题;他人情绪评估分量表共4道题,具体包括第5、6、7、8题;情绪管理分量表共4道题,具体包括第9、10、11、12题;情绪运用分量表共4道题,具体包括第13、14、15、16题。将四个分量表得分相加可以得到一个总体情绪智力总分。得分越高,说明情绪智力水平越高。

### 三、情绪智力与主观幸福感的关系现状

随着情绪智力的研究逐渐深入,人们也逐渐开始研究情绪智力与主观幸福感之间的关系。迈耶和萨洛维(1997)认为,高情绪智力的个体有更好的知觉和推理自己和他人情绪的能力,因此,他们能得到更高的幸福感。巴昂认为,情绪智力高的人对自己的情绪有较好的认知,能了解自己并且接受自己、尊重自己。情绪智力高的个体还善于调节和管理自己的情绪,善于沟通交往,因此能够保持良好的情绪,会感到生活很快乐。情绪智力高的个体有着更健康的心理、积极的自我、良好的人际关系,也体验到更多的积极情感,因此对生活更满意。大量的实证研究支持了这一假设。例如,不管是国内研究者还是国外研究者,都一致发现,情绪智力与主观幸福感存在显著的正相关(Bastian et al., 2005, Extremera, Fernández-Berrocal, 2005; Gallagher, Vella-Brodrick, 2008; Kong, Zhao, 2013)。在控制社会经济地位、年龄、社会赞许性、大五人格等因素的影响后,情绪智力仍然能够显著预测个体的主观幸福感(Bastian et al.,2005; Extremera, Fernández-Berrocal, 2005; Gallagher, Vella-Brodrick, 2008; Kong et al.,2012a,2012b)。另外,最近一个荟萃分析研究发现,特质情绪智力($=0.39$)比能力情绪智力($=0.25$)跟主观幸福感的认知成分有更高的相关(Sánchez-álvarez et al.,2016)。Xu等人(2021b)也对中国群体进行了荟萃分析,得到了跟西方相似的结果。具体而言,特质情绪智力($r=0.32$)比能力情绪智力($r=0.29$)跟主观幸福感的认知成分有更高的相关。另外,这个研究还发现,情绪智力与主观幸福感在成年群体的相关比青少年群体中更强,工作中人群的相关比学生群体更高。这些研究表明,

情绪智力是个体获得主观幸福感的一个重要的心理资源。

在其他特殊群体中,研究者也发现了二者的关系。例如,梁晓燕和汪岑(2018)发现,情绪智力可直接预测留守儿童的主观幸福感。张岗英和董倩(2016)发现,服务行业员工情绪智力处于中等水平,而主观幸福感处于中等偏上水平。获益支持与情绪劳动策略在员工情绪智力与主观幸福感之间起中介作用。在失业人群中,研究发现,情绪智力与主观幸福感呈显著相关,并且健康促进行为也在二者的关系中起到中介作用(Peláez-Fernández et al.,2022)。在老年人群中,研究发现,情绪智力越高,他们的幸福感也越高。而且,来自家庭和朋友的支持可以很好地解释二者的关联(Rey et al.,2019)。

近年来,双因子模型发展很快,并广泛应用于心理、教育、管理、组织行为等研究领域。双因子模型又称为全局—局部因子模型(general-specific factor mdel),其思想最早追溯于斯皮尔曼(1927)的能力二因素说,他根据人们的智力作业成绩的相关程度,将能力分为一般能力和特殊能力。双因子模型假定,存在一个可以解释所有题目的共同变异的全局因子,除去全局因子的影响后,还存在多个可以额外解释部分题目的共同变异的局部因子。由于双因子模型具有的优势,一些研究者开始考虑情绪智力是否也存在双因子结构。笔者(2021)发表在 *Journal of Positive Psychology* 的一项研究发现,情绪智力存在双因子结构,即包括一个情绪智力一般因子,也包括自我情绪评估、他人情绪评估、情绪运用以及情绪管理等四个局部因子。这个研究还探讨了情绪智力的双因子结构与幸福感的关系。结果发现,情绪智力一般因子可以预测主观幸福感的三个成分(即生活满意度、积极情感和消极情感)。但是,在控制了情绪智力一般因子后,只有情绪运用局部因子可以预测积极情感(Di et al.,2021)。

此外,有些研究者也探讨了情绪智力对幸福感产生影响的心理机制。例如,笔者(2012b)发现,特质情绪智力能帮助个体获得更高的社会支持,并使得他们拥有更好的社会支持水平,这反过来导致更高的幸福感。

一项为期6个月的纵向研究再次证实了这一结论(Ye et al.,2019)。采用能力情绪智力测量也发现社会支持的中介作用(Zeidner et al.,2016)。另外,一些理论学家认为,自身情感体验会极大影响个体对生活满意度的判断(Eid,Larsen 2008),这得到实证证据的支持。例如,笔者(2013)探讨了情绪智力和主观幸福感的中介模型,他们发现,积极情感和消极情感是特质情绪智力影响认知幸福感的中介变量。

## 第二节　情绪智力影响主观幸福感的神经机制

### 一、情绪智力的神经基础

#### (一)脑结构基础

随着神经影像学的发展,研究者们也开始探讨特质情绪智力的神经机制。例如,巴昂等人(2003)招募了23名神经科患者,并把他们分为实验组和控制组。实验组的脑损伤部位主要在腹内侧前额叶皮层、脑岛或杏仁核。控制组的脑损伤部位主要集中在右前额叶皮层的额上回/额中回、右中央前回、右中央旁小叶、颞中回等区域。然后,要求这些被试完成巴昂情绪智力量表。结果发现,与控制组相比,腹内侧前额叶皮层、脑岛或杏仁核损伤的病人情绪智力得分更低,表明这些脑区可能与情绪智力有关。

另一项研究中,研究者招募了67名退伍老兵,并把它们根据脑损伤的部位分为三组:dlPFC损伤组、vmPFC损伤组和控制组(Krueger et al.,2009)。然后要求他们完成迈耶、萨洛维和卡勒斯情绪智力测验。结果发现,vmPFC损伤组策略性情绪智力(strategic emotional intelligence)更差,即情绪理解和情绪管理能力更差。而dlPFC损害组体验性情绪智力(experiential emotional intelligence)更差,即情绪知觉和情绪利用的能力更差。

研究者还探讨了情绪智力与大脑结构间的关系。例如,在一项考察

### 幸福神经科学——关于幸福的生物学

情绪智力与灰质密度间关系的研究中(Takeuchi et al.,2011),研究者招募了55名健康成人,要求他们完成情绪智力量表。结果发现,特质情绪智力与三个大脑网络相关脑区的灰质密度有关联:第一个是社会认知的网络中的颞上沟和额极皮层;第二个是自我认知加工网络中的楔前叶和内侧前额皮层;第三个是躯体标记环路(somatic marker circuitry)中的腹内侧前额皮层、脑岛和小脑。

在一项考察情绪智力与灰质体积间的关系的研究中(Koven et al.,2011)。研究者招募了30名健康成人,要求他们完成特质元情绪量表。结果发现,特质情绪智力跟额叶的多个子区域(内侧前额皮层、前扣带皮层、眶额皮层、额下回)的灰质体积呈显著相关。在另一项研究中,研究者招募了30名健康成人,要求他们完成迈耶、萨洛维和卡勒斯情绪智力测验和巴昂情绪智力量表。结果发现,特质情绪智力与灰质体积没有关系,而能力情绪智力与内侧前额皮层和脑岛的灰质体积有关(Killgore et al.,2012)。

不难发现,以上这些研究样本量较少,因此可能是产生不一致的结果的原因。在一项大样本的研究中,研究者招募了328名大学生,考察了情绪智力与灰质体积间的关系(Tan et al.,2014)。研究发现:情绪管理维度与左侧脑岛、眶额皮层和上顶叶的灰质体积呈正相关,与左侧楔叶的灰质体积呈负相关。情绪使用因素与右侧海马旁回的灰质体积呈正相关,与右侧梭状回、左侧颞中回和左侧颞上回的灰质体积呈负相关。人际因素与小脑蚓体的灰质体积呈正相关,情绪评估因素与大脑的灰质体积没有相关。

(二)脑功能基础

在一项任务态fMRI研究中,研究者招募了24名健康成人,要求他们完成视听整合任务、声音敏感任务和面孔敏感任务(Kreifelts et al.,2010)。在视听整合任务中,给被试呈现视觉情绪刺激、听觉情绪刺激和视听整合情绪刺激。声音敏感任务中,给被试呈现语言声音和非语言声

## 第七章　情绪智力、主观幸福感与大脑

音。在面孔敏感任务中,给被试呈现面孔、房子、物体和自然场景的图片。结果发现,仅仅在视听整合任务中,右侧颞上沟后部(posterior superior temporal sulcus,pSTS)与特质情绪智力呈显著相关。先前研究表明,pSTS参与社会信号的知觉,如非言语情绪信号知觉以及社会认知加工,如心理理论。这一研究表明,pSTS也有助于社会信息和社会认知加工间的整合。

在一项静息态fMRI研究中,研究者考察了特质情绪智力与低频振幅(Amplitude of Low Frequency Fluctuation,ALFF)的关系(Pan et al.,2014)。他们招募了170名健康成人,并要求他们完成Wong和Law情绪智力量表。结果发现,两个网络的关键节点的低频振幅与特质情绪智力有关,即社会情绪处理网络(梭状回、右眶额上回、左额下回和左顶下回)和认知控制网络(双侧缘上回、小脑和右楔前叶)。

在另一项静息态fMRI研究中,研究者招募了248名健康成人,采用静息态功能连接的方法,考察了特质情绪智力与功能连接的关系(Takeuchi et al.,2013)。结果发现,特质情绪智力与内侧前额皮层-楔前叶的功能连接强度相关,也与脑岛-背外侧前额皮层的功能连接强度相关。内侧前额皮层和楔前叶属于默认网络,脑岛属于躯体标记环路网络,而背外侧前额皮层属于任务正网络。这表明,情绪智力需要这些网络间的功能整合和分离。

**二、情绪智力影响主观幸福感的神经基础**

目前,直接探讨特质情绪智力影响主观幸福感的神经基础的研究非常少,仅有一项研究。笔者发表在 *Neuroimage* 的研究使用rsfMRI探讨了特质情绪智力影响主观幸福感的神经基础(Kong et al.,2015d)。接下来,我们将对这个研究进行具体讲解。

(一)研究方法

1.被试与行为测量

292名北京师范大学在校大学生(平均年龄为21.56岁,标准差为

1.01,其中 158 名女性)参与本实验。所有被试完成以下测量:(1)生活满意度量表(Diener et al.,1985)被用来评估被试的认知幸福感水平;(2)积极与消极情感量表国际简化版(I-PANAS-SF,Thompson,2007)被用来评估被试的情感幸福感水平;(3)Wong 和 Law 情绪智力量表(WLEIS,Law et al.,2004)被用来评估被试的情绪智力水平。这个量表已经被证实有较好的信效度(Kong et al.,2012a,2012b;Kong,Zhao,2013;Shi,Wang,2007)。WLEIS 包括四个子量表:自我情绪评估(Self-Emotion Appraisals)、他人情绪评估(Others' Emotion Appraisals)、情绪调节(Regulation of Emotion)以及情绪运用(Use of Emotion)。WLEIS 总共 16 个项目,如"我能控制我自己的情绪"。量表采用 6 点 Likert 计分方式(1 = "完全不赞同",6 = "完全赞同")。更高的 WLEIS 得分表明更好的情绪智力。在本实验中,WLEIS 有满意的内部一致性信度(Cronbach's $\alpha$ = 0.87)。

2. 数据的采集与处理

rsfMRI 数据的采集使用北京师范大学脑成像中心的西门子 3T 核磁共振扫描仪。结构像扫描采用 MPRAGE 序列,获取 128 层矢状面图像。rsfMRI 扫描采用 GRE-EPI 序列。采用 FSL 对 rsfMRI 数据进行预处理。具体步骤包括:(1)头动校正,并进行平滑(FWHM = 6 毫米);(2)图像标准化;(3)去除线性趋势;(4)滤波(0.01-0.1 赫兹)。目的是排除生理噪音(如心跳等)的影响。参照 Zou 等人(2008)的方法,本研究计算每个被试每个体素对应的 fALFF。然后,将每个被试的图像配准到 MNI152 标准空间(分辨率为 2×2×2 毫米)。

3. 统计分析

使用 SPSS 对数据进行统计分析。首先,为了复制前人的行为研究结果,本研究计算了情绪智力与主观幸福感的两个成分的皮尔逊相关,并进一步完成回归分析,检验了情绪智力对主观幸福感的两个成分的预测作用。其次,本研究完成 ROI 分析检验了哪些与主观幸福感相关脑区的 fALFF 与情绪智力有关系。本研究对每个被试抽取了与主观幸福感相关

## 第七章 情绪智力、主观幸福感与大脑

的每个脑区中所有体素的平均 fALFF 值。总共包括与功能相关的 12 个脑区(见第四章第四节内容)。为了考察与主观幸福感相关的脑区是否与情绪智力存在关联,本研究计算了这些脑区 fALFF 与情绪智力的皮尔逊相关。因为完成了 9 个相关分析,因此存在多重比较问题。为了保证结果的可靠性,本研究完成 Bonferroni 校正来控制整体虚报。最后,为检验大脑自发活动如何通过情绪智力影响主观幸福感,本研究完成了中介分析(Preacher,Hayes,2008)。在中介模型中,相关脑区的 fALFF 作为自变量,情绪智力作为中介变量,主观幸福感的两个成分分别作为因变量。采用 Bootstrap 法($n=5000$)进行多重中介分析检验。中介效应显著的标准为:95% 的 CI 不包括 0。

(二) 结果

为了考察情绪智力与主观幸福感的关系,本研究首先计算了二者的皮尔逊相关。与预期一致,本研究发现,情绪智力与主观幸福感的认知成分呈显著正相关($r=0.28,p<0.001$),也与主观幸福感的情感成分呈显著正相关($r=0.38,p<0.001$)。进一步回归分析发现,情绪智力可以解释主观幸福感认知成分的 4.8% 的变异和情感成分的 13.1% 的变异。接下来,本研究进一步考查情绪智力影响主观幸福感的神经机制。

脑与行为的相关分析发现,情绪智力与右侧颞上回后部($r=0.18,p=0.022$)、右侧丘脑($r=0.20,p<0.001$)以及右侧杏仁核($r=0.20,p=0.001$)的 fALFF 呈显著相关。先前的研究发现,颞上回后部和丘脑是认知幸福感的神经基础,而杏仁核是情感幸福感的神经基础。因此,这些结果暗示着,右侧颞上回后部和右侧丘脑可能是情绪智力影响主观幸福感认知成分的神经基础,而右侧杏仁核可能是情绪智力影响主观幸福感情感成分的神经基础。

为了检验这个假设,本研究首先对情绪智力,认知幸福感和脑区进行了中介分析。中介分析发现,当情绪智力被控制后,右侧颞上回后部的自发脑活动对认知幸福感的影响($\beta=0.27,p<0.001$)显著地减小

($\beta=0.23, p<0.001$)。Bootstrap 分析发现,右侧颞上回后部的 fALFF 通过情绪智力影响认知幸福感的中介效应是显著的,95% 的 CI 为 [0.08, 0.46](如图 7-2 所示)。同样,当情绪智力被控制后,右侧丘脑的自发脑活动对认知幸福感的影响($\beta=0.24, p<0.001$)显著地减小($\beta=0.20, p<0.001$)。Bootstrap 分析发现,右侧丘脑的 fALFF 通过情绪智力影响认知幸福感的中介效应也是显著的,95% 的 CI 为 [0.10, 0.48](见图 7-2)。

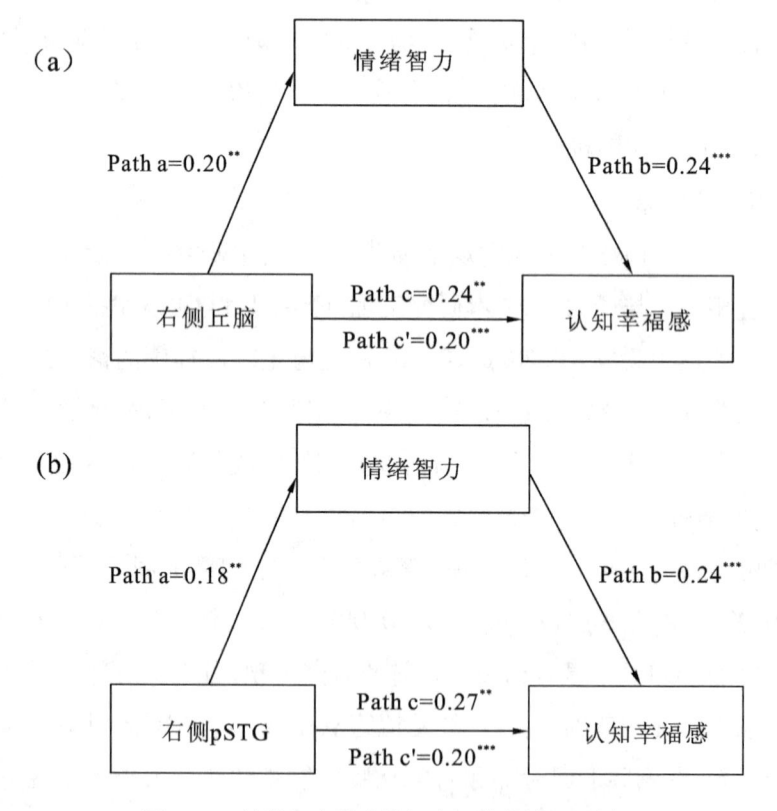

(a)

情绪智力

Path a=0.20**　　Path b=0.24***

右侧丘脑 → 认知幸福感
Path c=0.24**
Path c'=0.20***

(b)

情绪智力

Path a=0.18**　　Path b=0.24***

右侧 pSTG → 认知幸福感
Path c=0.27**
Path c'=0.20***

图 7-2　情绪智力影响认知幸福感的神经机制

资料来源:Neural correlates of the happy life: the amplitude of spontaneous low frequency fluctuations predicts subjective well-being.

注:* $p<0.05$;** $p<0.01$;*** $p<0.001$(下同)。

## 第七章 情绪智力、主观幸福感与大脑

然后,采用相同的中介分析程序,本研究对情绪智力、情感幸福感和脑区也进行了中介分析。结果发现,当情绪智力被控制后,右侧杏仁核的自发脑活动对情感幸福感的影响($\beta=0.26, p<0.001$)显著地减小($\beta=0.19, p<0.001$)。Bootstrap 分析发现,右侧杏仁核的 fALFF 通过情绪智力影响情感幸福感的中介效应是显著的,95% 的 CI 分别为[0.01,0.03](如图 7-3 所示)。

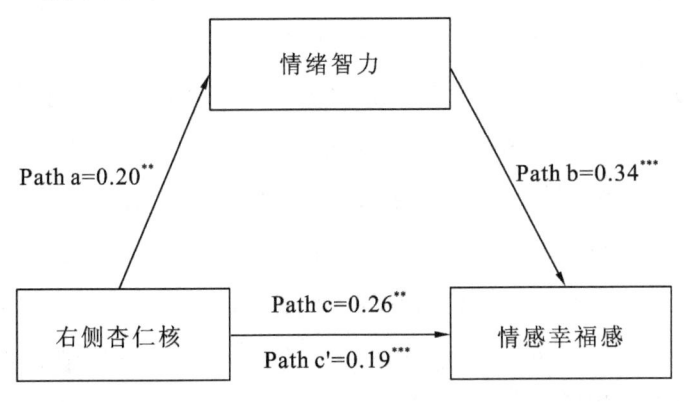

图 7-3 情绪智力影响情感幸福感的神经机制

资料来源:Neural correlates of the happy life: the amplitude of spontaneous low frequency fluctuations predicts subjective well-being。

### (三)讨论和结论

该研究首次通过大样本脑与行为的相关分析,考察了情绪智力影响主观幸福感的神经机制。本研究发现,右侧颞上回后部、右侧丘脑以及右侧杏仁核的 fALFF 与情绪智力有显著相关。进一步中介分析发现,右侧颞上回后部和右侧丘脑的 fALFF 通过情绪智力影响认知幸福感,并通过右侧杏仁核的自发脑活动影响情感幸福感。这些结果表明,右侧颞上回后部和右侧丘脑是情绪智力影响认知幸福感的神经基础,而右侧杏仁核是情绪智力影响情感幸福感的神经基础。

这表明,情绪智力可能通过调制两条不同的大脑通路进而影响个体的认知幸福感。一方面,情绪智力通过调制右侧颞上回后部的 fALFF 影

响认知幸福感。这条通路可能体现了情绪智力在人际关系中的作用。已有研究表明,作为大脑社会为认知网络的核心节点之一,颞上回后部参与生物运动知觉、社会知觉以及语音知觉((Allison et al.,2000b;Belin et al.,2004;Grosbras et al.,2012)。所有这些功能对于人际交流以及适应性社会行为是非常重要的。这个结果与行为的研究也是一致的。例如,孔风等人(2012a)发现,良好的社会关系可以在情绪智力与认知幸福感中起中介作用。因此,情绪智力能够通过右侧颞上回后部来影响认知幸福感。另一方面,情绪智力通过调制右侧丘脑的 fALFF 影响认知幸福感。丘脑是一个对称中线结构,是边缘系统的一部分,负责传送感觉、动作和情绪信号到大脑皮层,并参与意识、睡眠、警觉和冥想等过程(Sherman,Guillery,2006;Steriade,Llinás,1988;Zeidan et al.,2011)。这个结果与行为的研究也是一致的。例如,研究发现,情绪智力中介了冥想特质对于认知幸福感的影响(Wang,Kong 2014)。因此,情绪智力能够通过右侧丘脑来影响认知幸福感。

情绪智力在右侧杏仁核的 fALFF 与情感幸福感的关系中起到中介作用,表明右侧杏仁核是情绪智力影响情感幸福感的神经基础。以往研究一致地发现,情绪智力与情感幸福感存在相关(Gallagher,Vella-Brodrick,2008,Kong,You,2013)。在控制大五人格、社会赞许性、正念特质、社会支持等因素后,这一关系仍然存在(Bastian et al.,2005,Extremera,Fernández-Berrocal,2005;Gallagher,Vella-Brodrick,2008;Kong et al.,2012a,2012b)。因此,情绪智力是个体获得情感幸福感的一个重要内在资源。神经影像的证据已经表明,杏仁核是情绪能力,如情绪知觉和情绪调节的大脑网络的核心节点(Bar-On et al.,2003;Barrett et al.,2007;Ochsner et al.,2012;Wager et al.,2008;Song et al.,2015)。这个脑区的异常会导致情感障碍,如焦虑和抑郁(Etkin,Wager,2007;Hajek et al.,2009)。因此,杏仁核能够作为情绪智力影响情感幸福感的神经回路中的关键节点。

## 第七章 情绪智力、主观幸福感与大脑

总之,本研究初步证实了情绪智力影响主观幸福感的神经机制。结果发现,右侧颞上回后部和右侧丘脑是情绪智力影响认知幸福感的神经基础,而右侧杏仁核是情绪智力影响情感幸福感的神经基础。另外,研究者已经开发出了情绪智力训练的方法和技术用以提高个体的情绪智力以及幸福感。未来的研究可以探讨这些方法和技术促进个体幸福感的神经基础。

# 第八章 积极预期、主观幸福感与大脑

## 第一节 积极预期：乐观和希望

不同的人对自己的未来持有不同的看法。一些人相信他们的未来将是光明和美好的，认为未来好的经历将多过坏的经历。而另一些人认为自己的未来黯淡而令人失望，认为糟糕的经历会比美好的经历更多。在科学研究中，这些关于个人未来的积极信念被称为希望和乐观。在积极心理学研究中，对未来的积极预期通常也包括希望和乐观（Gallagher, Lopez, 2009）。

### 一、希望和乐观的内涵

乐观和希望在概念上有重要的相似之处，即两者通常都被认为是稳定的人格特征，并反映了一个人相信自己的未来会繁荣和美好的程度（Bryant, Cvengros, 2004; Gallagher, Lopez, 2009; Scheier, Carver, 1985; Snyder et al., 1991），两者也都是对未来的积极预期（bruinink, Malle, 2005），因此，希望和乐观是类似的概念，曾被替代使用。然而，两者之间其实存在着非常明显的差异。

舍尔等人的乐观理论中首次提出了气质性乐观的概念，认为气质性乐观是对未来好结果的总体预期（Scheier, Carver, 1985）。研究者认为其理论基础是期望—值理论（Carver, Scheier, 2001; Carver et al., 2010; Higgins, 2006）。期望—价值理论认为，行为反映了对目标的追求，目标对个

## 第八章 积极预期、主观幸福感与大脑

体越重要,它的价值就越大。模型的另一个重要方面是期望,这影响着个体朝向目标努力的过程和结果。如果人们对实现目标充满信心,那么他们往往会表现出不懈的坚持,并且更有可能取得成功。关于人们对于事件结果预期是积极还是消极的研究,最初是基于特定情境的。随着研究的不断深入,研究者开始关注个体对未来结果更普遍、更长期的预期,并认为这些预期具有跨时间和跨情境一致性,并将这种特质标记为气质性乐观(Scheier, Carver, 1985)。班杜拉(1977)的自我效能理论认为,结果预期是个体相信自己做出特定行为之后必定会发生某事,效能预期是相信自己有能力实现特定的行为。因此,乐观类似于结果预期。

斯奈德提出的希望理论认为,希望是一种目标导向思维的认知集合,是一种基于目标、路径和动机目标导向思维的动机状态(Snyder et al., 1991)。目标是希望的核心,当目标结果具有价值时,个体才会对其进行持续的有意识的思考,即希望思维开始萌芽。也可以说,没有目标,就没有所谓的希望。除了目标,希望还包括路径思维,即为达到目标所必需的心理能力,也被称为路径力(waypower)。路径思维可以让个体找到绕过障碍实现目标的路径。当人们在追求目标的过程中遇到挑战时,人们经常采用路径思维。例如,如果一个人想把钢琴弹得更好,但他可能很难找到时间来练习,路径思维就可以鼓励他安排特定的练习时间,并创建个人奖励系统,以增加钢琴练习时间。动力思维是希望的第三个成分,也被称为意志力(willpower)。动力思维是指推动个人向目标发起并持续行动的动力。有动力的人,能够保持决心,利用他们的精神力量绕过障碍,专注于实现他们的目标。对于试图把钢琴弹得更好的人来说,动力思维将提醒他坚持下去,专注于进步,并继续朝着目标努力。因此,希望反映了两个相关但截然不同的方面。动力思维涉及实现目标的决心,而路径思维涉及追求目标的具体手段。上述对乐观和希望的定义指出了两者之间的一个重要区别,即与乐观相比,希望更明确地涉及一个人可以采取的自我行动,为自己创造一个成功的未来(Arnau et al., 2007; Gallagher, Lopez,

2009）。简单地说,乐观的人相信无论是通过运气、他人的行动或自己的行动等方式,他们的未来都将是成功和满意的。而充满希望的人则相信他们自身有能力确保一个成功和充实的未来。

肖倩等人(2013)将希望和乐观的差异总结为两点。第一是预期方式的差异,乐观侧重对结果产生普遍预期,较少关注如何实现目标;希望强调实现目标的个人动力和方法策略。希望的积极预期直接指向目标实现,而乐观的积极预期更多是对积极事件的一般预期(Creamer et al.,2009)。第二是预期事件控制力的差异。关于希望和乐观对预期事件的控制力,存在着两种截然相反的观点。一种观点认为,乐观者对预期事件的个人控制力大于希望者。个体对乐观指向的事件较有控制力,而对希望指向的事件较少有控制力(Bruininks,Malle,2005)。另一种观点则认为,高希望者对预期事件的个人控制力大于乐观者,高希望者具有一种内控优势,乐观者具有一种外控优势。例如,兰德等人认为,由于希望包含找出实现目标的途径(即路径思维)及使用这些途径的动力(即动力思维),因此个体对希望指向的预期有较大的控制力,而乐观仅仅指向未来结果的一般预期,故乐观者不考虑自己在实现这些目标时的个人控制力(Rand et al.,2011)。

**二、乐观和希望的测量**

（一）乐观的测量

对于乐观的测量存在一定争议,那就是乐观的结构是否是一维的,即乐观与悲观是否是对立的。舍尔和卡弗认为乐观只有一个维度,乐观、悲观是个体长期对生活积极或消极结果的期望,一个人要么是乐观的,要么是悲观的,不存在两者兼有的个体。据此,他们编制了生活倾向测验(Life Orientation Test,LOT;Scheier,Carver,1985),这是在有关乐观的研究中使用最广泛的问卷。舍尔等人认为,这一问卷只包括一个维度,维度的两端是乐观和悲观。也就是说,一个人要么是乐观要么是悲观,不可能两

## 第八章 积极预期、主观幸福感与大脑

者兼存。这个量表最初包括12个项目,4个项目测量乐观,4个项目测量悲观,4个项目是过滤项目。舍尔等人(1994)经过分析发现其中3个项目有问题,对量表进行了修订,发展出了生活倾向测验的修正版(Revised Life Orientation Test,LOT-R)。温娟娟(2012)对 LOT-R 进行了翻译和修订,并以大学生群体为被试进行测试,发现中国大学生的气质性乐观由相对独立的乐观因子和悲观因子组成,其中信度分别为 0.73 和 0.82。

一些研究者对乐观和悲观属于一个维度的结构提出了质疑,如乐观—悲观的双维度模型(Dember et al.,1989)。这个模型认为,一个人可以同时具有较高的乐观和悲观水平。实证的研究支持了双维度模型。例如,研究者对 LOT 进行验证性因素分析发现,双维度模型比单维度模型具有更好的模型拟合,并且乐观和悲观有中等程度的相关($r = -0.54$)(Chang et al.,1994)。随后,很多研究者在不同群体中都证实了这一模型(Mroczek et al.,1993;Robinson-Whelen et al.,1997)。

表 8-1 生活定向测验量表

指导语:请就下面每一句陈述与您实际情况的符合程度进行判断,在最符合的选项上打"√"。得分越高,代表越同意题目中的观点。

| | 非常不同意 | 比较不同意 | 不确定 | 比较符合 | 非常符合 |
|---|---|---|---|---|---|
| 1. 在不确定的情况下,我常常期望最好的结果。 | 1 | 2 | 3 | 4 | 5 |
| 2. 对我来说,如果事情有出错的可能,那么实际上就会出差错。 | 1 | 2 | 3 | 4 | 5 |
| 3. 我对自己的未来充满乐观。 | 1 | 2 | 3 | 4 | 5 |
| 4. 我从不期望事情会朝我希望的方向发展。 | 1 | 2 | 3 | 4 | 5 |
| 5. 我从不指望好事情会发生在我身上。 | 1 | 2 | 3 | 4 | 5 |
| 6. 总体来说,我更期望好的事情而不是坏事情发生在我身上。 | 1 | 2 | 3 | 4 | 5 |

版权所有引用:Scheier M F,Carver C S,1985. Optimism,coping,and health:assessment and implications of generalized outcome expectancies[J]. Health psychology,4(3):219-247.

### 幸福神经科学——关于幸福的生物学

简体中文版信效度检验:温娟娟. 2012. 生活定向测验在大学生中的信效度[J]. 中国心理卫生杂志,26(4),305-309.

注:其中,第2、4、5题,反向计分。乐观得分即6个项目的分值相加。分值越高,说明乐观水平越高。

## (二)希望的测量

在斯奈德的理论框架内,研究者开发出不少测量不同群体希望的工具,主要包括三个量表。成人特质希望量表(Adult Dispositional Hope Scale,DHS)(Snyder et al. ,1991)为15岁以上的个体开发,总共包括12个项目:4个项目测量动力思维,4个项目测量路径思维,4个过滤项目。得分越高,代表特质希望水平越高。该量表已被证实具有良好的内部一致性信度和重测信度,并表现出良好的会聚效度和区分效度(Snyder et al. ,1991;Gana et al. , 2013)。状态希望量表(State Hope Scale,SHS)(Snyder et al. ,1996)被用来测量成人的状态希望水平。由6个项目组成:3个项目测量动力思维,3个项目测量路径思维。需要被试评价他们现在的希望水平。该量表已被证实具有良好的内部一致性信度和重测信度,并表现出良好的会聚效度和区分效度(Abdel-Khalek,Snyder,2007; Snyder et al. ,1996)。儿童希望量表(Children's Hope Scale,CHS)(Snyder,Hoza et al. ,1997)用于测量8到16岁儿童的特质希望水平,由6个项目组成:3个项目测量动力思维,3个测量路径思维。采用6点计分,得分越高代表希望水平越高。该量表已被证实具有良好的内部一致性信度和重测信度,并表现出良好的会聚效度和区分效度(Snyder)(Hoza et al. ,1997;Valle et al. ,2004)。

表8-2 成人特质希望量表

指导语:请就下面每一句陈述与您实际情况的符合程度进行判断,在最符合的选项上打"√"。得分越高,代表越同意题目中的观点。

## 第八章 积极预期、主观幸福感与大脑

| | 很不符合我 | 有点不符合我 | 有点符合我 | 很符合我 |
|---|---|---|---|---|
| 1. 我能想出许多途径和办法使自己摆脱困境。 | 1 | 2 | 3 | 4 |
| 2. 我总是不知疲倦地追求我的目标。 | 1 | 2 | 3 | 4 |
| 3. 我大多时候感到很累。 | 1 | 2 | 3 | 4 |
| 4. 我认为任何问题总会有解决的途径和办法。 | 1 | 2 | 3 | 4 |
| 5. 我容易在争论中失败。 | 1 | 2 | 3 | 4 |
| 6. 我能想出恰当的对策来处理我生活中的重要事情。 | 1 | 2 | 3 | 4 |
| 7. 我担心自己的身体健康。 | 1 | 2 | 3 | 4 |
| 8. 即使别人放弃,我也认为自己可以找到解决问题的办法。 | 1 | 2 | 3 | 4 |
| 9. 我过去的经验可以帮助我有效地应对未来生活。 | 1 | 2 | 3 | 4 |
| 10. 我的生活一直很成功。 | 1 | 2 | 3 | 4 |
| 11. 我有时对一些事情很担心。 | 1 | 2 | 3 | 4 |
| 12. 我实现了自己的大多数目标。 | 1 | 2 | 3 | 4 |

版权所有引用:Snyder C R,et al.,1991. The will and the ways:Development and validation of an individual:Differences measure of hope[J]. Journal of personality and social psychology,60(4),570-585.

简体中文版信效度检验:陈灿锐,等,2009. 成人素质希望量表的信效度检验[J]. 中国临床心理学杂志,17(1):24-26.

注:其中,第1、4、6、8题测量路径思维;第2、9、10、12题测量动力思维。另外4个题目用于转移个体的注意,不计算分数。如果路径思维和动力思维各自的得分高于12分,说明两者的水平较高。这两方面的总分高于24分时,说明整体希望水平较高。

### 三、乐观、希望与主观幸福感的关系现状

#### (一)乐观与主观幸福感的关系

早期的研究特别关注医学情境下乐观对幸福感的影响。例如,舍尔

和他的同事(1989)研究了正在接受冠状动脉搭桥手术和术后恢复的男性患者中乐观与幸福感的关系。患者在术前一天、术后一周和术后6个月完成问卷调查。在手术前,乐观主义者比悲观主义者报告更少的敌意和抑郁。一周后,乐观主义者报告他们更加快乐和宽慰,对医疗和护理更满意,对来自朋友的情感支持更满意。术后6个月,乐观主义者的生活质量高于悲观主义者。在术后5年的随访中,与悲观主义者相比,乐观主义者继续保持着更高的主观幸福感和更好的生活质量。当控制手术范围和其他医疗因素时,所有这些差异仍然是显著的。

随后研究人员在冠状动脉搭桥手术前1个月和术后8个月时,对患者的乐观和主观幸福感进行了评估(Fitzgerald et al.,1993)。结果发现,乐观与手术前痛苦呈负相关。此外,控制术前生活满意度后,乐观与术后生活满意度呈正相关。进一步的分析表明,患者的乐观特质通过对手术更有信心来影响生活满意度。也就是说,对生活的乐观显然被转化为对手术的具体乐观情绪,并由此影响对后续生活的满意。

研究者也考察了在其他医学情境下乐观对幸福感的正向影响。乳腺癌的治疗就是一个例子(Carver et al.,1993),患者在诊断时、手术前一天、手术后几天以及术后3个月、6个月和12个月时接受采访。在控制了其他医学变量和早期痛苦经历后,初始评估中的乐观依然预测了随时间而减少的心理痛苦。因此,乐观预测了患者一整年的抗压能力。一项针对头颈部癌症患者的研究也得出了类似的结果(Allison et al.,2000a),在治疗前和治疗后3个月对患者进行评估发现,乐观主义者在治疗前和治疗后都报告了更高的主观幸福感。

研究人员调查了乐观主义者在困难情况下比其他人表现更好的机制。在对文献进行回顾后,研究者得出以下结论:乐观主义者似乎使用积极的方法与策略来应对困难情况(Nes,Segerstrom,2006)。也就是说,他们通过积极尝试来解决问题。因此,与普遍的看法相反,乐观主义者不会否认问题的存在。另一方面,悲观主义者似乎使用回避策略来应对困难

## 第八章　积极预期、主观幸福感与大脑

情况,这可能会阻止他们解决手头的问题(Carver et al. ,1989)。例如,研究发现,在艾滋病患者群体中,乐观主义者更有可能积极寻求有关疾病的信息,并制订康复计划。他们不倾向于宿命论,不过分责怪自己,也不试图避免思考自己的症状(Taylor et al. ,1992)。同样,研究发现,在接受乳腺癌治疗的女性患者中,乐观与展现"战斗精神"有关(Schou et al. ,2005)。最后,在 HIV 阳性的男性和女性患者中,在面对亲人死于艾滋病时,乐观与积极应对策略呈正相关,与逃避应对策略呈负相关(Rogers et al. ,2005)。

除了特殊情境的研究,在一般情境下,大量的研究证实了乐观与幸福感的关系,乐观也是幸福感的正向预测因素。例如,研究者招募了 425 名大学生,并要求他们完成乐观和主观幸福感的测量。结果发现,乐观显著预测了他们的主观幸福感(Chang et al. ,1997)。另一项研究考察了在 334 名中学生中乐观和主观幸福感的关系(Wong,Lim 2009)。结果发现,乐观可能显著预测个体的主观幸福感,在控制了希望后,这一关系仍然是显著的。此外,一项对瑞典女性长达 30 年的纵向研究考察了早期乐观对主观幸福感的长期影响,结果发现,与其他预测因素如教师特征、父母教育水平、家庭收入或智力相比,青春期的乐观情绪是中年主观幸福感的最佳预测因素(Daukantaite,Bergman,2005;Daukantaite,Zukauskiene,2012)。

为什么乐观的个体有更高的主观幸福感呢?一种可能是,乐观作为一种积极信念,可以为个体带来更多的积极情绪(Taber et al. ,2016)。根据积极情绪的拓展建构理论(Fredrickson,2004),积极情绪能拓宽思维广度,使得个体以积极的方式解决当前消极的情况并灵活地思考各种不同的成长方式,形成持久的心理资源,从而促进幸福感。与这一观点相一致,研究发现,个体的心理弹性在乐观与主观幸福感的关系中起到中介作用(Miranda,Cruz,2020)。

(二)希望与主观幸福感的关系

斯奈德的希望理论认为,当我们成功地追求目标时,希望会带来更高

水平的主观幸福感。有希望的人更有创造力,在追求目标时更有毅力,可以通过获得更多的成功经验而带来更高水平的幸福(Snyder 2000;Bailey et al.,2007)。对于希望和主观幸福感之间的关系,另一种可能的解释是,充满希望的人能够看到更多的机会,因此更容易实现让他们感到满意的事情,比如成功的人际关系或事业。例如,各种研究表明,希望与学术(Snyder et al.,2002)、专业(Youssef,Luthans 2007)和运动(Curry et al.,1997)等方面的成就呈正相关。第三种解释可以在拓宽和构建理论中找到。根据该理论,积极的情绪有助于提升主观幸福感,因为对自我满意的人通常能够更适应新环境,建立更良好的关系和印象,因此获得更多的经验和技能(Fredrickson 2001)。此外,积极情绪会确保人们在消极的情况下能够更有弹性地应对,从而在经历挫折之后造成更少的消极后果(Arampatzi et al.,2020)。

　　大量的实证研究已经证实了希望与主观幸福感的关系。例如,2005年的一项研究中,研究者在测试日本版特质希望量表的信度和效度时,重点关注了希望和主观幸福感之间的联系(Kato,Snyder,2005)。他们的结果证实了希望和幸福之间呈正相关,与绝望、焦虑和抑郁倾向呈负相关。

　　另一项研究探讨了大学生希望、自我效能和乐观之间的联系,并考察了希望、自我效能和乐观对主观幸福感的预测作用(Magaletta,Oliver,1999)。结果发现,希望、自我效能和乐观密切相关,但它们是相互独立的概念,应该进行独立研究。另外,他们还发现,希望是主观幸福感最可靠的预测因素。

　　贝利等人(2007)同样招募了大学生群体作为研究对象,完成了两项研究考察希望和乐观与主观幸福感的关系(Bailey et al.,2007)。结果发现,希望和乐观能独立地预测个体的主观幸福感。并且,在希望的两个成分中,仅仅希望的动力思维成分是主观幸福感的预测因子。类似地,奥沙利文在一个大学生样本中发现了希望、自我效能和积极压力与主观幸福感的正相关关系(O'sullivan,2010)。这与以往的研究一致(Magaletta,Oliver,1999),表明希望是主观幸福感最重要的预测因素。

研究者也考察了状态希望、特质希望和主观幸福感的关系(Demirli et al.,2015)。他们调查了来自5所大学的881名大学生的状态希望、特质希望以及主观幸福感。结果发现,特质希望和状态希望组成的一般希望因素能显著地预测个体的主观幸福感,包括积极情绪、消极情绪以及心理幸福感。

另外,一些研究也探讨了希望与主观幸福感之间的中介模型。具体而言,研究者考察了青少年群体中认知重评和注意偏好在希望与主观幸福感之间的中介作用(Yeung et al.,2015)。结果发现,仅仅对于积极信息的注意偏好中介了希望与主观幸福感之间的关系。也就是说,高希望的个体更关注事件的积极方面,这帮助他们在面对困难和挑战时保持积极的态度,从而提升幸福感。

研究者也探讨了严重精神疾病个体中希望与主观幸福感关系之间的中介模型(Werner,2012)。希望和需求能预测主观幸福感的40%的方差,而希望是一个更强的预测因子。路径分析显示,希望对主观幸福感有较强的直接影响。尽管效应比较弱,但是需求仍然中介了希望对主观幸福感的影响。因此,希望增强了满足个人需求的有效性,这反过来又增加了个人的主观幸福感。

## 第二节 乐观影响主观幸福感的神经机制

### 一、乐观的神经基础

#### (一)任务态研究

研究者要求参与者想象未来或回忆过去的事件,这些事件可以是积极的,也可以是消极的(Sharot et al.,2007)。结果发现,左侧前扣带回和右侧杏仁核在想象消极的未来事件时,相对于积极的未来事件和所有过去的事件,BOLD信号减少。更有趣的是,作者发现当参与者想象未来的积极事件与未来的消极事件时,乐观得分与前扣带回的 BOLD 反应之间存在正相关。也就是说,乐观水平越高,与想象消极事件相比,前扣带回在想象未来积极事件时的参与程度越高。

在另一项研究中,研究者考察了乐观在情绪面孔加工过程中,大脑网络的作用(Bangen et al.,2014)。参与者将两张脸中的一张情绪表情(开心、生气或恐惧)与目标表情相匹配。在对照条件中,参与者将两种形状中的一种与目标形状匹配。被试样本包括乐观的老年人,也就是报告了 LOT-R 的平均或更高水平的乐观的老年人。结果发现,右梭状回、右额下回、腹内侧前额叶皮层和背内侧前额叶皮层的 BOLD 信号的差值形状(恐惧面孔匹配-形状匹配)与 LOT-R 得分呈负相关。笔者认为,负相关可能与乐观的老年人对消极刺激的注意显著性降低有关,或与处理这些消极刺激的效率较高有关(这将导致效率较高的活动水平较低)。

(二)静息态研究

在一项脑电图(EEG)的研究中,研究者记录了静息状态 α 波的活动(De Pascalis et al.,2013)。结果发现,乐观与左侧额上回的激活存在显著正相关,与右侧后扣带回的激活存在显著负相关。研究者认为乐观与这两个区域的相关不仅反映了他们对趋近与奖励的敏感性,还反映了乐观者对能够获得奖赏的期待。

在一项 rsfMRI 的研究中,研究者利用多个静息状态指标(如局部一致性 ReHo 和低频振幅比率 fALFF)研究了默认模式网络与乐观的关系(Wu et al.,2015)。研究者发现,LOT-R 得分与内侧额叶皮层、额上回、颞中回和小脑的 ReHo 和 fALFF 呈正相关。这些区域的活动被认为反映自我加工和效价加工。当自发思考时,高度乐观的个体在这些大脑区域表现出更高的活动。

随后,研究者考察了特质乐观是否与脑直回(rectus gyrus,被定义为种子区)和其他脑区之间的静定态功能连接有关(Ran et al.,2017)。结果表明,个体越乐观,他们的直回与颞中回之间的功能连接越强。这表明

## 第八章 积极预期、主观幸福感与大脑

特质乐观可能与情感调节有关。此外,个体越乐观,题目的直回与额下回之间的连接越弱,表明较高的特质乐观可能与自我参照加工和情绪调节有关。将左右直回作为种子区也观察到相同的相关性模式。

另外,研究者使用两个静息状态指标(fALFF 和 RSFC),考察了 231 名健康青少年中乐观与静息态脑活动之间的关系(Wang et al.,2018)。全脑相关分析显示,特质乐观越高,右侧眶额皮层(OFC)的 fALFF 越低,并且 OFC 与左辅助运动皮层(supplementary motor cortex, SMC)之间的 RSFC 越高。中介分析进一步表明,乐观在右侧 OFC 活动和 OFC - SMC 功能连接对焦虑症状的影响中起中介作用。即使排除了头部运动、积极和消极情绪以及抑郁的影响,这些结果仍然具有显著性。

(三)脑结构研究

使用基于体素的形态测量学的方法和 LOT - R,研究者考察了 361 名健康参与者的乐观与大脑结构的关系(Yang et al.,2013)。结果表明,个体的乐观水平越高,包括左侧丘脑/左侧枕核延伸到左侧海马旁回在内的脑区灰质体积越大。他们认为,这种关系可能反映了乐观的个体具有更好的情绪调节能力和更多积极的情绪体验。

在另一项 VBM 的研究中,研究者调查了 61 名健康参与者的乐观、焦虑症状和大脑灰质体积之间的关系(Dolcos et al.,2016)。结果发现,乐观与左外侧和内侧眶额皮层,以及基底神经节核(左侧伏隔核、双侧尾状核和左侧苍白球区)和前扣带皮层呈正相关。中介分析进一步发现,乐观在左眶额皮层的灰质体积与焦虑症状之间的关系中起中介作用。这与 Wang 等人(2018)采用静息态脑成像技术的研究相一致。

不难发现,不同研究发现的结果并不一致。最近,厄尔塔尔等人对 14 项包括任务态和结构态等神经影像学的研究进行系统回顾发现,大脑中有两个关键区域与乐观有关(Erthal et al.,2021)。一个区域是前扣带皮层(ACC),这主要负责想象未来和处理自我参照信息。另一个区域是额下回(IFG),这主要参与反应抑制和处理相关线索。其中,前扣带皮层

的活动与乐观和对未来积极事件的概率估计呈正相关。通过信念更新任务得到的乐观得分与额下回的活动呈正相关。

### 二、乐观影响主观幸福感的神经基础

目前,并没有研究直接考察乐观影响主观幸福感的神经基础。但是从乐观的神经机制来看,乐观主要涉及了两个相关的脑网络。一个是自我参照加工相关的脑网络,即默认网络。另一个是情绪调节相关的脑网络。而这两个网络也是主观幸福感的神经基础。因此,我们推测,默认网络和情绪调节的脑网络可能是乐观影响主观幸福感的神经基础。

## 第三节 希望影响主观幸福感的神经机制

### 一、希望的神经基础

在一项 rsfMRI 的研究中,研究者利用静息状态指标(fALFF)研究了 231 名高中生的大脑自发活动与特质希望的关系(Wang et al.,2017b)。全脑相关分析表明,特质希望与双侧内侧眶额皮层的 fALFF 存在显著负有关。这一脑区已被证实参与奖励相关加工、动机、决策和目标导向行为(Haber,Knutson,2010;Rudebeck,Rich,2018)。中介分析进一步发现,特质希望在眶额皮层的灰质体积与焦虑症状之间的关系中起中介作用。在控制了积极情感和消极情感后,这一结果仍然显著。

在另一项 rsfMRI 的研究中,研究者采用静息态指标(ALFF)研究了 522 名大学生的大脑自发活动与特质希望的关系(Li et al.,2022)。作者发现,特质希望与右侧额中回(middle frontal gyrus)呈正相关,与角回(angular gyrus)呈负相关。这些区域的活动被认为反映认知控制和自我的加工。额中回涉及执行控制和目标保持(Botvinick,Braver,2015;Hosoda et al.,2020),而角回涉及与目标无关的功能(如走神)(Mason et al.,2007)。因此,MFG 的增加和 AG 的抑制对于抑制与目标无关的功能和

## 第八章　积极预期、主观幸福感与大脑

优化外部目标导向的认知具有重要的作用,从而有助于提升个体的希望水平。

此外,研究采用两种静息态指标(fALFF 和 ALFF)研究了 576 名大学生的大脑自发活动与特质希望的关系(Xiang et al.,2022)。全脑相关分析结果表明,较高水平的特质希望与左侧额极皮层(frontal pole cortex)的 ALFF 的降低有关。此外,路径思维与额叶极皮层的 ALFF 呈负相关,与右侧中央后回的 ALFF 呈负相关。功能连接分析发现,路径思维与左侧额极皮层和左侧后扣带回的功能连接强度、左侧额极皮层和右侧颞中回的功能连接强度以及右侧中央后回和左侧小脑的功能连接强度呈负相关。此外,中介分析表明,中央后回可能通过中央后回—小脑的功能连接影响路径思维。这些结果表明,希望可能涉及了多种认知功能,如奖励敏感性、过去记忆提取、目标导向认知以及决策等。

### 二、希望影响主观幸福感的神经基础

目前,仅有一项研究直接考察希望影响主观幸福感的神经基础(Wang et al.,2020)。接下来,笔者将对这个研究进行简单介绍。

#### (一)实验方法

**1. 被试**

研究者招募了 231 名高中生(年龄为 16—20 岁,其中 121 名女性)参与这项研究。所有被试在参加研究之前没有任何认知障碍、精神疾病和脑损伤病史。所有被试视力或矫正视力正常,均为右利手。

**2. 行为测量**

使用中文版特质希望量表测量被试的特质希望水平(Sun et al.,2012)。量表有两个维度:路径思维和动力思维,每个维度有四个条目(Snyder et al.,1991)。问卷采用 4 点 Likert 计分方式(1 = 完全错误,4 = 完全正确)。特质希望通过将两个维度的得分相加得出。得分越高,表明特质希望越高。中文版特质希望量显示出较好的心理测量特性(Sun et al. ,2012)。该研究的内部一致性良好( α = 0.75)。生活满意度量表(SWLS;Diener et al. ,1985)被用来评估被试的认知幸福感水平。积极与消极情感量表(PANAS,Watson et al. ,1988)被用来评估被试的情感幸福感水平。

3. 脑成像数据的采集

T1 - weighted 的结构像数据的采集使用西门子 3T 核磁共振扫描仪。结构像扫描采用三维磁化快速梯度回波序列,获取 128 层矢状面图像。具体的扫描参数为:repetition time(TR) = 1900;echo time(TE) = 2.26;inversion time(TI) = 900 毫秒;flip angle = 9 度;field of view(FOV) = 256 × 256 毫米。每个体素(voxel)大小为 1 × 1 × 1 毫米。

4. VBM 的预处理

与笔者等(2015c)的研究不同的是,该研究采用 spm 的最新版 spm12 对 sMRI 图像进行预处理。预处理与孔风等人(2015c)的研究基本相同。具体包括以下步骤:sMRI 图像重新对准到前联合。采用新分割方法将图像分割成灰质、白质和脑脊液。采用 DARTEL 进行配准、标准化和图像调制。每个被试的灰质图像配准到 MMI 标准空间,并将图像重新采样为 2 × 2 × 2 毫米。调制的目的是为了得到被试的局部灰质体积。采样 8 毫米半高宽高斯核进行平滑。为了区分灰质和白质的边界,本研究使用了 0.2 的绝对阈限掩蔽。预处理得到的灰质图像用于进一步的统计分析。

5. VBM 的统计分析

在全脑分析中,本研究使用了一般线性模型探讨了特质希望的神经基础。在这个模型中,特质希望作为自变量,年龄、性别、家庭社会经济地位和全脑灰质体积作为控制变量。对于得到的显著脑区,为避免出现假阳性的结果,本研究基于随机场理论,采用 FWE 方法进行多重比较校正。团块水平的阈限设置为 $P < 0.05$,体素水平的阈限设置在 $P < 0.001$。

## 第八章　积极预期、主观幸福感与大脑

**6. 中介分析**

最后,为了研究灰质体积与主观幸福感的关联是否被特质希望所中介,使用 SPSS 宏程序进行了中介分析。中介分析采用 bootstrapping 方法来检验自变量(IV,大脑区域)通过中介(M,特质希望)对结果变量(DV,主观幸福感)的影响。总效应(路径 c)是指不控制 M 时 IV 和 DV 之间的关系。直接效应(路径 c')是指控制 M 后 IV 和 DV 之间的关系。具体间接效应的估计由 5000 个 bootstrap 样本的均值推导而来(Preacher,Hayes,2008)。如果 95% 置信区间不包括零,间接效应在 0.05 水平显著。

### (二)结果

全脑分析结果发现,在控制了年龄、性别、家庭社会经济地位和全脑灰质体积后,左侧辅助运动区(supplementary motor area,SMA)的灰质体积与特质希望存在显著正相关(peak MNI 坐标:[10,4,52],peak $t$ = 4.88,$P<0.001$,团块大小 = 1392 立方毫米)。

为了检验这些脑区与主观幸福感有关,本研究从被试的 MRI 扫描序列中提取了这些脑区的平均灰质体积,然后完成了脑区与主观幸福感的偏相关分析。结果发现,在控制了年龄、性别、家庭社会经济地位和全脑灰质体积后,左侧辅助运动区(SMA)的灰质体积与认知幸福感($r=0.14$,$P=0.032$)和情感幸福感($r=0.18$,$P=0.008$)存在显著正相关。

在行为层面上,特质希望与认知幸福感($r=0.31$,$P<0.001$)和情感幸福感($r=0.50$,$P<0.001$)存在显著正相关。然后,笔者完成了中介分析检验了特质希望在灰质体积与主观幸福感间的中介作用。结果发现,特质希望显著中介了左侧辅助运动区的灰质体积与认知幸福感(间接效应 = 0.075,95% CI = [0.036,0.133],$P<0.05$)和情感幸福感(间接效应 = 0.126,95% CI = [0.070,0.195],$P<0.05$)之间的关系(如图 8 - 1 所示)。

(a)

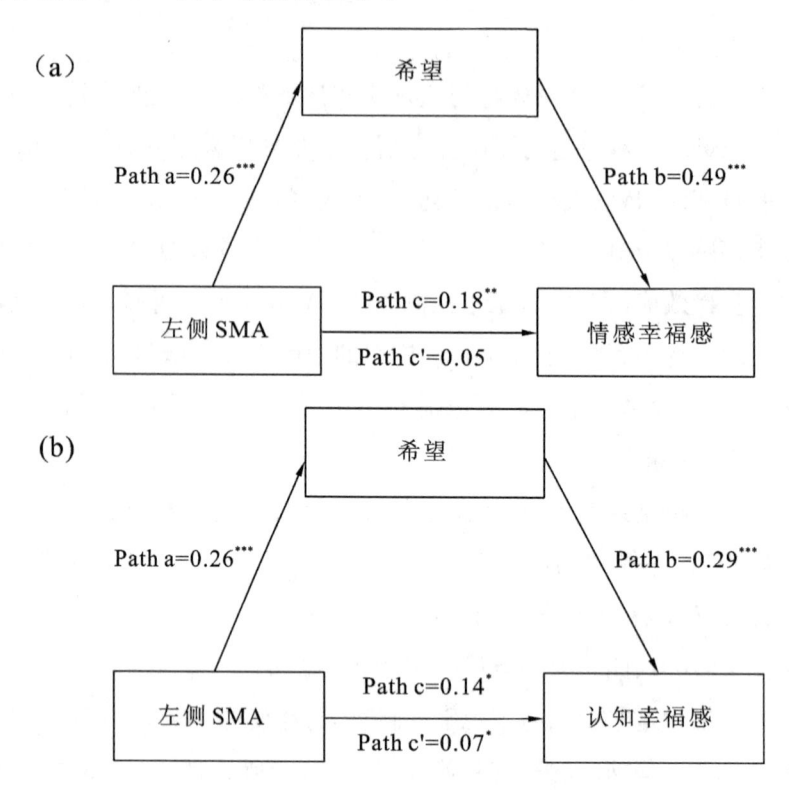

```
                     希望
        Path a=0.26***        Path b=0.49***
   左侧 SMA    Path c=0.18**    情感幸福感
              Path c'=0.05
```

(b)

```
                     希望
        Path a=0.26***        Path b=0.29***
   左侧 SMA    Path c=0.14*     认知幸福感
              Path c'=0.07*
```

图8-1 希望中介了大脑区域灰质体积与主观幸福感的关系

资料来源：Neurostructural correlates of hope: dispositional hope mediates the impact of the SMA gray matter volume on subjective well-being in late adolescence。

### （三）讨论和结论

本研究通过大样本与行为的相关分析，考察了希望的神经解剖基础以及与主观幸福感的关系。本研究发现，左侧辅助运动区的灰质体积越大，个体的特质希望越高。中介分析发现，特质希望显著中介了左侧辅助运动区的灰质体积与认知幸福感和情感幸福感之间的关系。总体而言，本研究揭示了左侧辅助运动区的灰质体积作为性格希望的神经结构基础，并为提升主观幸福感提供了一个重要的途径。

该研究发现，左侧辅助运动区的灰质体积与特质希望呈正相关。先前的研究表明，低希望相关的精神障碍（如重度抑郁障碍、创伤后应激障

## 第八章 积极预期、主观幸福感与大脑

碍)中,左侧辅助运动区的灰质体积也是异常的(Radua, Mataix – Cols, 2009;Li et al. ,2014b;Zhang et al. ,2016)。这些结果与这些研究相一致。作者认为,这一脑区与希望相关,源于这一脑区参与多种认知功能。辅助运动区被认为是连接认知和行为的关键脑区(Nachev et al. ,2008)。首先,这一脑区已被证明参与目标导向的行为,如目标选择和行动计划(Diedrichsen et al. ,2006;Makoshi et al. ,2011),这与希望理论相一致。希望理论认为,个体有能力产生不同的方式来解决问题和实现目标(Snyder,2002)。其次,这一脑区也参与行为选择以及整合动机和认知控制以做出最佳决策以实现目标(Campos et al. ,2005;Egner,2009;Kouneiher et al. ,2009)。希望理论认为,动机在追求给定目标中具有重要的作用(Snyder,2002),因此,辅助运动区的动机功能可能与希望理论的动力思维有关。最后,辅助运动区也参与与认知—情绪相关的加工,如情绪调节(Frank et al. ,2014)和积极自我评价(Beer,2007)。这些过程与特质希望高度相关(Snyder,2002)。综上所述,这一关联可能反映了辅助运动区在目标导向行为、动机和认知—情绪加工中的作用,这可能对特质希望的发展有重要贡献。

该研究还发现,特质希望在左侧辅助运动区的灰质体积与主观幸福感的关联中起到中介作用。首先,在行为层面,先前的研究已经很好地证实了特质希望与主观幸福感的关联(Bailey et al. ,2007;Demirli et al. ,2015;Yeung et al. ,2015)。这一关系在作者的研究中也得到了进一步证实。因此,特质希望是获得主观幸福感的重要人格资源。其次,在神经层面,该研究观察到左侧辅助运动区的灰质体积与主观幸福感呈正相关。正如在第四章所叙述的,以往研究确实很少发现这一脑区与幸福感有关。不过,个别研究确实也有报告这一脑区与主观幸福感有关(Luo et al. ,2014;Shi et al. ,2018)。例如,罗扬眉等(2014)的研究发现,快乐的个体与不快乐的个体相比,辅助运动区的局部一致性降低。施亮等(2018)的研究发现,左侧辅助运动区与凸显性网络中脑区的动态功能连接可以预

测主观幸福感。此外,经颅磁刺激研究发现,短暂破坏左侧辅助运动区可以破坏被试的快乐面孔的识别,这表明这个脑区在快乐面孔感知中的作用(Rochas et al.,2013)。另外,研究表明,体育活动跟这一脑区的结构和功能有关(Voelcker - Rehage)(Niemann,2013),而体育活动或锻炼对主观幸福感有显著的影响(Pawlowski et al.,2011)。该研究推断,这一脑区的参与可能帮助个体参与更多的身体活动或锻炼,从而发展出更积极的情绪和更高水平的希望,进而提高个体的主观幸福感。

综上所述,这一研究为特质希望的神经结构基础提供了初步证据。此外,这一研究也证实了特质希望与主观幸福感的共享解剖基础,为探索大脑特征如何通过个体心理属性影响主观幸福感提供了新的研究方向。

# 第九章 心理弹性、主观幸福感与大脑

## 第一节 心理弹性的概述

### 一、心理弹性的内涵

"resilience"一词源于拉丁语动词"resilire",或"to leap back"。在《牛津英语词典》中,它的定义是:能够承受困难或迅速从困难环境中恢复过来。在心理学领域中,这个术语描述了从消极情绪体验中恢复过来的能力,以及灵活地适应压力经历中不断变化的需求的能力(Block, Kremen, 1996;Lazarus,1993)。"resilience"一词往往与"psychological resilience"是可以相互替代的,一般翻译为心理弹性,又称"复原力""抗逆力""心理韧性"等。

在过去的十年中,弹性的研究和应用受到越来越多的心理学、精神病理学、社会学、生物学甚至认知神经科学专家的关注。值得注意的是,心理弹性和心理健康之间的关系一直是备受关注的跨学科话题(Windle,2011)。然而,由于缺乏一个统一的心理弹性操作性定义和相应的研究方法,其在心理健康领域的研究和应用受到了严重阻碍(Davydov et al.,2010)。近年来,随着积极心理学的兴起,心理弹性逐渐成为积极心理学研究的热点问题。心理弹性是指个体面临困难或处于逆境时成功应对并适应良好的能力(Block, Kremen, 1996;Lazarus, 1993;Connor, Davidson, 2003)。在心理学领域内,早期对心理弹性的研究代表了一种范式的转变,即从关注导致心理问题的风险因素到识别个人的优势(Richardson,2002)。心理弹性便属于一种独特的个人优势。由于压力的产生是个体与环境相互作用的结果,个体在心理弹性上的差异会对压力的影响有不同的作用结果。比如,在相同的负面情境中,一部分人能够应对和处理困难,展现出较强的适应能力,然而有一部分人却无法承受这种压力,表现出身心俱损等症状。

许多研究者对心理弹性进行了研究,但至今没有得到一致的概念,研究者都有着各自的看法和见解。目前对心理弹性的定义包括三个方面:特质、结果和过程。特质取向理论认为,心理弹性是一种帮助个体应对逆境并得以良好调整和发展的个人特质。支持这一观点的研究人员认为,心理弹性是一种人格特质,可以使个体免受逆境或创伤事件的影响(Connor,Davidson,2003;Ong et al.,2006)。结果取向理论将心理弹性视为一种功能或行为结果,可以帮助个体从逆境中恢复过来(Harvey,Delfabbro,2004;Masten,2001)。过程取向理论将心理弹性视为一个动态的过程,在这个过程中,个体积极适应并迅速从逆境中恢复过来(Fergus,Zimmerman,2005;Luthar et al.,2000)。综上所述,作者倾向于将心理弹性定义为:个体在经历重大应激事件后,能够帮助个体从这些应激事件所造成的心理创伤中恢复到应激前的功能状态的人格特质。

## 二、心理弹性的测量

研究者回顾了所有年龄群体的心理弹性量表,并评估了这些量表的心理测量学特性(Ahern et al.,2006;Windle et al.,2011)。他们认为,特质弹性主要由四种量表来测量,这四种量表获得了最广泛的使用和良好的心理测量评分(Cronbach's $\alpha = 0.76 - 0.90$)。这四个量表包括 Connor 和 Davidson 弹性量表(Connor-Davidson Resilience Scale,CD – RISC,Connor,Davidson,2003),弹性人格量表(Dispositional Resilience Scale,DRS,Bartone et al.,1989),自我弹性量表(Ego-Resilience Scale,ERS,Block,

## 第九章 心理弹性、主观幸福感与大脑

Kremen,1996)以及弹性量表(Resilience Scale, RS, Wagnild, Young, 1993)。所有的量表都专注于在个人特征水平上评估心理弹性,完成方式是自我报告(Ahern et al.,2006;Windle et al.,2011)。

CD-RISC量表主要用于临床情境中的创伤后应激障碍,测量的是能够使一个人在逆境中茁壮成长的个人素质(包括个人能力、信任/宽容/压力的增强效应、接受变化和安全的关系、控制、精神影响)。这个量表包含25个项目,每个项目采用李克特5点计分,得分越高,说明心理弹性水平越高。CD-RISC具有良好的心理测量特性,并可以区分低弹性和高弹性的个体(Campbell-Sills,Stein,2007;Connor,Davidson,2003)。

DRS量表旨在测量心理坚忍性(psychological hardiness),能用来区分在压力下保持健康的人和出现压力相关问题的人。DRS被认为是一个可以测量心理弹性多维方面的工具。最初的45个项目的DRS是由巴顿等人(1989)开发的,后来进一步简化为15个项目,即DRS的简化版本(DRS-15)。DRS-15总共包括15个项目,采用4点李克特量表评分。DRS-15已被证实具有良好的心理测量特性(Bartone,2007)。

ERS量表是由布洛克等人(1980)编制的一个包含14个项目的自我报告问卷,用来评估个体的自我弹性水平。得分越高,说明自我弹性水平越强。因子分析的结果发现,该量表由单一因素组成,并具有良好的内部一致性信度(0.72-0.76)和效度(Block,Kremen,1996;Bromley et al.,2006)。

RS量表是由瓦格纳德和扬(1993)根据关于24名在重大生活事件后成功适应的妇女的定性研究开发的。这个量表旨在评估个人心理弹性的程度,测量特质心理弹性。RS量表包括25个项目,采用7点进行评分。该量表具有良好的心理测量特性(Wagnild,Young,1993)。

表9-1 心理弹性量表(CD-RISC)

指导语:下表是用于评估心理弹性水平的自我评定量表。请根据过去一个月您的情况,对下面每个阐述,选出最符合你的一项。注意回答这些问题没有对错之分。

幸福神经科学——关于幸福的生物学

| 序号 | 题目 | 从不 | 很少 | 有时 | 经常 | 一直如此 |
|---|---|---|---|---|---|---|
| 1 | 我能适应变化。 | 1 | 2 | 3 | 4 | 5 |
| 2 | 我有亲密、安全的关系。 | 1 | 2 | 3 | 4 | 5 |
| 3 | 有时,命运或上帝能帮忙。 | 1 | 2 | 3 | 4 | 5 |
| 4 | 无论发生什么我都能应付。 | 1 | 2 | 3 | 4 | 5 |
| 5 | 过去的成功让我有信心面对挑战。 | 1 | 2 | 3 | 4 | 5 |
| 6 | 我能看到事情幽默的一面。 | 1 | 2 | 3 | 4 | 5 |
| 7 | 应对压力使我感到有力量。 | 1 | 2 | 3 | 4 | 5 |
| 8 | 经历艰难或疾病后,我往往会很快恢复。 | 1 | 2 | 3 | 4 | 5 |
| 9 | 事情发生总是有原因的。 | 1 | 2 | 3 | 4 | 5 |
| 10 | 无论结果怎样,我都会尽自己最大努力。 | 1 | 2 | 3 | 4 | 5 |
| 11 | 我能实现自己的目标。 | 1 | 2 | 3 | 4 | 5 |
| 12 | 当事情看起来没什么希望时,我不会轻易放弃。 | 1 | 2 | 3 | 4 | 5 |
| 13 | 我知道去哪里寻求帮助。 | 1 | 2 | 3 | 4 | 5 |
| 14 | 在压力下,我能够集中注意力并清晰思考。 | 1 | 2 | 3 | 4 | 5 |
| 15 | 我喜欢在解决问题时起带头作用。 | 1 | 2 | 3 | 4 | 5 |
| 16 | 我不会因失败而气馁。 | 1 | 2 | 3 | 4 | 5 |
| 17 | 我认为自己是个强有力的人。 | 1 | 2 | 3 | 4 | 5 |
| 18 | 我能做出不寻常的或艰难的决定。 | 1 | 2 | 3 | 4 | 5 |
| 19 | 我能处理不快乐的情绪。 | 1 | 2 | 3 | 4 | 5 |
| 20 | 我不得不按照预感行事。 | 1 | 2 | 3 | 4 | 5 |
| 21 | 我有强烈的目的感。 | 1 | 2 | 3 | 4 | 5 |
| 22 | 我感觉能掌控自己的生活。 | 1 | 2 | 3 | 4 | 5 |
| 23 | 我喜欢挑战。 | 1 | 2 | 3 | 4 | 5 |

# 第九章 心理弹性、主观幸福感与大脑

续表

| 序号 | 题目 | 从不 | 很少 | 有时 | 经常 | 一直如此 |
|---|---|---|---|---|---|---|
| 24 | 我努力工作以达到目标。 | 1 | 2 | 3 | 4 | 5 |
| 25 | 我对自己的成绩感到骄傲。 | 1 | 2 | 3 | 4 | 5 |

版权所有引用：Connor K M, Davidson J R, 2003. Development of a new resilience scale: The Connor-Davidson resilience scale(CD-RISC)[J]. Depression and anxiety, 18(2): 76-82.

简体中文版信效度检验：Yu X, Zhang J, 2007. Factor analysis and psychometric evaluation of the Connor–Davidson Resilience Scale(CD–RISC) with Chinese people[J]. Social behavior and personality, 35(1): 19-30.

注：CD-RISC 中文修订版包括三个分量表。坚忍性分量表共 13 道题，具体包括第 11、12、13、14、15、16、17、18、19、20、21、22、23 题；力量性分量表共 8 道题，具体包括第 1、5、7、8、9、10、24、25 题；乐观性分量表共 4 道题，具体包括第 2、3、4、6 题。将三个分量表得分相加可以得到一个总体心理弹性得分。得分越高，说明心理弹性水平越高。

## 第二节 心理弹性与主观幸福感关系的研究现状

随着心理弹性的深入研究，心理弹性与主观幸福感的研究也逐渐展开。不管是国内研究者还是国外研究者，都一致发现心理弹性与主观幸福感有显著的正相关关系，并能显著地预测个体的主观幸福感(Bajaj, Pande, 2016; Di Fabio, Palazzeschi, 2015; Kong et al., 2015f; Mak et al., 2011; Satici, 2016)。另外，研究者进一步发现，在控制了大五人格、一般智力等因素后，心理弹性人格能显著地预测个体的主观幸福感(Di Fabio, Palazzeschi, 2015)。弹性干预的研究也发现，弹性干预在提高个体心理弹性水平的同时，也能显著地提升个体的主观幸福感水平(Burton et al., 2010; Seligman et al., 2009)。这些研究表明，心理弹性是个体获得主观幸福感的重要心理资源。

其他一些研究者认为,较高水平的幸福感可能是心理弹性的决定因素(Kuntz et al.,2016)。弗雷德里克森(2001)提出的积极情绪的拓展建构理论认为,积极情绪能够拓展个体的思维—行动能力,产生持续的个人资源和应对机制。与这一理论相一致,一些研究表明,积极的情绪有助于增加个体的心理弹性水平(Fredrickson et al.,2003;Ong et al.,2006)。

此外,有些研究者也探讨了心理弹性影响主观幸福感的心理机制。例如,马克等人(2011)发现,心理弹性通过三个方面的积极认知观影响个体的主观幸福感(Mak et al.,2011)。第一个是积极的自我观,即弹性个体需要对自己有坚定的信心,这使他们能对抗生活中的不幸和困难。第二个是积极的未来观,即弹性个体表现出对未来的乐观和希望,从而帮助他们更好地和灵活地解决生活中面临的困境。第三个是积极的世界观,即弹性个体对生活充满活力,对新体验充满好奇和开放,并具有良好的人际洞察力,这使得他们对世界充满积极的态度。这三个方面都可以帮助弹性个体拥有更强烈的主观幸福感。与这个观点相一致,萨蒂奇也发现,希望特质能中介心理弹性与主观幸福感间的关系(Satici,2016)。

## 第三节 心理弹性影响主观幸福感的神经机制

### 一、心理弹性的神经基础

虽然心理弹性是积极心理学领域的热点话题,但对于心理弹性的神经机制的研究多集中于脑损伤病人(如创伤后应激障碍、焦虑障碍等)。脑损伤病人研究发现,与压力相关的心理弹性主要涉及杏仁核、丘脑、海马、脑岛、腹内侧前额皮层和前扣带皮层等脑区(Dedovic et al.,2009;Pitman et al.,2012;Shin,Liberzon,2010;van der Werff et al.,2013)(如图9-1所示)。

## 第九章 心理弹性、主观幸福感与大脑

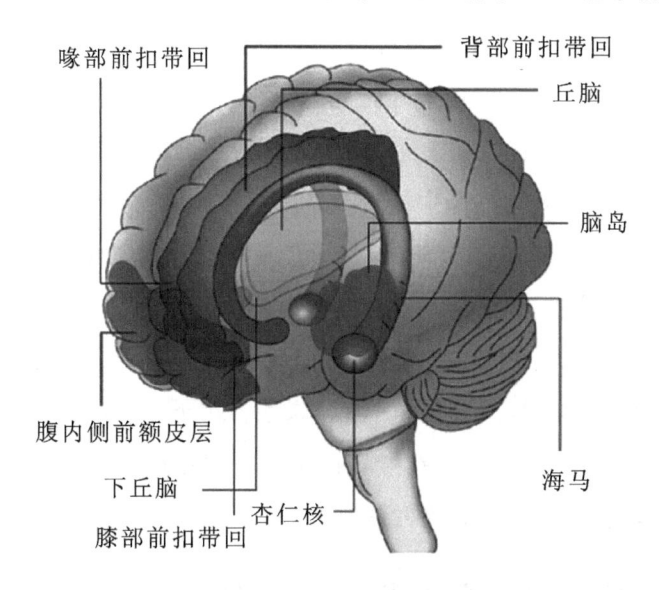

图9-1 压力相关的心理弹性的脑机制

资料来源：Neuroimaging resilience to stress：A review。

目前，仅有几项研究使用 fMRI 探讨了健康个体的心理弹性的神经生物基础。例如，一项任务态 fMRI 的研究发现，当面临威胁时，对于有害刺激，所有被试的脑岛活动都会增强，但是只有低弹性的被试在面对中性刺激时脑岛活动依然增强（Waugh et al.，2008）。此外，另一项任务态 fMRI 的研究发现，当应对应激刺激时，高心理弹性与杏仁核、眶额皮层活动的增强有关（Reynaud et al.，2013）。然而，这些任务态 fMRI 的结果局限于被特定任务激活的脑区。然而心理弹性是一个复杂的结构，它应该涉及不同的脑功能。与此观点相一致，来自压力疾病方面的研究证据表明除了杏仁核、脑岛和眶额皮层，心理弹性也和前额皮层的其他区域，如前扣带皮层和内侧前额叶皮层有关。

虽然心理弹性已经被一些研究者定义为一个动态过程，但是它也被认为是一种稳定的特质，因此它的神经生物学基础可能与无任务条件下的全脑功能有关，所以可以使用 rsfMRI 测量它的 BOLD 信号的低频振幅（LFFs，0.01 - 0.10 Hz）。两种较为广泛的静息态指标（局部一致性[Re-

Ho]和低频振幅比率[fALFF])都可以反映自发性脑活动的局部特征,而它们表征了局部自发活动的不同方面。ReHo 测量给定区域 BOLD 信号波动的暂时同步性,也就是短距离功能连接,反映局部体素之间的交互和整合作用,而 fALFF 测量每个体素 BOLD 信号波动的振幅,反映了自发性脑活动强度。更重要的是,ReHo/fALFF 指标已经作为识别心理障碍的神经标记,并且揭示了正常人群个体行为差异的神经基础。此外,前人研究表明 ReHo/fALFF 可以成功预测任务唤起的活动和行为表现。因此,这两个指标可以测量心理弹性的神经联系。接下来,我们将介绍最近的两项研究,它们使用这两个指标探讨了心理弹性的神经基础,并进一步揭示了心理弹性影响幸福感的神经基础。

## 二、心理弹性影响主观幸福感的神经基础

### (一)来自局部一致性的研究证据

首先,这里介绍笔者发表在 *Neuroimage* 上使用局部一致性探讨心理弹性影响主观幸福感的神经基础的研究(Kong et al.,2015f)。

1. 研究方法

(1)被试与行为测量

276 名北京师范大学在校大学生(平均年龄为 21.57 岁,标准差为 1.01,其中 127 名男性)参与本实验。所有被试完成以下测量:(1)生活满意度量表(Diener et al.,1985)被用来评估被试的认知幸福感水平。这个量表已经被发现有较好的信效度(Diener et al.,1985;Neto,1993;Kong et al.,2012a,b,2014)。(2)10 个项目的 Connor-Davidson 弹性量表(CD-RISC-10,Campbell-Sills,Stein,2007)被用来评估被试的心理弹性水平。这个量表已经被发现有较好的信效度(Campbell-Sills,Stein,2007;Connor,Davidson,2003)。CD-RISC-10 量表是一个单维度结构的量表,总共 10 个项目,如"我能适应变化的环境"。量表采用 5 点 Likert 计分方式(1="完全不赞同",5="完全赞同")。更高的得分表明更好的心理弹

## 第九章 心理弹性、主观幸福感与大脑

性。在本实验中,CD-RISC 有令人满意的内部一致性信度(Cronbach's α =0.85)。为了检验这个量表是否在该研究中也存在单一维度结构,作者完成了一个验证性因子分析。四个指标被用来评估模型拟合(model fit)的好坏:近似方差均方根(RMSEA)、比较拟合指数(CFI)、拟合优度指数(GFI)和近似均方根误差(SRMR)。具体评价标准为:$GFI \geq 0.90$,$CFI \geq 0.90$,$RMSEA \leq 0.10$,$SRMR \leq 0.10$(Byrne,2001)。结果发现,模型拟合良好,$\chi^2(35) = 92.43$,$p<0.001$;$GFI = 0.94$,$CFI = 0.93$,$RMSEA = 0.077$,$SRMR = 0.048$。所有因素负荷在 0.46 到 0.66 之间($ps < 0.001$)。这表明,这个量表的结构具有跨样本的一致性。

(2)数据的采集与处理

rsfMRI 数据的采集使用北京师范大学脑成像中心的西门子 3T 核磁共振扫描仪。结构像扫描采用 MPRAGE 序列获取 128 层矢状面图像。rsfMRI 扫描采用 GRE-EPI 序列。使用 FSL 对 rsfMRI 数据进行预处理,具体步骤包括:(1)头动校正;(2)图像标准化;(3)去除线性趋势;(4)滤波(0.01-0.1 赫兹),目的是排除生理噪音(如心跳等)的影响。接着将每个被试的图像配准到 MNI152 标准空间(分辨率为 2×2×2 毫米)。ReHo 计算是采用肯德尔系数(Kendall's coefficient of concordance, KCC)对团块(本文采用 27 个体素)进行时间序列变化一致性的度量(Zang et al.,2004),得到每个被试的 KCC 脑。为了减少 KCC 个体差异的影响,采用标准 Z 值化后的 KCC,通过对每个体素的 KCC 进行 Z 值化,把 KCC 脑进行 ReHo 图标准化。

(3)统计分析

大量的脑成像和脑损伤研究发现,杏仁核、丘脑、海马、腹内侧前额皮层和前扣带皮层等多个脑区与心理弹性有关(Dedovic et al.,2009;Pitman et al.,2012;Reynaud et al.,2013;Shin, Liberzon,2010;van der Werff et al.,2013)。因此,这个研究完成了一个兴趣区(ROI)分析,并使用 Wake Forest University(WFU)Pick Atlas(Maldjian et al.,2003)定义了这些兴趣脑

区。该研究通过建构一般线性模型探讨了心理弹性的神经机制。在这个模型中,心理弹性的得分作为自变量,每个体素的 ReHo 值作为因变量,年龄和性别作为干扰变量。该研究针对每个体素都进行了一次检验,因此需要进行多重比较矫正。该研究使用 3dClustSim 进行了多重比较校正,具体参数如下:10,000 simulations,91 × 109 × 91 dimensions,2 × 2 × 2 mm³,双尾检验,FWHM = 6。基于这种方法,体素水平的阈限是 0.005,团块大小的阈限是大于 35.5 个体素,才能保证犯一类错误的概率小于 0.05。

另外,笔者还完成了一个全脑相关分析,检验是否还有其他脑区与心理弹性有关。在这个模型中,心理弹性的得分作为自变量,每个体素的 ReHo 值作为因变量,年龄和性别作为干扰变量,同样蒙特卡洛模拟(10000 iterations)的方法被用于进行多重比较校正。基于这种方法,体素水平的阈限是 0.005,团块大小的阈限是大于 52.4 个体素,才能保证犯一类错误的概率小于 0.05。

(4)中介分析

最后,为检验心理弹性如何通过个体的大脑的中介效应影响主观幸福感,笔者完成了中介分析(Preacher,Hayes,2008)。在中介模型中,心理弹性作为自变量,相关脑区的 ReHo 作为中介变量,主观幸福感作为因变量。采用 Bootstrap 法($n = 5000$)进行多重中介分析检验。中介效应显著的标准为:95% 的 CI 不包含 0。

2. 结果

ROI 相关分析发现,控制了年龄和性别后,心理弹性与右背部前扣带回(dACC;MNI:12,28,32;$r = -0.28$;$z = -4.66$;团块大小 = 1032;$p < 0.05$,SVC)、右喙部前扣带回(rACC;MNI 坐标:10,46,10;$r = -0.22$;$z = -3.53$;团块大小 = 352;$p < 0.05$)、左侧脑岛(MNI:-26,24,0;$r = -0.24$;$z = -3.80$;团块大小 = 384;$p < 0.05$)和右侧脑岛(MNI:34,22,-4;$r = -0.22$;$z = -3.70$;团块大小 = 288;$p < 0.05$)存在显著的负相关关系(如图 9 - 2 所示)。在心理弹性与腹内侧前额皮层、眶额皮层、脑岛、海马和

第九章 心理弹性、主观幸福感与大脑

杏仁核之间没有观察到显著相关。

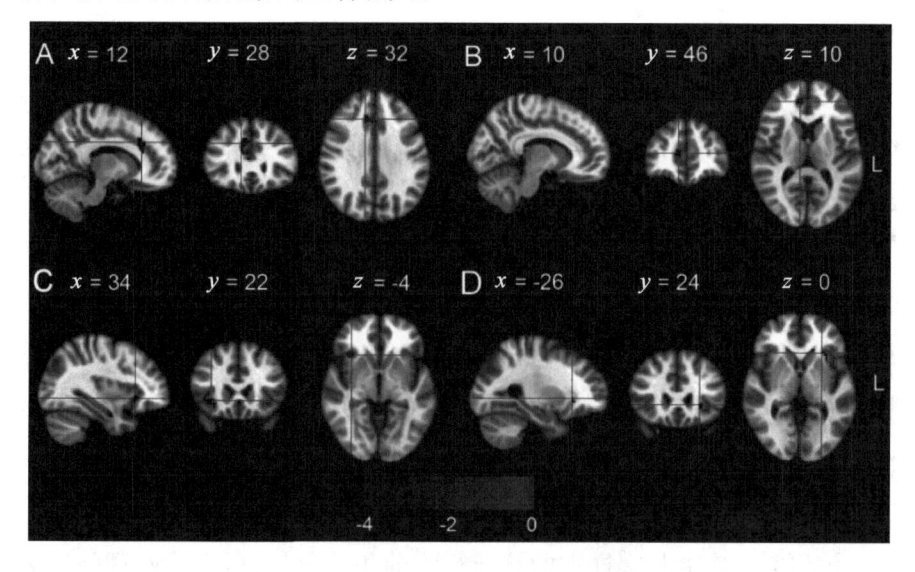

图9-2 心理弹性影响认知幸福感的神经机制

资料来源:Neural correlates of psychological resilience and their relation to life satisfaction in a sample of healthy young adults。

为了检验是否还有其他脑区与心理弹性相关,笔者还完成了一个全脑相关分析。结果发现,心理弹性与右背部前扣带回(MNI: 12,28,32; $r = -0.29; z = -4.66$;团块大小 = 1080; $p < 0.05$)、左侧脑岛(MNI: -26,24,0; $r = -0.24; z = -3.80$;团块大小 = 560; $p < 0.05$)和右侧脑岛(MNI: 34,22,-4; $r = -0.24; z = -3.70$;团块大小 = 496; $p < 0.05$)存在显著的负相关关系。这些结果表明,右侧前扣带回和脑岛是心理弹性的神经基础。

接下来,为了考察心理弹性影响主观幸福感的神经基础,作者首先检验了心理弹性与主观幸福感的皮尔逊相关。与预期一致,作者发现心理弹性与主观幸福感(该研究主要测量的是认知幸福感)有显著正相关($r = 0.28, p < 0.001$)。进一步回归分析发现,在控制了年龄、性别和社会经济地位后,心理弹性可以解释主观幸福感的7.1%的变异。

### 幸福神经科学——关于幸福的生物学

脑与行为的相关分析发现,主观幸福感与右前扣带回的 ReHo 存在显著相关($r = -0.21, p = 0.004$, Bonferroni 校正)。在控制了年龄、性别和社会经济地位后,右前扣带回可以解释主观幸福感的 3.8% 的变异。因此,这些结果暗示着前扣带回可能是心理弹性影响主观幸福感的神经基础。

为了检验这个假设,作者对心理弹性、主观幸福感和脑区进行了中介分析。中介分析发现,当右背部前扣带回的自发脑活动被控制了之后,心理弹性对认知幸福感的影响显著减小($\beta = 0.23, p < 0.001$)。Bootstrap 分析发现,在心理弹性影响主观幸福感的机制中,右背部前扣带回的自发脑活动的中介效应是显著的,95% 的 CI 为 [0.01, 0.08]。

3. 讨论

该研究首次通过大样本的脑与行为的相关分析,考察了心理弹性影响主观幸福感的神经机制。结果发现,心理弹性与右背部前扣带回、右喙部前扣带回、左侧脑岛和右侧脑岛的 ReHo 存在显著的负相关关系,表明这些脑区是心理弹性的功能神经基础。进一步的中介分析发现,右背部前扣带回的自发脑活动中介了心理弹性与主观幸福感之间的关系。这些结果表明,右背部前扣带回是心理弹性影响主观幸福感的神经基础。这个研究为心理弹性影响主观幸福感的神经机制提供了初步的证据,并强调右背部前扣带回在二者关系中的重要作用。

首先,心理弹性与脑岛的相关结果与先前的研究结果是一致的。例如,使用基于任务的 fMRI 发现,健康群体中脑岛激活与心理弹性显著相关(Waugh et al., 2008)。在 PTSD 病人中发现,静息条件下脑岛有增强的活动(Lui et al., 2009; Yan et al., 2013)。另外,右背部前扣带回与心理弹性的负相关结果,也跟前人研究中静息条件下 PTSD 病人有脑岛增强的活动的发现相一致(Bing et al., 2013; Yan et al., 2013)。在低弹性个体中更高的脑岛和前扣带回的 ReHo 能被解释为这些区域的神经活动的时间同步性。这种增强的 ReHo 在先前的研究中被认为是为了弥补功能的

# 第九章 心理弹性、主观幸福感与大脑

降低或损坏的一种补偿机制(compensatory mechanism)(e.g., Chen et al.,2012;Liang et al.,2011;Song et al.,2014)。这些结果也跟一些心理弹性相关的脑疾病,如重度抑郁症(Sprengelmeyer et al.,2011;van Tol et al.,2010)、PTSD(Chen et al.,2006;Karl et al.,2006)以及其他的焦虑障碍(Paulus,Stein,2006;van Tol et al.,2010)中脑岛和前扣带回的异常相一致。

先前 rsfMRI 相关的研究表明,脑岛和前扣带回共同组成一个大脑网络(Seeley et al.,2007;Taylor et al.,2009),这个网络参与对凸显刺激的监控或产生自动反应,因此它被称为凸显网络(SN;Seeley et al.,2007)。凸显网络也在默认网络、执行控制网络和外部注意网络的转换中起作用(Doucet et al.,2011;Sridharan et al.,2008)。先前的研究已经表明,在焦虑障碍患者,如 PTSD、广泛性焦虑障碍和社会焦虑障碍患者中,存在异常的凸显网络(Peterson et al.,2014;Sripada et al.,2012)。该研究的结果进一步支持了凸显网络在健康群体的心理弹性中起到重要作用。凸显网络中的脑岛参与了大量的认知功能,如内感作用、身体意识、情绪意识以及压力反应(Craig,2009;Critchley et al.,2004;Li et al.,2014a;Tsakiris et al.,2007)。因此,脑岛的参与有助于个体提高内部感受和自我意识(包括身体意识和情绪意识),导致更高的心理弹性水平。凸显网络中的脑岛主要参与情绪和认知加工,如执行功能、工作记忆、动作控制、动机和情绪调节等(Bush et al.,2000)。大量的研究发现前扣带回的背部和喙部有着不同的作用,分别参与认知加工和情绪加工(Bush et al.,2000;Davis et al.,2005)。但是最近的研究发现,两个区域都有助于情绪加工(Etkin et al.,2011)。具体而言,背部前扣带回主要参与情绪评估和表达,而喙部前扣带回主要参与情绪调节。前人的研究已经表明,心理弹性与加工情感和非情感材料时灵活的情绪反应和控制存在紧密关系(Genet,Siemer,2011;Waugh et al.,2011)。因此,前扣带回与心理弹性的相关可能反映了它在调节对压力的认知、行为和情感反应上的作用。

幸福神经科学——关于幸福的生物学

重要的是,该研究发现,背部前扣带回的 ReHo 中介了心理弹性对主观幸福感的影响。这与前人的研究结果相一致(Cohn et al.,2009;Mak et al.,2011)。该研究进一步发现,在控制了年龄、性别和社会经济地位后,心理弹性解释了主观幸福感 7.1% 的变异。因此,心理弹性可能是个体主观幸福感的重要心理资源。另外,先前的神经影像学研究已经发现,背部前扣带回是主观幸福感的神经网络的一个核心节点(Gilleen et al.,2015;Kong et al.,2015b;Kong,Hu,2015;Kong,Xue,2016;Takeuchi et al.,2014)。例如,在正常群体中,主观幸福感与背部前扣带回的自发脑活动或灰质体积存在显著相关(Kong et al.,2015b,2015d;Kong et al.,2016b;Takeuchi et al.,2014)。在主观幸福感较差的精神分裂症患者中也观察到奖赏加工时背部前扣带回的活动减少。综上所述,背部前扣带回能作为心理弹性和主观幸福感间的中介变量。

该研究也存在几个局限。首先,ReHo 测量了局部一致性,可能导致更大的平滑。因此,该研究使用 3dFWHMx 重新估计了平滑核大小,结果发现,需要更大的空间平滑(原始:6,6,and 6 毫米;最新:8.90 11.83,and 11.28 毫米)。使用这个新的平滑标准进行多重比较矫正,发现全脑分析没有显著的相关结果。但在 ROI 分析中,背部前扣带回的结果是显著的。其次,该研究中主观幸福感测量的主要是生活满意度,因此主观幸福感的其他成分并没有被包括在内。再次,这个研究只发现了前扣带回和脑岛的结果,并没有发现其他脑区,特别是内侧前额皮层和杏仁核的结果,而这些脑区对于心理弹性和幸福感都是非常重要的(Pitman et al.,2012;Shin,Liberzon,2010;van der Werff et al.,2013)。这可能是因为该研究仅使用了静息脑活动的 ReHo 测量,因此未来研究可以探讨其他脑参数,如静息功能连接、低频振幅、灰质体积等与心理弹性的关系。

总之,该研究直接证实了在非临床样本中凸显网络的脑岛和前扣带回与自发脑活动的关联,这有助于理解心理弹性的功能神经基础。而且,该研究发现凸显网络中的背部前扣带回是心理弹性影响幸福感的神经机

## 第九章　心理弹性、主观幸福感与大脑

制。最后,这些结果对于弹性功能损坏的早期探测也提供了重要的非临床依据。

（二）来自低频振幅比率的研究证据

接下来,我们介绍笔者(Kong et al.,2018)发表在 *Social Cognitive and Affective Neuroscience* 的研究,这是一项使用低频振幅比率(fALFF)探讨心理弹性影响主观幸福感的神经基础的研究。

1. 研究方法

100 名来自华南师范大学的中国健康个体(42 名男性,平均年龄20.86岁,标准差2.01)参与研究。这些被试与 Kong 等人2015f 年研究中所用的被试没有重叠。所有被试都是右利手并且均无神经或精神疾病史。两名被试由于缺少行为数据被剔除,三名被试由于 rsfMRI 扫描不完整被剔除(缺少几个 EPI 图像)。爱丁堡利手量表用来测量利手,所有被试都签署了知情同意书。

所有被试完成以下测量:(1)Connor-Davidson 弹性量表(CD-RISC)被用来评估被试的心理弹性水平。这个量表已经被发现有较好的信效度(Campbell-Sills,Stein,2007)。CD-RISC-10 是一个单维度结构的量表,总共 10 个项目,如"我能适应变化的环境"。量表采用 5 点 Likert 计分方式(1 = "完全不赞同",5 = "完全赞同")。更高的 CD-RISC 得分表明更好的心理弹性。在该研究中,CD-RISC 有满意的内部一致性信度(Cronbach's $\alpha = 0.91$)。(2)生活满意度量表(Diener et al.,1985)被用来评估被试的认知幸福感水平。这个量表已经被证实有较好的信效度(Diener et al.,1985;Neto,1993;Kong et al.,2012a,b,2014)。在该研究中,生活满意度量表有令人满意的内部一致性信度(Cronbach's $\alpha = 0.89$)。(3)使用积极和消极情绪量表(PANAS)测量主观幸福感的情感成分。中国版 PANAS 基于原始 PANAS 被修正(Watson et al.,1988)。该量表包含 18 个情感词汇(9 个积极,9 个消极),比如:"热心的"和"痛苦的"。回答采用 5 点计分表示他们多大程度上体验到这些情感状态。中

## 幸福神经科学——关于幸福的生物学

文版 PANAS 信效度良好(Liang, Zhu, 2015)。在该研究中, PA 量表信度 α = 0.93, NA 量表信度 α = 0.86。使用享乐平衡(积极情感与消极情感的相对值)作为主观幸福感情感成分的指标(Bradburn, 1969; Diener, Diener, 1995; Schimmack et al., 2002)。享乐平衡分数通过 PA 分数减 NA 分数计算出来,分数越高表明体验积极情感的倾向越大。

rsfMRI 数据的采集使用华南师范大学脑成像中心的西门子 3T 核磁共振扫描仪(Siemens 3T Trio scanner)。扫描参数为 TR = 2000 ms; TE = 30 ms; flip angle = 90°; number of slices = 33; matrix = 64 × 64; FOV = 22 × 22 平方厘米; acquisition voxel size = 3.2 × 3.2 × 4.2 立方毫米。在扫描过程中,要求被试闭上眼睛不要睡着。静息态扫描之后,高分辨率 T1 加权像通过 MPRAGE 获得(TR/TE/TI = 1900/2.52/900 毫秒; flip angle = 7°; matrix = 256 × 256; acquisition voxel size = 1 × 1 × 1 立方毫米)。采用 DPARSF 对 rsfMRI 数据进行预处理。为了获得稳定的磁共振图像,将功能像数据前 4 个时间点剔除,剩下的数据进行时间层校正和头动矫正。一个被试由于头部转动超过 ±2.5°或者平动超过 ±2.5 毫米被剔除。然后将这些图像与自己的 T1 像匹配,并标准化到 SPM8 的 EPI 模板,分辨率为 3 × 3 × 3 平方毫米。接下来对标准化图像进行 6 毫米全宽半高平滑。最后对这些图像进行去线性漂移和 Friston24 参数模型来去除头动影响。参照 Zou 等人(2008)的方法,该研究计算每个被试每个体素对应的 fALFF。由于 fALFF 是对 ALFF 标准化后的指标,因而不容易受邻近血管或突然头动的影响(Zuo et al., 2010)。

为了检验心理弹性与自发脑活动的关联,这个研究完成了一个基于全脑的分析,使用一般线性模型探讨了心理弹性的神经机制。在这个模型中,心理弹性的得分作为自变量,每个体素的 fALFF 值作为因变量,年龄和性别作为干扰变量。在整个分析过程中,该研究针对每个体素进行了一次检验,因此需要进行多重比较矫正。该研究使用在团块水平的 FWE 方法进行了多重比较校正。基于这种方法,体素水平的阈限是 $p <$

## 第九章 心理弹性、主观幸福感与大脑

0.001,团块大小的阈限是 $p<0.05$。

最后,为检验心理弹性如何通过中介个体的大脑对主观幸福感的影响,该研究完成了中介分析。在中介模型中,相关脑区的 fALFF 作为自变量,心理弹性作为中介变量,主观幸福感作为因变量。采用 Bootstrap 法 ($n=5000$) 进行多重中介分析检验。中介效应显著的标准为:95% 的 CI 不包括 0。

2. 结果

为了探讨心理弹性和自发性脑活动的关系,该研究将心理弹性分数和全脑每个体素的 fALFF 做了相关分析。控制了年龄和性别之后,弹性分数和左侧眶额皮层的 fALFF 呈负相关(MNI: $-12,51,-24$; $r=-0.58$; $T=-6.11$;团块大小 $=1215$ 立方毫米; $p<0.05$)。除此之外,没有其他显著相关关系被发现。鉴于静息态脑活动受头动影响,该研究也检测了这些结果是否是头动特异性的。为了测量头动的可能影响,该研究计算了每个被试的平均头动 FD。控制了年龄、性别、FD 之后,弹性分数与左侧眶额皮层的 fALFF 显著负相关(MNI: $-12,51,-24$; $r=-0.58$; $T=-5.84$;团块大小 $=999$ 立方毫米; $p<0.05$)。

在得到心理弹性的神经基础之后,该研究进一步探索左侧眶额皮层的 fALFF 是否可以通过心理弹性影响主观幸福感的两个成分。首先,该研究重复出弹性和享乐平衡($r=0.59$, $p<0.001$)、生活满意度($r=0.56$, $p<0.001$)的正相关结果。重要的是,回归分析发现在控制了年龄、性别、FD 之后,心理弹性可以解释享乐平衡的 35.9% 的变异和生活满意度的 29.4% 的变异。

其次,该研究检验了眶额皮层的 fALFF 与主观幸福感的两个成分是否相关。结果表明,眶额皮层的 fALFF 与享乐平衡($r=-0.31$, $p=0.012$, Bonferroni 校正)和生活满意度($r=-0.31$, $p=0.008$, Bonferroni 校正)显著负相关。值得指出的是,该研究并没有发现任何眶额皮层的 fALFF 与积极情感($r=-0.20$, $p>0.05$, Bonferroni 校正)、消极情感($r=0.25$, $p>0.05$,

Bonferroni 校正) 的显著相关。这与前人报告的观点一致, 即幸福感基于积极情感和消极情感之间的平衡。此外, 回归分析发现在控制了年龄、性别、FD 之后, 此脑区可以解释 8.2% 的生活满意度, 11.9% 的享乐平衡。

为了检验心理弹性是否能够中介左侧眶额皮层的 fALFF 对主观幸福感两个成分的影响, 该研究进行了中介分析。有趣的是, 心理弹性在左侧眶额皮层的 fALFF 与情感平衡 [间接效应 = -0.36; 95% CI = (-0.54, -0.21), $p < 0.05$] 和生活满意度 [间接效应 = -0.34; 95% CI = (-0.49, -0.21), $p < 0.05$] 的关系中起到了完全中介作用。甚至在控制了年龄、性别、FD 之后, 心理弹性仍然能够中介眶额皮层与情感平衡 [间接效应 = -0.35; 95% CI = (-0.53, -0.20), $p < 0.05$; 图 9-3] 和生活满意度 [间接效应 = -0.33; 95% CI = (-0.50, -0.20), $p < 0.05$; 图 9-3] 之间的关系。

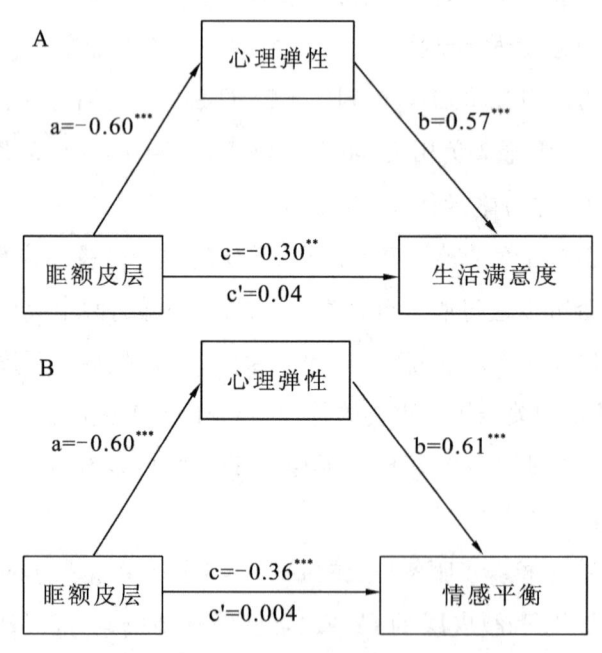

图 9-3 心理弹性影响主观幸福感的神经机制

资料来源: The resilient brain: psychological resilience mediates the effect of amplitude of low-frequency fluctuations in orbitofrontal cortex on subjective well-being in young healthy adults.

## 第九章 心理弹性、主观幸福感与大脑

此外,该研究进行了另外的中介分析去检验中介模型中变量的方向性。在该模型中,心理弹性是自变量,主观幸福感的两个成分是因变量,眶额皮层的 fALFF 是中介变量。结果发现眶额皮层的 fALFF 不能中介心理弹性与生活满意度 [95% CI = (-0.15,0.07),$p > 0.05$] 和享乐平衡 [95% CI = (-0.12,0.08),$p > 0.05$]。因此,这些结果表明,眶额皮层通过心理弹性影响主观幸福感。

该研究还做了一些补充分析:为了检测该研究结果是否是由于大脑结构差异引起的,该研究应用基于体素的形态测量学去研究心理弹性和局部灰质体积(rGMV)的关系。首先,使用 SPM8 标准程序处理 MRI 数据,然后对心理弹性和全脑 rGMV 作相关分析,年龄、性别、全脑体积(TBV)作为干扰变量。为了校正多重比较,设定组水平 FEW 校正阈限为 $p < 0.05$,体素水平校正阈限为 $p < 0.001$。结果发现,即使不做多重比较校正,也没有体素群与心理弹性显著相关。

接下来,该研究检测了心理弹性与眶额皮层的 rGMV 是否相关。选取了之前 fALFF 中使用的眶额皮层,计算其平均 rGMV。首先,该研究发现控制了年龄、性别、FD 和 TBV 之后,眶额皮层的 rGMV 和享乐平衡显著相关($r = -0.29, p = 0.005$),与生活满意度($r = -0.18, p > 0.05$)、心理弹性($r = -0.16, p > 0.05$)没有显著相关关系。其次,在控制了年龄、性别、TBV、FD、眶额皮层区的 rGMV 之后,心理弹性和眶额皮层的 fALFF 仍然显著相关($r = -0.58, p < 0.001$)。需要指出的是,即使控制了年龄、性别、TBV、FD 和眶额皮层区的 rGMV 之后,心理弹性仍然可以中介眶额皮层对享乐平衡[间接效应 = -0.35;95% CI = (-0.55, -0.20),$p > 0.05$]、生活满意度[间接效应 = -0.33;95% CI = (-0.50, -0.19),$p < 0.05$]的影响。综上,该研究结果不是由于大脑结构差异引起的。

此外,虽然笔者(2015f)的研究发现眶额皮层的 ReHo 和心理弹性不相关,该研究仍然考察了结果是否受到该脑区 ReHo 的影响。该研究计算了每个体素的 ReHo,然后除以平均 ReHo 值(前述 fALFF 分析的脑

区)。在控制了年龄、性别、FD 和眶额皮层区的 ReHo 之后,心理弹性和眶额皮层区的 fALFF 值仍然显著相关($r = -0.53, p < 0.001$)。此外,控制了年龄、性别、FD 和眶额皮层区的 ReHo 之后,心理弹性仍然能够中介眶额皮层区对享乐平衡〔间接效应 = -0.31;95% CI = (-0.47, -0.18), $p > 0.05$〕和生活满意度〔间接效应 = -0.29;95% CI = (-0.43, -0.17), $p < 0.05$〕的影响。这些结果表明,该研究的发现不是由于眶额皮层区的局部一致性引起的,并且 fALFF 和 ReHo 指标确实是局部自发活动的不同方面。

3. 讨论和结论

该研究使用 rsfMRI 的 fALFF 指标探究健康年轻人的心理弹性的神经生物学基础及其与主观幸福感之间的联系。有两个主要结果:首先,全脑相关分析表明,心理弹性越高,左侧眶额皮层的 fALFF 越低;其次,心理弹性完全中介左侧眶额皮层的 fALFF 对主观幸福感两个成分的影响。这些结果在控制了脑结构差异(如 rGMV)和局部一致性(如 ReHo)的影响之后仍然显著。总之,该研究结果表明,眶额皮层的脑功能与心理弹性有关,心理弹性在自发性脑活动和主观幸福感的关系中起中介作用。

首先,该研究发现,心理弹性与左侧眶额皮层的 fALFF 呈负相关。此结果与很多研究结果一致,这些研究报告在与应激有关的心理疾病(比如抑郁症、PTSD、双相情感障碍)中,眶额皮层的 fALFF 较高(Bing et al., 2013;Liu et al., 2014;Xu et al., 2014)。可能的解释是,这是低弹性被试的功能降低或丧失引起的结果,这些人静息状态下眶额皮层增高的 fALFF 可能是一种代偿机制。事实上,这种结构或功能缺陷导致的代偿机制在许多其他研究中已经被证明(Yang et al., 2011;Bing et al., 2013;Gallea et al., 2015;Li et al., 2015a;Sun et al., 2016)。我们的结果与前人有关健康人群的研究结果一致:左侧眶额皮层的 fALFF 越高,希望特质越低(Wang et al., 2017b);左侧眶额皮层的灰质体积与乐观特质相关(Dolcos et al., 2016)。前人研究表明乐观特质和希望特质是两个与心理弹性

## 第九章  心理弹性、主观幸福感与大脑

高度相关的特质(Lloyd,Hastings,2009;Wang et al.,2010)。此外,该研究结果也与"左半脑更多地参与积极信息的处理"这一观点相一致(Hecht,2013;Dolcos et al.,2016),因为此研究结果仅限于左侧眶额皮层。

众所周知,眶额皮层在编码疼痛或快乐的奖赏价值中有重要作用(Gottfried et al.,2003;Leknes,Tracey,2008;Kahnt et al.,2010;Sescousse et al.,2010;Grabenhorst,Rolls,2011;Berridge,Kringelbach,2013)。这与行为研究结果一致,心理弹性与奖赏依赖和奖赏体验有着正相关关系(Geschwind et al.,2010;Simeon et al.,2007;Kim et al.,2013)。此外,此脑区也被认为是情绪调节网络中重要的节点(Golkar et al.,2012;Petrovic et al.,2016;Shiba et al.,2016),这与"心理弹性高的个体情商高"的观点一致(Salovey et al.,1999)。因此,低弹性个体眶额皮层的fALFF较高可能反映一种代偿机制,弥补对不同刺激的奖赏价值处理能力以及调节日常情绪能力的不足。而这些能力能够促进个体产生更多的弹性行为,比如对积极刺激的注意偏向和对消极应激源的灵活适应。

更重要的是,我们的研究揭示了心理弹性完全中介了左侧眶额皮层的fALFF对主观幸福感的影响。前人研究一致表明,心理弹性与主观幸福感的认知和情感成分显著相关(Liu et al.,2012;Di Fabio,Palazzeschi,2015;Bajaj,Pande,2016;Satici,2016)。此外,我们发现在控制了年龄、性别和FD之后,心理弹性解释了33.3%的享乐平衡和28.6%的生活满意度。因此,心理弹性是实现快乐生活的重要因素。另一方面,我们的结果与前人报告的眶额皮层和生活满意度相关的结果一致(Kong et al.,2015b,2015d)。具体而言,更低的生活满意度与眶额皮层/腹内侧前额皮层更少的rGMV、眶额皮层更高的fALFF相关。此外,虽然眶额皮层被认为与享乐体验有关(Berridge,Kringelbach,2013;Kong et al.,2016b),但本研究结果表明,对于积极情感和消极情感平衡,眶额皮层是一个重要的神经节点。鉴于眶额皮层在奖赏加工和情绪调节中的作用,眶额皮层的参与可能有助于个体获得更多弹性行为,如对积极刺激的注意偏向和灵活

适应消极应激源,从而进一步增加幸福感。简而言之,这些结果表明,心理弹性可能是解释左侧眶额皮层的 fALFF 影响主观幸福感的潜在机制。

总之,该研究通过证明眶额皮层的自发性脑活动与心理弹性负相关,为心理弹性的神经标记提供了进一步证据。此外,该研究结果表明,眶额皮层可能是心理弹性影响主观幸福感的神经机制。但是,该研究仍有局限性,未来研究也可以考虑以下几个方向。首先,虽然所有的量表的信效度良好,但它们都是自评量表。未来研究应使用其他方法降低反应偏差的影响。其次,本研究结果取决于自发性脑活动的局部指标,所以未来研究应该在功能连接和神经网络的层面检验心理弹性的神经基础。最后,我们也希望未来研究探索心理弹性的神经反馈训练,从而促进个体幸福感。

# 第十章 感恩、主观幸福感与大脑

## 第一节 感恩与主观幸福感关系的研究现状

### 一、感恩的定义

感恩(gratitude)一词源于拉丁文 gratia 与 gratus,其中前者意为帮助,后者意为愉快。作为一种重要的积极情绪,感恩是人类社会交往的重要组成部分。感恩的思想有着浓厚与悠久的历史,并一直是东西方文化所共同推崇的美德,如古罗马的哲学家西塞罗认为:"感恩不仅是最大的美德,更是所有美德之母。"但是,尽管如此,感恩在早期并没有得到研究者们的重视。直至积极心理学的兴起,感恩才得到心理学界的广泛关注,随后取得了重要研究进展。

麦卡洛等人(2002)认为,感恩是个体因受到恩惠而产生的感激并力图有所回报的积极情绪,并被区分为特质感恩和状态感恩两种形式(McCullough et al.,2002)。状态感恩与特定情境有关,表现为个体在受到恩惠时产生的一种感激和愉悦的感受,是一种即时的感恩体验。而特质感恩是个体持久性地体验感恩情绪的心理倾向,具有跨情境的一致性。他们提出特质性感恩包含如下几个方面:(1)强度。高特质性感恩水平的个体能体会到更强的感激情绪。(2)频度。高特质性感恩水平的个体能在一天中报告更多次的感恩体验。(3)跨度。高特质性感恩水平的个体能在更多的生活领域中体会到感恩。(4)密度。高特质性感恩水平的个体对于积极事件能列出更多的感恩对象。

## 二、感恩的测量

目前常用的量表包括感恩形容词评定量表(The Gratitude Adjective Checklist,GAC;McCullough et al.,2002)、感恩问卷(The Gratitude Questionnaire-6,GQ-6;McCullough et al.,2002,见表6-2)、感恩、忿恨和感激问卷(The Gratitude,Resentment,and Appreciation Test,GRAT;Watkins et al.,2003)和感激量表(The Appreciation Scale,AS;Adler,Fagley,2005)等。这些量表都可以用来测量个体的特质感恩,但只有感恩形容词评定量表能用于测量个体的状态感恩。

表 10-1 感恩的测量工具

| 量表 | 代表人物 | 测量内容 |
| --- | --- | --- |
| 单维度感恩量表(GQ-6) | McCullough (2002) | 该量表共6个项目,将感恩的气质倾向划分为四个方面:强度、频率、广度和密度,采用李克特7点计分方式,从1(极不同意)到7(极为同意)。 |
| 多维感恩量表(GRAT) | Watkins (2003) | 该量表测量特质感恩,共44个项目,包括3个维度(富足感、简单感激、感恩他人),采用7点计分方式,从1(非常不同意)到7(非常同意)。 |
| 感激量表(AS) | Adler (2005) | 该量表共57个项目,8个分量表:敬重感、社会比较、关注获得、仪式、当下时刻、损失、致谢和感激他人,采用李克特7点计分,得分越高,感恩水平越高。 |
| 感恩形容词评定量表(GAC) | McCullough (2002) | 该量表测量状态感恩,该量表由三个形容词组成:感激的(Thankful)、感恩的(Grateful),感谢的(Appreciative),采用7点计分方式,从1(非常不同意)到7(非常同意)。 |

# 第十章 感恩、主观幸福感与大脑

**表 10-2 感恩问卷**

指导语:请仔细阅读下面的题目,判断你在多大程度上同意或者不同意,并在相应的选项数字上打"√"。得分越高,代表越同意题目中的观点。

|   |   | 非常不同意 | 比较不同意 | 有些不同意 | 中立 | 有些同意 | 比较同意 | 非常同意 |
|---|---|---|---|---|---|---|---|---|
| 1 | 生命中有太多我要感恩的事情。 | 1 | 2 | 3 | 4 | 5 | 6 | 7 |
| 2 | 如果要把所有我想感恩的都记下来,那将是一个很长的单子。 | 1 | 2 | 3 | 4 | 5 | 6 | 7 |
| 3 | 当我环顾这个世界时,我看不出多少值得我感激的。 | 1 | 2 | 3 | 4 | 5 | 6 | 7 |
| 4 | 我对很多的人都心存感激。 | 1 | 2 | 3 | 4 | 5 | 6 | 7 |
| 5 | 随着年龄的增长,我发现自己会去感谢在我个人成长历程中,对我有所影响的人和事物。 | 1 | 2 | 3 | 4 | 5 | 6 | 7 |
| 6 | 我可以经过一段很长时间,都没有感觉要向任何人或事致谢。 | 1 | 2 | 3 | 4 | 5 | 6 | 7 |

版权所有引用:Mccullough M,et al.,2002. The grateful disposition: A conceptual and empirical topography[J]. Journal of personality and social psychology,82(1):112-127.

简体中文版信效度检验:Kong F,et al.,2017. Evaluation of the gratitude questionnaire in a Chinese sample of adults: factorial validity, criterion-related validity, and measurement invariance across sex[J]. Frontiers in psychology,(8):1498.

注:第3,6题,反向计分。感恩得分即6个项目的分值相加。分值越高,说明感恩水平越高。

## 三、感恩与主观幸福感的关系现状

### (一)感恩与主观幸福感的关系

**1. 特质感恩的研究**

基于特质感恩的研究发现,感恩具有广泛的适应性功能,特别是可以

**幸福神经科学——关于幸福的生物学**

显著地预测个体的主观幸福感(Kashdan et al.,2006;Kong et al.,2015c;Liu et al.,2017;Sun,Kong,2013;Wood et al.,2010)。例如,McCullough等人(2002)以大学生为被试,其结果表明感恩个体报告了更多的生活满意度、乐观和活力,更少负性情感;而且在控制了大五人格和社会称许效应后,或采用同伴报告法,感恩仍然具有显著的预测作用。上述结论在其他成人样本(Sun,Kong,2013;Kong et al.,2015c)以及青少年样本中也得到了验证(Froh et al.,2009)。纵向研究也得到了一致的结论,研究者以刚入学的大一学生作为研究对象,分别在学期开始和3个月后测量学生的感恩和幸福感水平,结果发现感恩能够预测主观幸福感(Wood et al.,2008)。

2. 感恩干预的研究

基于状态感恩的研究主要来自于感恩干预方面的证据。也就是说,通过一些方法对感恩进行培养,来改善个体的幸福感。"感恩日记"(或细数恩惠)是指让被试定期记录多件感恩事件。埃蒙斯等人的研究(Emmons,McCullough,2003)包括三个实验,实验1对大学生进行为期10周的干预。实验组要求被试每周记录5件感恩事件,控制组每周记录5件争论事件或5件有影响的事件。实验2对大学生进行为期2周的干预,实验组要求每天记录5件感恩事件,控制组为每天记录5件争论事件或向下社会比较(产生自豪和愉快情绪)。结果发现,相对于控制组,实验组均表现出更高的感恩水平和主观幸福感。实验3对肌肉神经疾病成人进行为期3周的干预,实验组要求被试每周记录5件感恩事件,控制组为不处理。结果表明,相对于控制组,感恩组的日常功能显著改善。

"感恩沉思"类似于"感恩日记",不同的是这种方式让被试沉思或记录积极生活经历,且干预只进行一次,时间很短,往往持续几分钟。沃特金斯等人(Watkins et al.,2003)对大学生进行为时5分钟的干预。实验组要求被试记录暑假他们所感恩的活动,控制组要求被试记录他们暑假

## 第十章 感恩、主观幸福感与大脑

想做但没能做成的事情。结果发现,相对于控制组,感恩组报告更高的主观幸福感。

"感恩拜访"要求写信感谢施惠者,并寄送给或当众读给施惠者。塞利格曼等人(Seligman et al.,2005)对成人样本进行为期一周的干预。实验组要求被试在一周之内书写一封早期感恩事件及感恩原因的信件,并寄送给施惠者,控制组为书写记录早期记忆。结果发现,干预后即时测量和一月后"感恩拜访"组较控制组均报告更多的感恩和主观幸福感,以及更少的抑郁。

### (二)感恩影响主观幸福感的行为机制

对于感恩影响幸福感的机制,目前有多种解释。伍德等人总结了四种可能的解释,分别为图式理论、应对理论、积极情绪理论和拓展建构理论(Wood et al.,2010)。

图式理论认为,感恩的人通过积极的图式偏向体验到更强的幸福感,图式偏向让他们体验到他人的有益行为对自己的帮助(Wood et al.,2008)。例如,感恩的人认为他人的帮助更昂贵、更有价值、更无私。

应对理论认为,感恩的人能主动使用更多的有效应对策略,进而使他们体验到更多幸福感。感恩的人更有可能寻求并使用工具性和情绪性社交支持。他们使用的应对策略的特点是应对和处理问题,如通过积极应对、计划、积极的重新解释,并试图发现潜力的增长。

积极情绪理论认为,感恩作为一种积极情绪,可以改变积极情绪体验与消极情绪体验之间的平衡,从而带来更多的生活满意度,并且感恩的个体对积极情绪的习惯性体验有助于抵抗精神障碍和一般压力源。

弗雷德里克森(2004,2010)提出了感恩的拓展建构理论。这一理论认为,感恩是一种认知—情绪加工,能够拓展个体的思维—行动能力,产生持续的个人资源和应对机制,进而在个体水平和社会水平上创造有利于个体发展的长期效应,如提升个体的幸福感。基于这一理论,研究者提

**幸福神经科学——关于幸福的生物学**

出了两种解释感恩与主观幸福感之间关系的模型框架：认知框架和心理—社会框架(Alkozei et al.,2018)。认知框架模型认为，根据弗雷德里克森的"拓展—建构"理论，感恩在消极情境或模糊情境中能够拓展个体的解释能力，使个体对当前情境的解释具有积极倾向，产生更加积极的记忆，对情境中的积极刺激集中更多的注意。这种解释倾向、记忆倾向和注意倾向能够创造出情绪资源和身体资源来应对压力源，长此以往，个体的主观幸福感则得以提升。而高水平的主观幸福感又能反过来导致更多的感恩体验，形成一个反馈环路。心理—社会框架认为，感恩能够使得个体在受到帮助时考虑更多的回报选择，而这种拓展了的回报方式将为个体创造更多的积极社会关系，增强个体的社会支持，进而提升个体的主观幸福感。而高水平的主观幸福感又能反过来导致更多的感恩体验，形成一个反馈环路

一些研究支持了这两个模型。例如，孔风等人(Kong et al.,2015c)使用大学生样本发现，积极的自我认知，如自尊可以中介感恩对主观幸福感的影响。罗利和周天梅(2015)使用中学生样本发现，社会支持可以中介感恩对主观幸福感的影响。另外，孔风等人(2021)对1445名青少年进行调查发现，心理弹性和社会支持能独立中介感恩与幸福感的关系(Kong et al.,2021)。进一步的中介效应比较分析发现，心理弹性和社会支持的中介效应并没有显著差异(如图10-1)。基于这个结果，作者提出了一个认知—心理社会的整合模型来解释这一结果。根据这个模型，感恩可以拓展个体的认知去积极地应对压力，同时有助于建立和谐的关系，因此增加了个体的心理弹性和社会支持水平。个体心理弹性和社会支持水平的增加则进一步提升了个体的幸福感。

## 第十章 感恩、主观幸福感与大脑

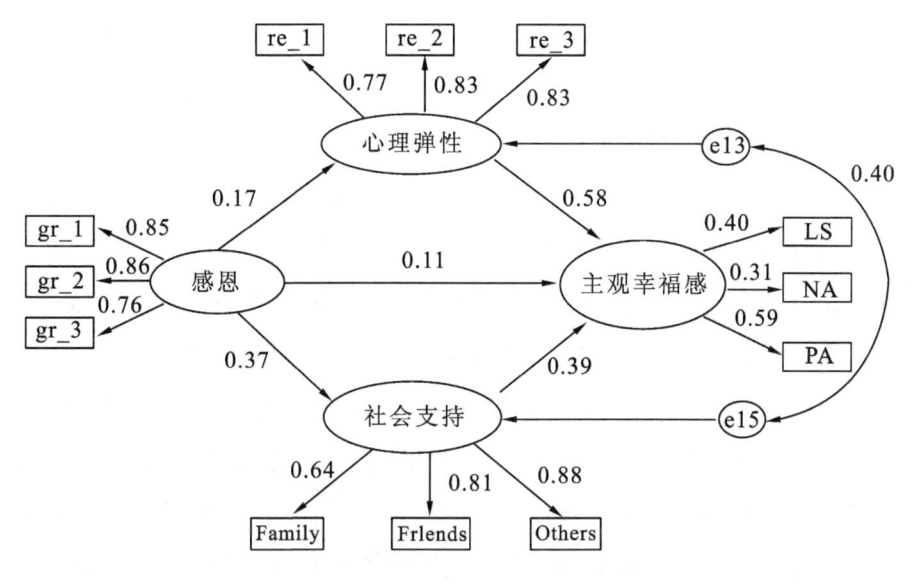

图 10-1 感恩影响主观幸福感的中介模型

资料来源：How does trait gratitude relate to subjective well-being in Chinese adolescents? The mediating role of resilience and social support。

# 第二节 感恩影响主观幸福感的神经机制

## 一、感恩的神经基础

目前，对于感恩与大脑关系的研究相对较少。不过，最近一些研究者进行了有价值的尝试性探索。研究者使用 fMRI 探讨了任务诱发状态感恩的神经机制，发现内侧前额皮层（mPFC）和后扣带回（PCC）的激活与状态感恩有关。例如，使用情节剧本任务发现，状态感恩与包括眶额皮层（OFC）在内的 mPFC 的激活水平有关（Fox et al.，2015）；使用感恩表达任务也发现，状态感恩与 mPFC 的激活水平有关（Kini et al.，2016）；使用人际互动任务发现，除了 mPFC（主要是内侧 OFC）外，个体自我报告的状态感恩也与 PCC 的激活有关，并且 PCC 的大脑激活中介了状态感恩与特质感恩之间的关系（Yu et al.，2017）。

其中,查恩等人的研究发现,特质感恩与下丘脑的激活水平以及颞下回和背外侧前额皮层(dlPFC)的灰质体积存在相关(Zahn et al.,2009,2014)。不过,他们的研究可能存在一些问题。首先,他们发现,被试的感恩与幸福感指标(如自尊和积极情感)均无相关,但感恩与这些变量的关系在以往研究中已被大量证实(Kashdan et al.,2006;Lin,2015;Liu et al.,2017;Sun,Kong,2013)。其次,他们研究中所测的可能并不是特质感恩,只能看作对感恩概念的识别。例如,当对"朋友小赵对我很慷慨"这样的句子进行道德判断时,只要理解感恩概念,被试能很容易贴上"感恩"标签,而不是其他道德情绪标签(如自豪、愤怒等),因此,缺乏个体对恩惠的价值以及重要性等的认知评价。因此,两个研究并不能很好地揭示特质感恩的神经机制。采用结构态磁共振成像技术(sMRI),笔者(2020)发表在 *Emotion* 上的研究采用特质感恩问卷(GQ)直接考察了特质感恩的神经基础。笔者发现,mPFC 的灰质和白质体积与特质感恩有关(Kong et al.,2020)。

另外,一些研究也探讨了行为或神经干预对大脑可塑性的影响。例如,坎斯等人探讨了感恩干预影响利他行为的神经机制(Karns et al.,2017)。他们发现,感恩干预增加了被试做出利他行为时 vmPFC/OFC 的激活水平。采用经颅直流电刺激技术(tDCS),研究者发现,对于 vmPFC/OFC 的刺激能促进个体在交互礼物游戏中的感恩水平(Wang et al.,2017a)。

总之,任务态 fMRI 的研究揭示,状态感恩涉及了自我认知加工(PCC)、他人认知加工(mPFC)和快乐与奖赏加工(OFC),而特质感恩更多涉及了自我认知加工(PCC)和他人认知加工(mPFC)。

## 二、感恩影响主观幸福感的神经基础

下面将简要介绍笔者等人(Kong et al.,2020)发表在 *Emotion* 上,使用 VBM 的方法探讨感恩影响主观幸福感的神经基础的研究。

# 第十章 感恩、主观幸福感与大脑

## (一)研究方法

### 1. 被试与行为测量

136 名华南师范大学在校大学生(平均年龄为 21.03 岁,标准差为 2.01,其中有 55 名男性)参与了该研究。所有被试完成以下测量:(1)感恩问卷采用的是麦卡洛等人(2002)编写的感恩问卷(GQ-6)。该问卷测量个体在日常生活中经历感恩体验的倾向,包含 6 个题目,要求被试根据自己的实际经历对每个题目的陈述进行评价,该问卷采用 Likert 七点评分,1 表示"完全不符合",7 表示"完全符合",其中题目 3 和题目 6 为反向计分题。该问卷得分越高,说明个体特质感恩水平越高。(2)生活满意度量表(SWLS;Diener et al.,1985)被用来评估被试的认知幸福感水平。这个量表包括 5 个项目,如"我对我的生活是满意的"。问卷采用 7 点 Likert 计分方式(1 = "完全不赞同",7 = 完全赞同")。得分越高表明认知幸福感越高。SWLS 有满意的内部一致性信度(Cronbach's α = 0.82)。(3)大五人格问卷也被使用,目的是控制一般人格因素的影响。

### 2. 脑成像数据的采集

T1 加权的结构像数据的采集使用华南师范大学脑成像中心的西门子 3T 核磁共振扫描仪。结构像扫描采用三维磁化快速梯度回波序列,获取 176 层矢状面图像。具体的扫描参数为:TR = 1900;echo time(TE) = 3.39;TI = 900 毫秒;flip angle = 9 度;FOV = 256 × 256 毫米。每个体素(voxel)大小为 1 × 1 × 1 毫米。

### 3. 数据预处理

使用 spm8 对 sMRI 图像进行预处理。预处理包括以下步骤:(1)对图像质量进行检查,并剔除图像有异常的被试。(2)为了更好地配准,被试的 sMRI 图像重新对准到前联合。(3)采用新分割方法将图像分割成灰质、白质和脑脊液。(4)采用 DARTEL 进行配准、标准化和图像调制。每个被试的灰质图像配准到 MMI152 标准空间,并将图像重新采样为 1.5 × 1.5 × 1.5 毫米。调制的目的是为了得到被试的局部灰质体积。

(5)采样8毫米半高宽高斯核进行平滑。为了区分灰质和白质的边界,本研究使用了0.05的绝对阈限掩蔽。预处理得到的灰质图像用于进一步的统计分析。

4. 统计分析

使用spm8对灰质体积数据进行统计分析。在本研究中,选取了以往研究中较为一致的脑区内侧前额皮层作为ROI,完成了ROI分析。这个区域通过WFU PickAtlas工具箱得到(Maldjian et al.,2003)。本研究使用了一般线性模型探讨了感恩特质的灰质或白质体积相关脑区。在这个模型中,感恩得分作为自变量,年龄、性别和全脑体积作为控制变量。对于得到的显著脑区,为避免出现假阳性的结果,本研究使用基于随机场理论的非稳态团块校正方法进行多重比较校正(Hayasaka et al.,2004)。团块水平的阈限设置为$P<0.05$,体素水平的阈限设置在$P<0.0025$。

另外,本研究也完成一个探索性的全脑分析,考察除了内侧前额皮层外,是否还有其他脑区与感恩特质相关。在这个模型中,感恩得分作为自变量,年龄、性别和全脑体积作为控制变量。对于得到的显著脑区,为避免出现假阳性的结果,本研究使用基于随机场理论的非稳态团块校正方法进行多重比较校正(Hayasaka et al.,2004)。团块水平的阈限设置为$P<0.05$,体素水平的阈限设置在$P<0.0025$。

5. 中介分析

最后,为检验感恩特质如何通过调制个体的大脑影响主观幸福感,作者进行了中介分析。在中介模型中,相关脑区的灰质或白质体积作为自变量,感恩特质作为中介变量,主观幸福感作为因变量。采用Bootstrap法($n=5000$)进行多重中介分析检验。中介效应显著的标准为:95%的CI不包括0。

(二)研究结果

对于灰质体积分析而言,ROI分析发现,在控制掉年龄、性别和全脑体积后,感恩特质与内侧前额皮层,包括内侧额上回和内侧眶额皮层

## 第十章 感恩、主观幸福感与大脑

(MNI 坐标:-2,69,-3;$t=-4.15$;团块大小 = 2579 立方毫米;$p<0.05$)的灰质体积存在显著负相关。全脑分析发现,没有脑区的灰质体积与感恩特质相关。

对于白质体积分析而言,ROI 分析发现,在控制年龄、性别和全脑体积后,感恩特质与内侧前额皮层,包括背部和腹部内侧前额皮层(MNI 坐标:-8,59,13;$t=-5.81$;团块大小 = 4954 立方毫米;$p<0.05$)的白质体积存在显著负相关。全脑分析发现,在控制年龄、性别和全脑体积后,感恩特质与内侧前额皮层,包括背部和腹部内侧前额皮层(MNI 坐标:-8,59,13;$t=-5.81$;团块大小 = 6794 立方毫米;$p<0.05$)的白质体积存在显著负相关。尽管这个脑区大小有所变化,但两个分析中脑区位置是相同的。

接下来,为了考察感恩特质、主观幸福感和灰质/白质体积的关系,本研究首先完成了行为的相关分析。结果发现,感恩特质显著与主观幸福感有显著正相关($r=0.37,p<0.001$)。进一步回归分析发现,感恩特质解释了主观幸福感 11.9% 的变异。然后,本研究检验特质相关的脑区是否与主观幸福感存在相关。结果发现,主观幸福感与内侧前额皮层的灰质体积($r=0.23,p=0.008$)或白质体积均存在显著相关($r=0.24,p=0.005$)。

为了检验感恩特质在内侧前额皮层与主观幸福感间的作用,本研究对感恩特质、积极情感和脑区进行了中介分析。中介分析发现,当感恩特质被控制后,内侧前额皮层的灰质体积或白质体积对主观幸福感的影响均不显著。中介效应检验发现,感恩特质显著地中介了内侧前额皮层的灰质体积(间接效应 = 0.10,95% CI = [0.19,-0.04],$p<0.05$,见图 10-2a)或白质体积(间接效应 = 0.13,95% CI = [0.24,0.05],$p<0.05$,见图 10-2b)对主观幸福感的影响(如图 10-2 所示)。另外,为了检验脑区是否可以中介感恩特质和主观幸福感的关系,本研究也完成了另外一个中介分析。结果发现,95% 的 CI 包括 0,表明中介不显著。综上,感

幸福神经科学——关于幸福的生物学

恩特质能中介内侧前额皮层对主观幸福感的影响。

(a)

感恩

a=-0.33,p<0.001    b=0.31,p<0.001

c=-0.23,p=007
c'=-0.13,p>0.05

主观幸福感

(b)

感恩

a=-0.42,p<0.001    b=0.30,p=0.001

c=-0.24,p=0.004
c'=-0.12,p>0.05

主观幸福感

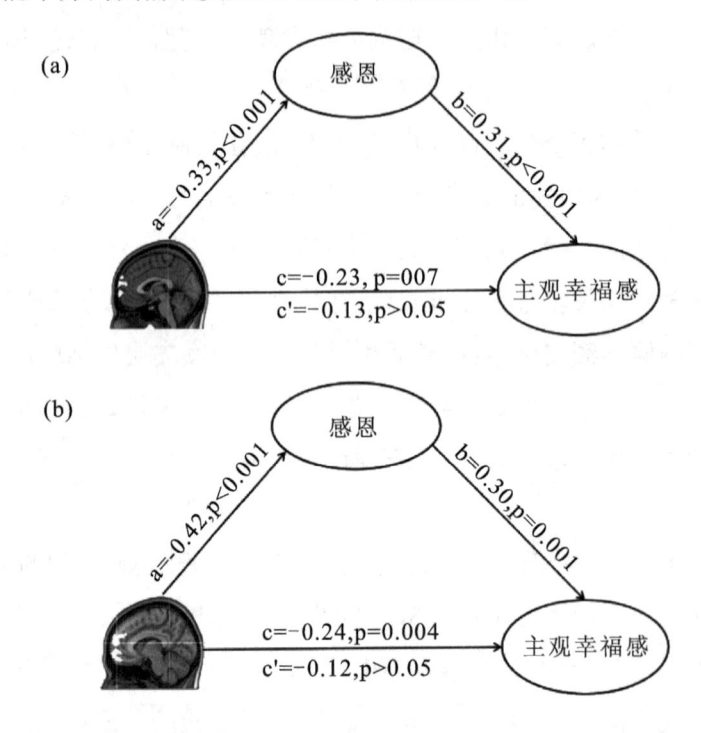

图 10-2 感恩中介了 mPFC 的灰质/白质体积与主观幸福感的关系

资料来源：Gratitude and the brain：Trait gratitude mediates the association between structural variations in the medial prefrontal cortex and life satisfaction。

先前的研究发现，大五人格与感恩特质、主观幸福感和大脑灰质结构有关联（De Young et al.，2010；Diener et al.，2003；Mccullough et al.，2002；Omura et al.，2005）。因此，作者进一步检验以上结果是否受大五人格影响。首先，检验大五人格与感恩特质的关系。结果发现，感恩特质与外倾性（$r=0.31, p<0.001$）和宜人性（$r=0.41, p<0.001$）有中度的相关，与神经质（$r=-0.21, p=0.01$）、责任性（$r=0.20, p=0.03$）和开放性（$r=0.17, p=0.05$）呈低相关。这与麦卡洛等人（2002）的研究是一致的。其次，检验大五人格对感恩特质和主观幸福感的关系的影响。在控制大五人格后，感恩特质与内侧前额皮层的灰质体积（$r=0.27, p=0.002$）和白

## 第十章 感恩、主观幸福感与大脑

质体积($r=0.36, p<0.001$)有显著相关;主观幸福感也与内侧前额皮层的灰质体积($r=0.23, p=0.009$)和白质体积($r=0.22, p=0.01$)有显著相关。最后,检验大五人格是否对感恩特质的中介模型有影响。在控制大五人格后,感恩特质仍然中介了内侧前额皮层的灰质体积(间接效应=0.05,95% CI=[0.13,0.01], $p<0.05$)或白质体积(间接效应=0.07,95% CI=[0.16,-0.01], $p<0.05$)对主观幸福感的影响。

此外,作为一种情感特质,感恩在社会功能中起到重要作用(Tsang, 2006),因此,感恩特质应该跟"社会脑"相关的脑区有关,包括颞叶前部、背外侧前额皮层、杏仁核、伏隔核、苍白球、海马、颞上皮层和颞顶联合区(Blakemore, 2008; Burnett et al., 2011; Dalgleish, 2004)。另外,几个关于感恩神经基础的研究也发现,除了内侧前额皮层外,颞上皮层前部、下丘脑、顶上叶、外侧前额皮层、右侧枕中回、楔前叶、右侧小脑、右侧杏仁核和颞顶联合区也参与感恩加工(Kini et al., 2016; Kyeong et al., 2017; Yu et al., 2017; Zahn et al., 2009)。因此,作者也对这些脑区进行了小体积校正(SVC)。结果发现,没有脑区的灰质和白质体积跟感恩有显著相关。

### (三)讨论和结论

该研究首次通过大样本脑与行为的相关分析,考察了感恩特质影响主观幸福感的神经机制。结果发现,感恩特质与内侧前额皮层的灰质体积和白质体积存在显著的相关,表明内侧前额皮层是感恩特质的功能神经基础。进一步中介分析发现,感恩特质中介了内侧前额皮层的灰质体积和白质体积与主观幸福感之间的关系。这些结果表明,内侧前额皮层的灰质体积和白质体积是感恩特质影响主观幸福感的结构神经基础。这些研究为感恩特质影响主观幸福感的神经机制提供了初步的证据,并强调内侧前额皮层在二者关系中的重要作用。

当前研究并没有复制查恩等人(2014)的研究结果,他们发现,感恩特质与颞下回的灰质体积有关,这可能是因为他们的研究仅仅使用了一个小的样本,并且对感恩特质的评估并不精确。但是,正如所期待的,本研究发现感恩特质与内侧前额皮层的灰质体积和白质体积存在显著的负相关。这与以往发现感恩情绪与内侧前额皮层的大脑激活有关的研究相一致（Fox et al.，2015；Kini et al.，2016；Yu et al.，2017；Yu et al.，2018）。作为"社会脑"的一个核心节点，内侧前额皮层已被发现参与社会认知的加工，例如社会工作记忆（Meyer et al.，2012；Meyer et al.，2015）、心理理论（Abu-Akel，Shamay-Tsoory，2011；Bzdok et al.，2012）、共情（Bzdok et al.，2012；Shamay-Tsoory，2011），以及社会决策（Rilling，Sanfey，2011）。另外，这个脑区也被认为是大脑默认网络的核心节点（DMN；Buckner et al.，2008），在自我参照的加工中起到重要的作用（Denny et al.，2012；Northoff et al.，2006）。这些功能跟以往发现感恩在关系形成和保持中起重要的作用的行为研究相一致（Algoe et al.，2008；Lambert，Fincham，2011）。另外，最近的大量研究发现，脑结构跟年轻成人高水平的认知功能，如智力、情绪智力和幸福感存在负相关（Kanai，Rees，2011；Kong et al.，2015a；Takeuchi et al.，2011；Xiang et al.，2017）。因此，降低的灰质或白质体积与高水平认知功能相关是合理的。这被认为与发展过程中的突触修剪和皮层髓鞘化有关（Paus，2005；Sowell et al.，2001），这将导致从青少年到成年期灰质的变薄。总之，较低的灰质或白质体积可能有助于个体理解他人的心理状态，保持他人的意图在工作记忆中，这都有助于高水平的特质感恩。

重要的是，当前研究发现，感恩特质中介了内侧前额皮层的灰质体积和白质体积对主观幸福感的影响。行为研究已经一致发现，特质感恩与主观幸福感有较强的相关（Kashdan et al.，2006；Kong et al.，2015c；Sun，Kong，2013；Wood et al.，2009）。与以往研究一致（Wood et al.，2008），当前研究发现，在控制大五人格后，感恩特质能独立地预测个体的主观幸福感。因此，感恩是影响幸福感的一个重要个人优势，这进一步支持了感恩的拓展建构理论（Fredrickson，Losada，2005）。同时，内侧前额皮层和主观幸福感的相关性与先前的的研究是一致的（Kong et al.，2015b，2015d；

## 第十章 感恩、主观幸福感与大脑

Takeuchi et al.,2014)。例如,笔者(Kong et al.,2015d)使用rsfMRI发现,内侧前额皮层的自我脑活动与主观幸福感呈负相关。以往使用sfMRI的研究发现,内侧前额皮层的灰质体积与主观幸福感呈负相关(Kong et al.,2015b;Takeuchi et al.,2014)。因此,内侧前额皮层是连接感恩和主观幸福感的神经环路的一个重要节点。另外,这些结果也跟孔风等人的行为研究一致(Kong et al.,2015c)。他们发现,感恩的个体倾向于有更高的自尊和社会支持,这进一步导致更高的主观幸福感。以往研究已经发现,内侧前额皮层也是自尊(Somerville et al.,2010;Yang et al.,2014)和社会支持(Eisenberger et al.,2007;Sherman et al.,2015)的神经基础。因此,内侧前额皮层的参与可能有助于个体获得更高的自我相关加工能力和社会认知加工能力,这可能导致更高的积极自我评价和更多的社会支持,进而导致更高的主观幸福感。

总之,该研究使用VBM的方法,探讨了感恩影响幸福感的神经机制。结果发现,内侧前额皮层的灰质体积和白质体积与感恩特质有显著负相关,这有助于理解感恩特质的功能神经基础。更重要的是,该研究发现内侧前额皮层是感恩特质影响主观幸福感的神经机制。该研究也存在一定局限。首先,该研究群体仅仅是大学生,这可能限制了该研究结论的推广。其次,该研究主要使用生活满意度量表测量主观幸福感,因此,主观幸福感的其他成分,如情感幸福感并没有在当前研究中考察。再次,这个研究是横断研究,无法推断这些变量间的因果关系。未来可采用干预研究或纵向研究进一步揭示这些变量的因果关系。

# 第十一章　正念、主观幸福感与大脑

## 第一节　正念与主观幸福感关系的研究现状

### 一、正念的定义

目前最为广泛接受的正念或心智觉知的定义是由卡巴金提出的"一种有目的、不评判的将注意力集中于此时此刻的觉知"(Kabat-Zinn,2003)。"正念"一词最早来源于佛教,巴利文(最早记录佛陀教义的文字)称为 Sati,1921 年首次被译作英文 mindfulness。它可以被看作是一种集中注意力的方法(Baer,2003),也可以被看作是一种包含自我意识的对此时此刻的觉知(Brown,Ryan,2003;Kabat–Zinn,2003)或一系列与自我调节、元认知和接纳相关的心理过程(Bishop et al.,2004;Tusaie,Edds,2009)。毕夏普等人认为,正念至少有两个要素:(1)注意的自我调节因素,使其指向当下;(2)以开放、好奇、与接纳为特征的情绪调节因素(Bishop et al.,2004)。另外,正念还可以被认为是一种心理状态或心理特质(Davidson,2010)。所谓状态正念(state mindfulness)是指在正念过程中产生的改变了的感觉、认知和自我参照意识。特质正念(trait mindfulness)则是觉知者在这些方面获得的持久性的改变(Cahn,Polich,2006)。为了获得这种状态或特质,个体需要进行正念训练(mindfulness training,MT)。正念训练包括传统的正念冥想(mindfulness meditation),也包括与正念冥想一脉相承的内观(insight meditation,

## 第十一章　正念、主观幸福感与大脑

vipassan)和禅定(zen meditation)等(Baer,2003;李英 等,2009;吴九君,郑日昌,2008)。

在过去的十年里,至少有八个正念自我报告问卷被开发出来,并被用于心理学研究。这些问卷包括弗赖堡正念量表(Freiburg Mindfulness Inventory,FMI)(Walach et al.,2006),正念注意觉知量表(Mindful Attention Awareness Scale,MAAS)(Brown,Ryan 2003),认知和情感正念量表修订版(Cognitive and Affective Mindfulness Scale – Revised,CAMS – R)(Feldman et al.,2007;Hayes,Feldman,2004),南安普敦正念问卷(Southampton Mindfulness Questionnaire,SMQ)(Chadwick et al.,2008),肯塔基正念量表(Kentucky Inventory of Mindfulness Scale,KIMS)(Baer et al.,2004),五因素正念问卷(Five Facet Mindfulness Questionnaire,FFMQ)(Baer et al.,2006),费城正念量表(Philadelphia Mindfulness Scale,PHLMS;Cardaciotto et al.,2008),多伦多正念量表(Toronto Mindfulness Scale,TMS)(Lau et al.,2006)。其中,TMS用于评估在正念训练的正念状态,而其他量表(FMI,MAAS,CAMS – R,SMQ,KIMS,FFMQ 和 PHLMS)都可以用来评估个体的正念特质。另外,这些量表也测量正念的不同方面。例如,MAAS主要测量了正念的注意成分。KIMS 和 FMI 测量正念的多个方面。Bergomi 等人(2013)对文献进行回顾后,提出正念的9个因素:(1)对体验的观察和关注(observing,attending to experiences);(2)有觉知的行动(acting with awareness);(3)不判断,接纳体验(non-judgment,acceptance of experiences);(4)自我接纳(self-acceptance);(5)不回避体验(willingness and readiness to expose oneself to experiences/non-avoidance);(6)不反应(non-reactivity to experience);(7)与自己的体验保持距离(non-identification with own experiences);(8)深入认知(insightful understanding);(9)描述(describing)。

表 11-1　正念注意觉知量表

指导语:下面陈述是关于日常生活中的一些行为表现。请根据你的真实感受,判断

## 幸福神经科学——关于幸福的生物学

这些描述是否符合自己。请你在以下符合你的情况栏里打"√"。

| | | 从未发生 | 很少发生 | 较少发生 | 有时发生 | 经常发生 | 总是发生 |
|---|---|---|---|---|---|---|---|
| 1 | 我可能会在某些情绪持续一段时间后才意识到它。 | 1 | 2 | 3 | 4 | 5 | 6 |
| 2 | 我会因心不在焉或不小心而打翻、打碎东西。 | 1 | 2 | 3 | 4 | 5 | 6 |
| 3 | 我觉得很难把注意力集中在当前的事情上。 | 1 | 2 | 3 | 4 | 5 | 6 |
| 4 | 我经常匆匆地赶到我所要去的地方,而很少留意沿途的事物或发生的事情。 | 1 | 2 | 3 | 4 | 5 | 6 |
| 5 | 身体上的紧张或不适只有严重到一定程度我才会注意到。 | 1 | 2 | 3 | 4 | 5 | 6 |
| 6 | 我与人第一次见面之后很快就忘了他/她的名字。 | 1 | 2 | 3 | 4 | 5 | 6 |
| 7 | 我似乎是在下意识做事——我很少意识到自己在做什么。 | 1 | 2 | 3 | 4 | 5 | 6 |
| 8 | 我总是很快把事情做完,但对所做的事缺乏真正的留意。 | 1 | 2 | 3 | 4 | 5 | 6 |
| 9 | 我太过专注于目标本身以至于无法将注意力集中到实现目标的当前行动上。 | 1 | 2 | 3 | 4 | 5 | 6 |
| 10 | 我做事时有些漫不经心而没有意识到自己在做什么。 | 1 | 2 | 3 | 4 | 5 | 6 |
| 11 | 有时别人在对我讲话时,我会同时做另外的事情,而不是专心地听他/她讲话。 | 1 | 2 | 3 | 4 | 5 | 6 |
| 12 | 我不知不觉地走到一个地方,然后纳闷自己究竟怎么来到这里的。 | 1 | 2 | 3 | 4 | 5 | 6 |
| 13 | 我发觉自己常会缅怀过去或憧憬未来。 | 1 | 2 | 3 | 4 | 5 | 6 |
| 14 | 我觉得我做事时有些心不在焉。 | 1 | 2 | 3 | 4 | 5 | 6 |
| 15 | 我吃东西时,常常狼吞虎咽,而未察觉自己正在吃些什么。 | 1 | 2 | 3 | 4 | 5 | 6 |

## 第十一章　正念、主观幸福感与大脑

版权所有引用：Brown K W, Ryan R M, 2003. The benefits of being present: mindfulness and its role in psychological well-being[J]. Journal of personality and social psychology, 84(4):822.

简体中文版信效度检验：Kong F, et al., 2016a. Brain regions involved in dispositional mindfulness during resting state and their relation with well-being[J]. Social neuroscience, 11 (4):331-343.

注：所有题目反向计分。正念得分即15个项目的分值相加。分值越高，说明正念水平越高。

## 二、正念与主观幸福感的关系现状

### （一）正念与主观幸福感的关系

正念能够作为一种人格特质。高水平正念特质的人能够关注当下的经历，意识到他们的自动反应，这让他们在面对痛苦的想法、情绪或身体感觉时保持觉察和不行动（Brown et al., 2007）。因此，具有正念特质的个体可能具有更高的幸福感。大量的研究发现，正念特质与主观幸福感存在显著的相关（e.g., Brown et al., 2009; Brown, Ryan 2003; Falkenstrom 2010; Howell et al., 2008; Schutte, Malouff, 2011）。例如，Brown 和 Ryan（2003）研究发现，正念和积极情感、生活满意度呈显著正相关，和消极情感显著呈负相关。

而且，正念训练作为一种干预手段，无论是对患有躯体或心理疾病的患者还是健康人群，都有助于减缓压力、提升个体的主观幸福感，进而促进心理健康（Falkenstrom, 2010; Fredrickson et al., 2008; Zautra et al., 2008）。研究者对22项研究进行了荟萃分析发现，正念干预可以显著地改善个体的主观幸福感，特别是生命意义感（Chu, Mak, 2020）。洛马斯等人对41项研究进行荟萃分析发现，正念干预可以显著降低医疗工作者的焦虑、抑郁和压力水平，并显著提升他们的幸福感水平（Lomas et al., 2019）。扎拉特等人对18项研究进行荟萃分析发现，正念干预可以显著改善教师群体的幸福感，特别是可以缓解他们的焦虑、抑郁、压力和倦怠感(Zarate et al.,2019)。加尔等人对34项在线正念干预研究进行荟萃分析发现,在线正念干预也是非常有效的,可以显著改善焦虑、抑郁和压力水平,并提升幸福感(Gál et al.,2021)。

(二)正念影响主观幸福感的心理机制

另外,一些研究也尝试探讨正念影响主观幸福感的机制。第一个机制是情绪智力。情绪智力主要是指个体加工和处理情绪信息和情绪性问题的能力。一些研究者认为,正念有助于个体知觉和管理情绪,因此有利于情绪能力的发展,这反过来提升了幸福感(Chambers et al.,2009;Schutte,Malouff,2011)。一些证据支持了这个假设。舒特和马卢夫(2011)发现,情绪智力在大学生正念与主观幸福感间起中介作用。王玉和孔风(2013)也发现情绪智力在中国成人群体正念与主观幸福感间的中介作用(Wang,Kong,2013)。第二个机制是自我评价。正念所倡导的是对当下体验不加评判的觉察,这种开放和接纳的态度能够减少对消极的自我信息的关注和评价,进而提高个体的积极自我评价,如自尊。所以,这种积极的自我概念使得个体对自我的态度更加积极,更容易感知到自我的能力和价值,进而能够体验到更高的幸福感。与这个观点相一致,孔风等人发现,核心自我评价中介了正念对主观幸福感的影响(Kong et al.,2014)。第三个机制是基本心理需要满足。自我决定理论认为,人们有三种最基本的心理需要,即关系需要、能力需要和自主需要,而这三种需要的实现是获得幸福感的重要途径(Deci,Ryan,2000)。瑞安等人进一步指出,提升正念是满足基本心理需要的一种重要方式(Ryan et al.,2008)。他们指出,关注当下的人可能会充分意识到内部和外部世界,这使他们可以完全投入到自己的活动中。正念的个体不会完全被习惯性和可控的行为模式所驱动。因此,他们能够改变自己,并意识到他们想要如何反应,从而来满足自主需要。这种正念觉知也允许个体超越以自我为中心的状态,意识到自我和外部世界的关系,从而满足他们的关系需要。最后,通过充分参与当下,个人可以专注于完成和享受工作,而不是评价

第十一章 正念、主观幸福感与大脑

和判断他们的工作结果,从而满足他们的能力。因此,正念可以满足这三种基本心理需要,并进一步提高个体的主观幸福感。与这相一致,基本心理需要满足能中介正念对主观幸福感的影响(Chang et al.,2015)。

## 第二节 正念影响主观幸福感的神经机制

### 一、正念的神经基础

(一)正念训练相关的研究

1. 脑功能研究

在只观察呼吸的正念任务下,5名有4年以上昆达里尼冥想(Kundalini meditation)经验的成年人在多个脑区比控制条件有更高的激活。这些脑区包括背外侧前额皮层(dlPFC)、顶叶皮层、海马或海马旁回、颞叶、前扣带皮层(ACC)和纹状体,表明正念激活了与注意、记忆和情绪调节等相关的脑结构(Lazar et al.,2000)。

采用相似的任务,研究者对15名有内观禅修经验的个体和15名无相关正念经验的个体进行研究发现,有正念经验的个体在观察呼吸正念任务中 ACC 和双侧背内侧前额皮层(dorsomedial prefrontal cortex,dmPFC)的激活水平显著高于心算任务(Hölzel et al.,2007)。

在2011年的一项研究中,研究者对10名有正念冥想经验的个体进行研究发现,正念条件下双侧前脑岛、左侧 ACC、右内侧前额皮层(mPFC)和双侧楔前叶(precuneus)的激活水平低于控制条件,而右侧后扣带皮层(PCC)的激活水平高于控制条件(Ives-Deliperi et al.,2011)。不难发现,以上这些研究得到的正念状态下,脑功能激活模式并不一致。这些研究结果的不一致可能与被试的正念经验、样本大小、实验任务不同等有关。

福克斯等人对78项与正念状态相关的功能神经影像的研究进行荟萃分析发现,脑岛、辅助运动区(SMA)、背侧前扣带皮层(dACC)和额极皮层在所有冥想方式中都有激活(Fox et al., 2016)。但是,四种常见的冥想方式(专注冥想、曼陀罗冥想、正念冥想/开放监视冥想和慈悲/仁爱冥想)也存在明确分离的脑机制。专注冥想主要与思想和行为的主动调节相关的脑区,如左辅助运动区(SMA)和背侧前扣带皮层(dACC)的激活有关,与情节记忆和概念加工相关的脑区,如内侧PCC和左下顶叶(IPL)的去激活有关。曼陀罗冥想与运动输出的计划和执行有关的脑区,包括dlPFC/左前运动皮层、SMA前部、SMA和壳核,以及视觉加工和心理表象有关的脑区,包括梭状回、楔皮层和楔前皮层的激活有关,与左前脑岛(与身体意识有关)的去激活有关。开放监视冥想与SMA、dACC、左中/前脑岛、左额下回和左SMA的激活有关,与丘脑的去激活有关。慈悲/仁爱冥想与右侧前脑岛、躯体感觉区和顶枕沟的激活有关。不过,正如福克斯及其同事所强调的,与他们的荟萃分析有关的一个关键问题是,研究设计和冥想实践经验在不同的研究中差异很大,参与者有从平均4年的经验到40年不等的冥想实践经验(Fox et al, 2016)。这种差异性可能影响了研究的结果。

2. 脑结构研究

研究发现,长期的正念训练会导致局部脑区灰质密度和皮层厚度的变化。例如,研究发现,长期的正念训练会导致前脑岛灰质密度或皮层厚度增加(Engen et al., 2018; Grant et al., 2010; Hernández et al., 2016; Hölzel et al., 2008; Lazar et al., 2005)。因为前脑岛是感觉和意识加工的重要结构,因此,长期的正念训练增强了个体对内外部躯体感觉的觉知。

海马和颞叶是与学习、记忆过程紧密相关的脑结构。研究发现,有正念经验的个体海马的灰质密度显著大于无正念经验者(Hölzel et al., 2011; Hölzel et al., 2008; Luders et al., 2009)。正念训练还会导致个体左颞下回和颞顶联合区(TPJ)灰质密度显著增大(Hölzel et al., 2008, 2011)。因为海马和颞叶是负责学习和记忆的重要脑结构,因此,正念训练可能有助于增强个体的学习和记忆能力。

## 第十一章 正念、主观幸福感与大脑

杏仁核是情绪加工的重要脑结构。研究发现,8 周的正念减压干预能够减少个体的压力知觉,并导致杏仁核灰质密度的显著降低。压力知觉与杏仁核的灰质密度呈显著的正相关(Hölzel et al.,2010)。

研究还发现,长期的正念训练可以导致前额叶皮层的灰质密度增加(Engen et al.,2018;Hernández et al.,2016;Lazar et al.,2005;Luders et al.,2009)。格兰特等人的研究发现,正念经验程度越高的个体,dACC 的皮层厚度越大(Grant et al.,2010)。因此,正念训练可能有助于增强个体的情绪调节能力。

此外,福克斯等人对 21 项与正念训练相关的结构神经影像的研究进行荟萃分析发现,长期的正念训练会导致多个脑区的结构的变化(Fox et al.,2014)。主要包括元意识相关的脑区(额极皮层)、内外部躯体感觉的觉知相关脑区(感觉皮层和脑岛)、与学习和记忆相关的脑区(海马)、与自我和情绪调节相关的脑区(扣带皮层和眶额皮层),以及半球内和半球间的交流的脑区(上纵束;胼胝体)。

3. 正念特质相关的研究

除了正念训练的研究,正念也可以被看作是一个相对稳定的人格特质。克雷斯维尔等人招募了 27 名健康个体,探讨了情感标签任务中,正念特质的神经基础(Creswell et al.,2007)。他们发现,与性别标签控制任务相比,高正念特质的个体在情感标签任务中表现出前额叶增强的活动及杏仁核减弱的活动。莫迪诺斯等人进一步考察了在负性情绪重评任务中正念特质的神经基础(Modinos et al.,2010)。他们发现,高正念特质的个体在负性情绪重评任务中表现出背内侧前额皮层的增强的活动。这些研究表明,正念可以有效提高个体的情绪调节能力,减少个体体验到的负性情绪等。韦等人的研究发现,正念特质与休息时双侧杏仁核以及自我参考加工相关脑区(如内侧前额皮层、扣带皮层、海马等)的活动呈负相关。韦等人进一步发现,当被试观看情绪面孔时,正念特质与杏仁核的激活呈正相关(Way et al.,2010)。

幸福神经科学——关于幸福的生物学

几个研究也探讨了正念特质的脑结构基础。例如,塔伦等人招募了155名健康社区个体,并要求他们完成自我报告的正念问卷(Taren et al.,2013)。结果发现,高正念特质的个体在杏仁核和尾状核有更小的灰质体积。卢焕华等人使用一个年轻成人样本($N=247$),发现高正念特质的个体在右侧海马、杏仁核以及双侧前扣带回有更大的杏仁核,而双侧的后扣带回和左侧眶额皮层有更小的灰质体积(Lu et al.,2014)。此外,弗里德尔等人在青少年群体($N=82$)发现,高正念特质的个体有更薄的右侧前脑岛(Friedel et al.,2015)。

总之,正念特质的研究相对较少。这些结果暗示,正念特质跟前脑岛、海马、前额叶和扣带回等脑结构有关,这跟正念训练的研究基本一致。

## 二、正念影响主观幸福感的神经基础

这里主要介绍笔者发表在 Social Neuroscience 上的研究,使用局部一致性探讨正念影响主观幸福感的神经基础(Kong et al.,2016b)。

### (一)研究方法

1. 被试与行为测量

290名北京师范大学在校大学生(平均年龄为21.57岁,标准差为1.01,其中127名男性)参与本实验。所有被试完成以下测量:(1)正念注意觉知量表(MAAS)用于评估特质正念水平。共15个项目,包含个体日常生活中的认知、情绪和生理等方面。采用6点计分,得分越高,表明正念水平越高。这个量表已经被发现有较好的信效度(Bao et al.,2015;Brown,Ryan,2003;Kong et al.,2014)。本研究中,其 Cronbach α 系数为0.85;(2)积极与消极情感量表(PANAS,Watson et al.,1988)被来评估被试的主观幸福感水平。这个量表包括20个题目,一半代表积极情感(如坚定),一半代表消极情感(如紧张)。被试需要回答在多大程度上他们通常体验到每种情绪状态的程度,测量个体长期的情感体验。问卷采用5点Likert计分方式(1="非常少",5="非常频繁")。PANAS已被

## 第十一章 正念、主观幸福感与大脑

发现具有跨文化的一致性,并且有较高的信效度(Crawford, Henry, 2004; Sun, Kong, 2013; Watson et al., 1988)。在本实验中,积极与消极情感子量表有较好的内部一致性, Cronbach's α 分别是 0.81 和 0.79;(3) 幸福感的实现论方面(即心理幸福感)采用 42 个项目的心理幸福感量表(Ryff et al., 2007)来评估。这个量表由 6 个维度组成(自主性、环境掌控、自我接受、与他人的积极关系、生活目标和个人成长),具有良好的信效度(Ryff, 1989, 2007)。每个维度都有 7 个项目,参与者使用 6 点李克特量表对每个项目进行回答,回答选项从非常不同意到非常同意。为了计算心理幸福感的总分,计算六个分量表的分数。分数越高表示心理幸福感越强。在本研究中,这个量表有较好的信度($\alpha = 0.92$)。

2. 脑成像数据的采集与处理

rsfMRI 数据的采集使用北京师范大学脑成像中心的西门子 3T 核磁共振扫描仪。结构像扫描采用 MPRAGE 序列,获取 128 层矢状面图像。rsfMRI 扫描采用 GRE-EPI 序列。采用 FSL 对 rsfMRI 数据进行预处理。具体步骤包括:(1)头动校正;(2)图像标准化;(3)去除线性趋势;(4)滤波(0.01—0.1 赫兹)。目的是排除生理噪音(如心跳等)的影响。然后,将每个被试的图像配准到 MNI152 标准空间(分辨率为 2×2×2 毫米)。ReHo 计算是采用肯德尔系数(KCC)对团块(本文采用 27 个体素)进行时间序列变化一致性进行度量(Zang et al., 2004)。得到每个被试的 KCC 脑。为了减少 KCC 个体差异影响,采用标准 Z 值化后的 KCC,通过对每个体素的 KCC 进行 Z 值化,把 KCC 脑进行 ReHo 图标准化。

3. 统计分析

这里使用一般线性模型探讨了心理弹性的神经机制。在这个模型中,正念特质得分作为自变量,每个体素的 ReHo 值作为因变量,年龄和性别作为干扰变量。在整个分析过程中,本研究针对每个体素进行了一次检验,因此需要进行多重比较矫正。本研究使用蒙特卡洛模拟(10 000 iterations)的方法,进行了多重比较校正。具体参数如下:10 000 simulations, 91×109×91 dimensions, 2×2×2 m³, two-sided, FWHM=6。基于这种方法,其中体素水平的阈限是0.01,团块大小的阈限是大于91.4个体素,才能保证犯一类错误的概率小于0.01。

4. 中介分析

最后,为检验正念特质如何通过调制个体的大脑影响主观幸福感,作者完成了中介分析(Preacher, Hayes, 2008)。在中介模型中,正念特质作为自变量,相关脑区的ReHo作为中介变量,主观幸福感每个维度作为因变量。采用Bootstrap法($n=5000$)进行多重中介分析检验。中介效应显著的标准为:95%的CI不包括0。

(二)结果

全脑相关分析发现,在控制年龄和性别后,正念特质与右侧脑岛(MNI坐标:36,14,−10;$r=0.22$;$z=3.64$;团块大小=920立方毫米;$p<0.01$)、左侧海马旁回(MNI坐标:−20,−32,−14;$r=0.23$;$z=3.41$;团块大小=880立方毫米;$p<0.01$)和左侧眶额皮层(MNI坐标:−24,14,−26;$r=0.21$;$z=3.86$;团块大小=768立方毫米;$p<0.01$)等三个脑区存在显著正相关。正念特质也与右侧额下回存在显著负相关(MNI坐标:60,10,28;$r=-0.26$;$z=-4.10$;团块大小=1024立方毫米;$p<0.01$)。这些结果表明,右侧脑岛、左侧眶额皮层、左侧海马旁回以及右侧额下回是正念特质的神经基础。

为了检验这几个脑区的联合作用,本研究完成了一个多元线性回归分析。因变量是正念特质得分,自变量是四个脑区的ReHo值。结果发现,所有回归系数显著($\beta=.14,-.21$, $ps<0.05$),并且这四个变量联合解释了正念特质14%的变异($R^2=0.14$; $F[4,285]=12.32$; $p<0.001$)。在年龄和性别被控制后,这些回归系数仍然显著($\beta=.12,-0.20$, $ps<0.05$)。这表明,右侧脑岛、左侧眶额皮层、左侧海马旁回以及右侧额下回能独立预测个体的正念特质。

接下来,为了考察正念特质、主观幸福感和自发脑活动的关系,本研

## 第十一章 正念、主观幸福感与大脑

究首先完成了行为的相关分析。结果发现,正念特质显著、积极情感($r=0.29, p<0.001$, FDR corrected)和心理幸福感($r=.52, p<.001$, FDR corrected)呈显著正相关,与消极情感呈显著负相关($r=-0.35, p<0.001$, FDR corrected)。然后,完成相关分析检验是否正念相关的脑区跟主观幸福感有关联。结果发现,仅仅左侧眶额皮层的 ReHo 跟积极情感呈显著相关($r=0.17, p=0.011$, FDR corrected)。仅仅额下回的 ReHo 跟心理幸福感呈显著相关($r=-0.15, p=0.030$, FDR corrected)。

为了检验正念特质在眶额皮层与积极情感和心理幸福感间的作用,本研究对正念特质,积极情感/心理幸福感和脑区进行了中介分析。中介分析发现,左侧眶额皮层的 ReHo 通过正念特质影响积极情感的中介效应是显著的,95% 的 CI 为 [0.02, 0.11]。左额下回的 ReHo 通过正念特质影响心理幸福感的中介效应也是显著的,95% 的 CI 为 [-0.21, -0.08](如图 11-1 所示)。

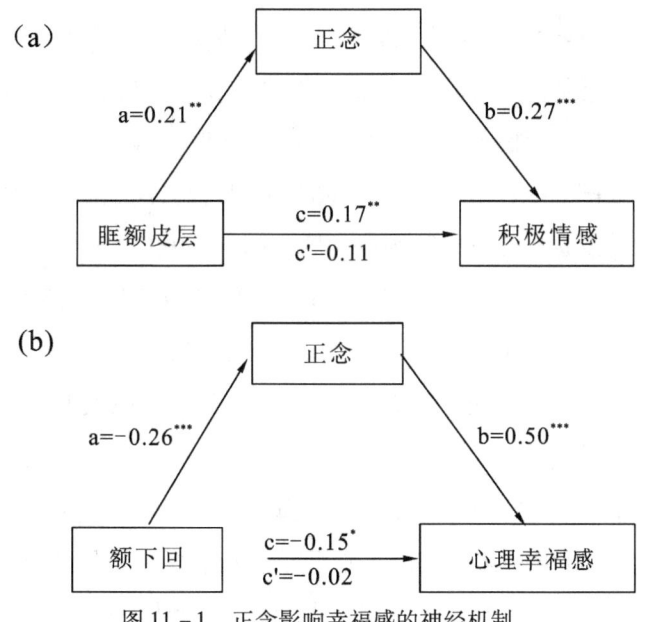

图 11-1 正念影响幸福感的神经机制

资料来源:Brain regions involved in dispositional mindfulness during resting state and their relation with well-being。

另外,为了检验脑区是否可以中介正念特质和积极情感/心理幸福感的关系,作者也完成了另外两个中介分析。结果发现,95% 的 CI 包括 0,表明中介不显著。综上,正念特质能中介左侧眶额皮层的 ReHo 对积极情感的影响,并中介额下回的 ReHo 对心理幸福感的影响。

### (三)讨论

该研究首次通过大样本脑与行为的相关分析,考察了正念特质影响主观幸福感的神经机制。结果发现,正念特质与右侧脑岛、左侧眶额皮层、左侧海马旁回的 ReHo 存在显著的正相关,与右侧额下回的 ReHo 存在显著负相关,表明这些脑区是正念特质的功能神经基础。进一步中介分析发现,正念特质中介了左侧眶额皮层的 ReHo 与积极情感之间的关系。这些结果表明,左侧眶额皮层是心理弹性影响主观幸福感的神经基础。这些研究为正念特质影响主观幸福感的神经机制提供了初步的证据,并强调左侧眶额皮层在二者关系中的重要作用。

首先,正念特质与右侧脑岛、左侧眶额皮层、左侧海马旁回以及右侧额下回的相关结果与先前的结果是一致的。这些研究发现,状态(正念训练)和特质正念跟脑岛(Hölzel et al.,2008;Lazar et al.,2005;Lutz et al.,2013;Murakami et al.,2012;Zeidan et al.,2011)、眶额皮层(Klimecki et al.,2012;Luders et al.,2009;Zeidan et al.,2011)、海马旁回(Leung et al.,2013;Murakami et al.,2012;Lazar et al.,2000)以及额下回(Ding et al.,2015;Hasenkamp et al.,2012;Lee et al.,2012;Manna et al.,2010;Mascaro et al.,2013;Tang et al.,2013)的灰质结构以及脑活动有关。因此,这可能意味着状态和特质正念有着共享的神经机制。另外,在低正念特质中右侧脑岛、左侧眶额皮层、左侧海马旁回降低的自发脑活动可能反映了这些脑区降低的认知功能。在低正念特质中额下回增强的自发脑活动可能反映了神经可塑性的重组机制,或是抑制机制的破坏。未来的研究需要进一步研究 ReHo 的生理意义,从而能更精确地解释当前研究结果的方向性。

## 第十一章 正念、主观幸福感与大脑

重要的是,当前研究发现,右侧脑岛、左侧眶额皮层、左侧海马旁回以及右侧额下回等四个脑区能独立地预测正念特质,表明这些脑区可能通过不同的认知过程影响正念特质。首先,眶额皮层已经被发现参与调节情感反应(Rolls,Grabenhorst,2008;Zeidan et al.,2011)以及编码疼痛或快乐的奖赏价值(Kringelbach,2010;Leknes,Tracey,2008;O'Doherty et al.,2001;Peters,Büchel,2010)。因此,眶额皮层的参与可能反映了奖赏加工或快乐体验(即积极情感)(O'Doherty et al.,2001;Peters,Büchel,2010)。其次,大量的证据表明,右侧额下回参与反应抑制和注意控制(Aron et al.,2003,2004;Hampshire et al.,2010)。行为研究已经表明,正念与反应抑制和注意控制存在显著相关(Chambers et al.,2008;Heeren et al.,2009)。因此,反应抑制和注意控制可能是获得高水平正念的重要作用机制。第三,海马旁回是大脑默认网络(default mode network,DMN;Buckner et al.,2008;Fair et al.,2008)的一个重要节点,已被发现参与自我参照的加工,如自我评价、自传体记忆提取等(Levine et al.,2004;Masaoka et al.,2012;Northoff et al.,2006;Pauly et al.,2012)。这与行为研究一致。行为研究发现,在正念训练后个体会有自我概念的改变,如更积极自我表征或高的自我接受。因此,海马旁回的参与可能有助于自我视角的改变。最后,脑岛主要参与了内感作用、身体意识和情绪意识(Craig,2009;Singer et al.,2009)。行为研究发现,正念个体报告有更好的身体意识能力(Hölzel et al.,2011)。这些功能跟正念强调对内部体验的集中也是一致的。所有这些脑区的功能跟 Hölzel 等人(2011)提出的正念的心理机制的理论相一致。根据这个理论,正念通过执行注意、身体意识、情绪加工和自我视角的改变等四个方面对心理健康起作用。

这一研究还发现,左侧眶额皮层的自发脑活动通过正念特质间接影响个体的积极情感。这个结果与以往的研究是一致的(Klimecki et al.,2013)。他们发现,怜悯训练能诱发眶额皮层的活动,并增加对他人痛苦的积极情感反应。先前的研究已经发现眶额皮层参与积极情感。例如,

### 幸福神经科学——关于幸福的生物学

维尔伯恩等人发现,更大的眶额皮层的灰质体积与更好的积极情绪的表达,而不是消极情绪的表达有关(Welborn et al. ,2009)。另外,一些特质情感相关的测量也被发现与眶额皮层的灰质结构或大脑激活存在显著关联(Cremers et al. ,2011;Mobbs et al. ,2005;Omura et al. ,2005;Rauch et al. ,2005)。已有研究发现,眶额皮层参与奖赏价值、期望奖赏价值以及食物和其他强化物的主观愉悦度的加工,所有这些功能对于快乐体验是至关重要的(Gottfried et al. ,2003;Kringelbach,2010;O'Doherty et al. ,2001;Peters,Büchel,2010)。因此,眶额皮层的参与可能有助于个体更高的快乐体验的加工能力,进而有助于个体获得更高的积极情感体验。

另一方面,额下回中的 ReHo 显著预测了心理幸福感,并且这一关系完全被正念所解释。首先,这一结果表明,额下回在幸福感中起着重要作用,这与以前探索心理幸福感的神经基础的研究是一致的。例如,研究发现,心理幸福感与对情感刺激的反应中前额皮层的激活程度有关(Heller et al. ,2013;van Reekum et al. ,2007)。其次,这一结果表明,正念特质可能是解释额下回对心理幸福感影响的一个潜在机制。以前的研究发现,与相关正念的这一脑区参与反应抑制和注意控制(Aron et al. ,2003,2004;Hampshire et al. ,2010)。而这些与额下回相关的功能对于个体追求目标和建立社会联系具有重要作用,因而导致高水平的幸福感。

本研究也存在几个局限。首先,本研究群体仅仅是大学生,这可能限制了本研究结论的推广。其次,本研究主观幸福感的测量主要积极和消极情感量表,因此主观幸福感的认知成分并没有考察。再次,这个研究是横断研究,无法推断这些变量间的因果关系。未来可采用干预研究或纵向研究进一步揭示这些变量的因果关系。

总之,本研究使用 ReHo 的方法,发现右侧脑岛、左侧眶额皮层、左侧海马旁回以及右侧额下回的自发脑活动与正念特质有关,这有助于理解正念特质的功能神经基础。更重要的是,本研究发现左侧眶额皮层是正念特质影响情绪幸福感的神经机制,而额下回是正念影响心理幸福感的神经机制。

# 第十二章　幸福的误区及其未来展望

## 第一节　幸福的研究取向

在本书中,不难发现,大部分章节都集中在幸福感这一概念上。因为本书将幸福定义为"个体基于自己的内在标准对其生活质量的整体性评估,它是对生活满意度、情绪状态以及个人机能完善的一种综合评价"。也就是说,幸福是一种主观感受或体验。因此,当我们探讨幸福时,常常在"幸福"一词后面加上"感"。然而,常常存在这样一个误区,人们会将幸福和幸福感等同。实际上,幸福和幸福感是不同的概念。在文献中,除了将幸福作为一种感受或体验外,幸福还可以通过以下几种取向来进行研究。

### 一、动机取向

动机是激发和维持有机体的行动,并将使行动导向某一目标的心理倾向或内部驱力。在日常生活中,人们参与某些行为一定带有某种目的。例如,有些人参与日常活动是为了寻求快乐;有些人参与日常活动是为了寻求放松;有些人参与日常活动是为了寻求个人成长;有些人参与日常活动是为了获得意义。因此,幸福是一种追求,而且不同的人可以持有不同的幸福动机。基于快乐主义和实现主义,研究者将幸福动机分为享乐动机和实现动机两种,并编制了活动中的享乐和实现动机量表(Hedonic and Eudaimonic Motives for Activities,HEMA,见表12-1)来测量两种动机(Huta,Ryan,2010)。前者认为幸福是通过追求愉悦、快乐和舒适达成的,而后者认为幸福就是通过充分发挥个人潜能,成为更好的自己来达成的。

**表12-1　享乐和实现动机量表**

指导语:不管你是否真的达成了目标,都请在1到7点量表上评价你通常在多大程度上使用以下每种意图/动机参与你通常的活动。1代表根本没有,7代表经常(变化趋势由无到有,程度由弱到强)。请您在最符合您情况的选项下直接打"√"。

|  | 1 根本没有————7 经常使用 |
| --- | --- |
| 1.寻求放松。 | 1　2　3　4　5　6　7 |
| 2.寻求发展技能,学习或深入了解事物。 | 1　2　3　4　5　6　7 |
| 3.寻求做你相信的事。 | 1　2　3　4　5　6　7 |
| 4.寻求快乐。 | 1　2　3　4　5　6　7 |
| 5.追求卓越或个人理想。 | 1　2　3　4　5　6　7 |
| 6.寻求享受。 | 1　2　3　4　5　6　7 |
| 7.寻求轻松。 | 1　2　3　4　5　6　7 |
| 8.寻求发挥最好的自己。 | 1　2　3　4　5　6　7 |
| 9.寻求乐趣。 | 1　2　3　4　5　6　7 |
| 10.寻求为他人或周围世界做贡献。 | 1　2　3　4　5　6　7 |

版权所有引用:Huta V,Ryan R M,2010. Pursuing pleasure or virtue: The differential and overlapping well-being benefits of hedonic and eudaimonic motives[J]. Journal of happiness studies,11(6):735-762.

简体中文版信效度检验:LI W,et al.,2021. Validation of the hedonic and eudaimonic motives for activities-revised scale in chinese adults[J]. International journal of environmental research and public health,18(8):3959.

注:其中,第1、4、6、7、9题为享乐动机,第2、3、5、8、10为实现动机。

## 二、行为取向

幸福也可以表现为人们追求幸福过程中所做出的各种活动或行为方

## 第十二章　幸福的误区及其未来展望

式。例如,玩电子游戏、听动听的歌曲、和家人聚会、吃一顿美味佳肴和帮助朋友度过难关等活动都是可以带来幸福的活动。Steger 等人探讨了日常的幸福活动和幸福感的关系(Steger et al.,2008)。他们将幸福活动分为两大类。一类是享乐主义的活动,如看一部纯粹娱乐的电影、看电视或玩视频游戏放松、花时间听音乐和喝得酩酊大醉等。另一类是实现主义的活动,如参与志愿活动、把钱给需要帮助的人、表达对他人的感激之情和追求有挑战性的目标等。研究结果发现,相比享乐主义的活动,实现主义的活动与幸福感有更强的关联。

**三、观念取向**

幸福观念(或幸福观)是人们对幸福持有的观念或看法。这种观念会受到环境和文化的影响。中国传统文化以儒佛道三家为主体,文化视角不同,幸福观也各有侧重。例如,儒家幸福观强调德性幸福,认为人如果没有德性和美德,就不会幸福,即幸福在于善行。道家幸福观强调,万物的本然状态是最好的状态,能顺其自然之性就能得到最大的幸福。佛家幸福观认为,人生没有绝对永恒的幸福,所有在世的生活都是受苦的,唯有达到"涅槃"后才能真正超脱。受到这些传统文化的熏陶和影响,人们便会对幸福持有自己的看法。例如,有些人认为幸福就是知足常乐;有些人认为幸福是个人的成就;有些人认为不幸福只是自己不够努力;有些人认为幸福是比较脆弱的,很容易失去;有些人认为家人平安才是幸福;有些人认为幸福就是先天下之忧而忧,后天下之乐而乐。研究发现,人们持有的这些关于幸福的观念会影响个体能否获得幸福感。例如,相较于那些认为幸福很难改变的人,那些认为可以通过努力改变幸福的人有着更高的幸福感(Howell et al.,2016)。

幸福动机、幸福活动或行为、幸福观念也被证实是影响幸福感的重要内在因素。但是,由于幸福神经科学刚处于发展初期,这些概念并没有在幸福神经科学中充分探讨。如果我们能从不同的取向来探讨幸福的机制,那么对幸福的理解可能就更加深刻。

## 第二节 幸福神经科学的未来展望

通过前几章可知,在我们的大脑中,存在一个幸福中枢,但这个中枢并不只有一个脑区,而是与包括默认网络、社会认知网络以及边缘系统等相关的多个脑区有关。重要的是,每种积极个人品质有其特定的神经基础,这些神经基础差异地影响个体的幸福感。尽管幸福神经科学取得了一定的研究进展,但它仍然是一门新兴的、综合性的学科,未来还有很多方面值得进一步探讨和研究。

### 一、进一步厘清幸福感的内涵

目前,学术界对于幸福感的内涵并没有统一的答案。不同领域的学者根据自己对于幸福的理解,提出了很多不同的观点。因此,产生了很多不同的术语来表示幸福感,如主观幸福感、心理幸福感、社会幸福感、认知幸福感、情绪幸福感、享乐幸福感、实现幸福感、心盛感、意义感、生活质量、幸福指数、积极心理健康等等。那么,如果对这些指标进行统一,是否可以发展出一个综合的幸福感指标?幸福感的综合指标与不同维度之间是怎样的关系?它们是否具有不同的表现和神经基础?只有厘清幸福感的内涵,才能更好地理解幸福的本质。

### 二、开发可靠的幸福感测量工具

幸福神经科学主张对幸福进行科学而系统的测量,只有对幸福进行准确的测量,人们才能更好地了解幸福的基本规律和机制,更有效地协调内外部的资源来满足自身对于幸福的渴求。尽管目前已经取得了一定的进展,但在幸福感指标方面还存在一定的分歧,导致出现了各种各样的测量工具(McDowell,2010)。并且由于采用的测量工具不同,研究者往往会

## 第十二章 幸福的误区及其未来展望

得出不同的研究结论。因此,学界急需开发出可靠、准确的幸福感测量工具,从而推动幸福神经科学的研究发展。

### 三、使用新技术研究幸福感

核磁共振成像等技术的发展极大地促进了幸福神经科学的进展。未来具有更高时空分辨率的神经成像技术的研发将会进一步提升人们对幸福的认识。另外,能够实时监控神经递质活动和基因表达的技术,对于理解幸福感的神经机制也具有重要意义。此外,开发能够实时记录人们日常生活中神经活动的工具,将有助于增强幸福研究结果的生态效度和推广性。

### 四、开展多样群体的幸福感研究

幸福神经科学研究经常使用脑电图、核磁共振成像等脑成像设备,这些设备多安放在大学和研究机构,由于便携性低或不易移动等原因,已有的幸福认知神经科学研究多以方便取样,如以学生群体为样本开展。由于学生群体和其他群体处于不同的发展阶段,他们在认知、情感和社会等方面存在着明显的不同。因此,幸福的发生机制对其他群体是否也同样适用,还需要进一步验证。

### 五、继续探索有效的幸福感改善方法

对幸福感的基本规律和机制进行研究的重要目的之一,就是寻找提升人类幸福感的新技术和新方法。在第一章中,笔者已经介绍了11种有效提升幸福感的干预策略。那么,多种干预策略结合是否能产生更好的干预效果、更长的保持时间以及更广泛的迁移效应,这是非常值得研究的问题。另外,神经干预技术已被证实可以改善脑功能。例如,经颅直流磁刺激(tDCS)能够改善个体的感恩水平(Wang et al.,2017a)。如果这些研究发现被认为是可靠且可以重复,那么神经干预的方法在幸福感干预

中将起到重要作用。

## 六、开展中国本土化研究

目前,主流的幸福感研究多是在西方的研究框架下开展的工作。特定的文化和生物因素不但会影响当地民众的心理与行为,而且还会影响当地研究者的问题、理论与方法。从这个角度来讲,西方的幸福研究是一种本土研究,是从自己社会、文化、历史及种族的特征中直接演化而来。因此,未来国内的幸福感研究既要借鉴西方的研究方法和研究成果,又要借助中国本土研究中的有益资源,结合当代社会历史文化氛围,深入研究文化历史对幸福感的影响,并开发本土化的幸福感干预策略。这不仅具有非常重要的现实意义,也有助于健康中国计划的实施。

# 参考文献

蔡华俭,2003.内隐自尊效应及内隐自尊与外显自尊的关系[J].心理学报,35(6):796-801.

陈灿锐,等,2009.成人素质希望量表的信效度检验[J].中国临床心理学杂志,17(1):24-26.

弗雷德里克森,2010.积极情绪的力量[M].王珺,译.北京:中国人民大学出版社.

傅俏俏,等,2012.压力性生活事件对青少年主观幸福感的影响机制[J].心理发展与教育,28(5):516-523.

甘雄,朱从书,2010.大学生主观幸福感与生活事件的相关研究[J].医学与社会,23(8):75-77.

耿晓伟,郑全全,2008.自尊对主观幸福感预测的内隐社会认知研究[J].中国临床心理学杂志,16(3):243-246.

胡关娟,等,2011.当代农民工感知社会支持,自尊和主观幸福感的关系[J].心理科学,34(6):1414-1421.

黄文娟,2017.中西方幸福观比较研究[J].怀化学院学报,36(6):75-79.

加扎尼加,等,2013.认知神经科学:关于心智的生物学[M].周晓林,高定国,译.北京:中国轻工业出版社.

卡尔,2013.积极心理学:有关幸福和人类优势的科学[M].丁丹,译.北京:中国轻工业出版社.

**幸福神经科学——关于幸福的生物学**

孔德生,蔡丽,2010.关于"幸福"的中西方哲学探讨[J].理论探讨(6):156-158.

孔德生,等,2007.贫困大学生自尊,自我控制及一般自我效能感与主观幸福感的关系[J].中国行为医学科学,16(1):60-61.

孔凤,等,2012.大学生的社会支持,孤独及自尊对主观幸福感的作用机制研究[J].心理科学,35(2):408-411.

李佳,冯正直,2007.离退休老干部主观幸福感,自尊和社会支持关系研究[J].中国健康教育,23(7):493-495.

李英,等,2009.正念禅修在心理治疗和医学领域中的应用[J].心理科学,32(2):397-398.

梁虹,等,2016.青少年自我控制双系统与网络成瘾的关系研究[J].中国全科医学,19(9):1076-1080.

梁晓燕,汪岑,2018.留守儿童情绪智力对幸福感的影响:情绪体验及心理健康的中介作用[J].中国临床心理学杂志,26(2):387-390.

刘启刚,等,2011.自我效能感对青少年情绪调节的影响机制[J].中国特殊教育,12:82-86.

罗涛,等,2021.简式自我控制量表中文版的信效度检验[J].中国临床心理学杂志,29(1):83-86.

苗元江,2009.心理学视野中的幸福:幸福感理论与测评研究[M].天津:天津人民出版社.

欧阳益,等,2016.动机在特质自我控制与主观幸福感关系中的作用与影响[J].心理科学,39(1):137-143.

彭凯平,等,2011.幸福科学:问题,探索,意义及展望[J].清华大学学报:哲学社会科学版,26(6):116-124.

邱林,郑雪,2013.人格特质影响主观幸福感的研究述评[J].自然辩证法通讯,35(5):109-114.

沈政,等,2014.认知神经科学导论[M].北京:北京大学出版社.

# 参考文献

苏志强,等,2012.大学生公正世界信念和亲社会倾向的关系研究[J].中华行为医学与脑科学杂志,21(5):433-435.

孙汇鑫,张方玉,2021.从"孔颜之乐"到"君子三乐":儒家德性幸福的现代生活化启示[J].延边党校学报(5):23-27.

孙圣涛,卢家楣,2000.自我意识及其研究概述[J].心理学探新,1:17.

宛燕,等,2010.SWB和PWB:两种幸福感取向的整合研究[J].心理与行为研究(3):190-194.

汪芬,黄宇霞,2011.正念的心理和脑机制[J].心理科学进展,19(11):1635-1644.

汪向东,等,1999.心理卫生评定量表手册 增订版[M].北京:中国心理卫生杂志社.

王极盛,丁新华,2003.初中生主观幸福感与生活事件的关系研究[J].心理与行为研究,1(2):96-99.

温娟娟,2012.生活定向测验在大学生中的信效度[J].中国心理卫生杂志,26(4):305-309.

吴九君,郑日昌,2008.心智觉知干预述评[J].中国心理卫生杂志,22(2):148-151.

肖倩,等,2013.希望和乐观——两种未来指向的积极预期[J].心理科学,36(6):1504-1509.

谢东杰,等,2014.青少年自我控制双系统量表中文版的效度和信度[J].中国心理卫生杂志,28(5):386-391.

谢家树,等,2014.初中生生活事件与生活满意度的关系:心理弹性的中介作用[J].中国临床心理学杂志,22(4):676-679.

徐维东,等,2005.自尊与主观幸福感关系研究[J].心理科学,28(3):562-565.

严标宾,等,2003.社会支持对大学生主观幸福感的影响[J].应用心理学,9(4):22-28.

严标宾,等,2011.大学生社会支持对主观幸福感的影响机制:自我控制及抑郁的中介作用[J].心理科学,34(2):471-475.

严标宾,郑雪,2006.大学生社会支持,自尊和主观幸福感的关系研究[J].心理发展与教育,22(3):60-64.

杨娟,等,2011.特里尔社会应激测试(TSST)对唾液皮质醇分泌的影响[J].心理学报,43(4):403-409.

尹可丽,何嘉梅,2012.简版心理健康连续体量表(成人版)的信效度[J].中国心理卫生杂志,26(5):388-392.

张岗英,董倩,2016.员工情绪智力与主观幸福感:获益支持与情绪劳动策略的中介作用[J].心理与行为研究,14(5):657-661.

张卫东,2007.生物心理学[M].上海:上海社会科学院出版社.

张远兰,等,2009.自尊,社会支持与离退休老干部主观幸福感关系的追踪研究[J].中国健康教育,25(7):519-521.

郑和钧,2004.论自我意识与自我教育[J].中国教育学刊(5):4-7.

郑雪,等,2004.幸福心理学[M].广州:暨南大学出版社.

ABBOTT R A,et al.,2008.The relationship between early personality and midlife psychological well-being:Evidence from a UK birth cohort study[J].Social psychiatry and psychiatric epidemiology,43(9):679-687.

ABDEL-KHALEK A,SNYDER C,2007.Correlates and predictors of an Arabic translation of the Snyder Hope Scale[J].Journal of positive psychology,2(4):228-235.

ABOUSERIE R,1994.Sources and levels of stress in relation to locus of control and self esteem in university students[J].Educational psychology,14(3):323-330.

ABU-AKEL A,SHAMAY-TSOORY S,2011.Neuroanatomical and neurochemical bases of theory of mind[J].Neuropsychologia,49(11):2971-2984.

# 参考文献

ADELSTEIN J S, et al. , 2011. Personality is reflected in the brain's intrinsic functional architecture[J]. PloS one,6(11):e27633.

ADLER M G, FAGLEY N S, 2005. Appreciation: Individual differences in finding value and meaning as a unique predictor of subjective well-being [J]. Journal of personality,73(1):79-114.

ADLER N E, et al. , 2000. Relationship of subjective and objective social status with psychological and physiological functioning: Preliminary data in healthy, white women[J]. Health psychology,19(6):586.

AHARON I, et al. , 2001. Beautiful faces have variable reward value: fMRI and behavioral evidence[J]. Neuron,32(3):537-551.

AHERN N R, et al. ,2006. A review of instruments measuring resilience[J]. Issues in comprehensive pediatric nursing,29(2):103-125.

ALGOE S B, et al. , 2008. Beyond reciprocity: gratitude and relationships in everyday life[J]. Emotion,8(3):425-429.

ALKOZEI A, et al. ,2018. Gratitude and subjective well-being: A proposal of two causal frameworks[J]. Journal of happiness studies,19(5):1519-1542.

ALLEMAND M, et al. , 2019. Self-control development in adolescence predicts love and work in adulthood[J]. Journal of personality and social psychology,117(3):621-634.

ALLISON P J, et al. , 2000a. A prospective investigation of dispositional optimism as a predictor of health-related quality of life in head and neck cancer patients[J]. Quality of life research,9(8):951-960.

ALLISON T, et al. , 2000b. Social perception from visual cues: Role of the STS region[J]. Trends in cognitive sciences,4(7):267-278.

AMFT M, et al. , 2015. Definition and characterization of an extended social-affective default network[J]. Brain structure and function,220(2):1031

–1049.

ANDREW F M, WITHEY S B, 1976. Social indicators of well-being[M]: New York: Plenum Press.

ANTICEVIC A, et al., 2012. The role of default network deactivation in cognition and disease[J]. Trends in cognitive sciences, 16(12): 584–592.

ARAMPATZI E, et al., 2020. The role of positive expectations for resilience to adverse events: Subjective well-being before, during and after the Greek bailout referendum[J]. Journal of happiness studies, 21(3): 965–995.

ARNAU R C, et al., 2007. Longitudinal effects of hope on depression and anxiety: A latent variable analysis[J]. Journal of personality, 75(1): 43–64.

ARON A R, et al., 2004. Inhibition and the right inferior frontal cortex[J]. Trends in cognitive sciences, 8(4): 170–177.

ARON A R, et al., 2014. Inhibition and the right inferior frontal cortex: one decade on[J]. Trends in cognitive sciences, 18(4): 177–185.

ASHBURNER J, 2007. A fast diffeomorphic image registration algorithm[J]. Neuroimage, 38(1): 95–113.

ASHBY F G, ISEN A M, 1999. A neuropsychological theory of positive affect and its influence on cognition[J]. Psychological review, 106(3): 529–550.

ASHTON‐JAMES C E, CHEMKE-DREYFUS A, 2019. Can orthognathic surgery be expected to improve patients' psychological well-being? The challenge of hedonic adaptation[J]. European journal of oral sciences, 127(3): 189–195.

AU A, et al., 2009. Social support and well-being in dementia family caregivers: The mediating role of self-efficacy[J]. Aging & mental health, 13(5): 761–768.

# 参考文献

AUGUSTO LANDA J M, et al. , 2010. Emotional intelligence and personality traits as predictors of psychological well-being in Spanish undergraduates [J]. Social behavior and personality, 38(6): 783 – 793.

BAER R A, 2003. Mindfulness training as a clinical intervention: A conceptual and empirical review [J]. Clinical psychology: Science and practice, 10(2): 125 – 143.

BAER R A, et al. , 2004. Assessment of mindfulness by self-report: The Kentucky inventory of mindfulness skills [J]. Assessment, 11(3): 191 – 206.

BAER R A, et al. , 2006. Using self-report assessment methods to explore facets of mindfulness [J]. Assessment, 13(1): 27 – 45.

BAILEY T C, et al. , 2007. Hope and optimism as related to life satisfaction [J]. Journal of positive psychology, 2(3): 168 – 175.

BAJAJ B, PANDE N, 2016. Mediating role of resilience in the impact of mindfulness on life satisfaction and affect as indices of subjective well-being [J]. Personality and individual differences, 93: 63 – 67.

BALER R D, VOLKOW N D, 2006. Drug addiction: the neurobiology of disrupted self-control [J]. Trends in molecular medicine, 12(12): 559 – 566.

BANDURA A, 1977. Self-efficacy: Toward a Unifying Theory of Behavioral Change [J]. Psychological review, 84(2): 191 – 215.

BANDURA A, 2010. Self-efficacy. The Corsini encyclopedia of psychology [M]: John Wiley & Sons, Inc.

BANGEN K J, et al. , 2014. Brains of optimistic older adults respond less to fearful faces [J]. The journal of neuropsychiatry and clinical neurosciences, 26(2): 155 – 163.

BAO X, et al. , 2015. Dispositional mindfulness and perceived stress: The role of emotional intelligence [J]. Personality and individual differences, 78:

48 – 52.

BARBER A D, CARTER C S, 2005. Cognitive control involved in overcoming prepotent response tendencies and switching between tasks[J]. Cerebral cortex, 15(7): 899 – 912.

BAR – ON R, 1997. Bar – On emotional quotient inventory (EQ – I): Technical Manual[M]. Toronto: Multi-health Systems.

BAR – ON R, 2000. Emotional and social intelligence: Insights from the Emotional Quotient Inventory[M]. In BAR – ON R, PARKER J D A (Eds.), The handbook of emotiona intelligence. San Francisco, CA: Jossey-Bass: 363 – 388.

BAR – ON R, et al., 2003. Exploring the neurological substrate of emotional and social intelligence[J]. Brain, 126(8): 1790 – 1800.

BARRETT L F, et al., 2007. The experience of emotion[J]. Annual Review of Psychology, 58: 373 – 403.

BARTONE P T, 2007. Test-retest reliability of the dispositional resilience scale-15, a brief hardiness scale[J]. Psychological reports, 101(3): 943 – 944.

BARTONE P T, et al., 1989. The impact of a military air disaster on the health of assistance workers[J]. Journal of Nervous and mental disease, 177(6): 317 – 328.

BASTIAN V A, et al., 2005. Emotional intelligence predicts life skills, but not as well as personality and cognitive abilities[J]. Personality and individual differences, 39(6): 1135 – 1145.

BAUMEISTER R F, 2010. The self[M]. In FISKE S T, et al. (Eds.), The handbook of social psychology. New York: Oxford University Press: 680 – 740.

BAUMEISTER R F, VOHS K D. 2007, Self-Regulation, ego depletion, and motivation[J]. Social and personality psychology compass,1(1),115 – 128.

BAUMEISTER R F,et al. ,2007. The strength model of self-control[J]. Current directions in psychological science,16(6):351 – 355.

BEATY R E,et al. ,2018. Brain networks of the imaginative mind:Dynamic functional connectivity of default and cognitive control networks relates to openness to experience[J]. Human brain mapping,39(2):811 – 821.

BEATY R E,et al. ,2016. Personality and complex brain networks:The role of openness to experience in default network efficiency[J]. Human brain mapping,37(2):773 – 779.

BEER J S,2007. The default self:Feeling good or being right? [J]. Trends in cognitive sciences,11(5):187 – 189.

BEHNIA B,et al. ,2014. Differential effects of intranasal oxytocin on sexual experiences and partner interactions in couples[J]. Hormones and behavior,65(3):308 – 318.

BELIN P,et al. ,2004. Thinking the voice:neural correlates of voice perception[J]. Trends in cognitive sciences,8(3):129 – 135.

BERGOMI C,et al. ,2013. Measuring mindfulness:first steps towards the development of a comprehensive mindfulness scale[J]. Mindfulness,4(1):18 – 32.

BERRIDGE K C,et al. ,2010. The tempted brain eats:pleasure and desire circuits in obesity and eating disorders[J]. Brain research,1350:43 – 64.

BERRIDGE K C, KRINGELBACH M L. 2008. Affective neuroscience of pleasure:Reward in humans and animals[J]. Psychopharmacology,199(3):457 – 480.

BERRIDGE K C, KRINGELBACH M L,2013. Neuroscience of affect:Brain mechanisms of pleasure and displeasure[J]. Current Opinion in Neurobiology,23(3):294-303.

BERRIDGE K C, et al. , 2009. Dissecting components of reward:' liking', ' wanting', and learning[J]. Current opinion in pharmacology,9(1):65-73.

BHATTACHARYYA M R, et al. ,2008. Depressed mood, positive affect, and heart rate variability in patients with suspected coronary artery disease [J]. Psychosomatic medicine,70(9):1020-1027.

BINDER J R, et al. ,1996. Function of the left planum temporale in auditory and linguistic processing[J]. Brain,119(4):1239-1247.

BING X, et al. ,2013. Alterations in the cortical thickness and the amplitude of low-frequency fluctuation in patients with post-traumatic stress disorder [J]. Brain Research,1490:225-232.

BISHOP S R, et al. , 2004. Mindfulness: A proposed operational definition [J]. Clinical psychology:science and practice,11(3):230-241.

BISWAL B, et al. ,1995. Functional connectivity in the motor cortex of resting human brain using echo - planar MRI[J]. Magnetic tesonance in medicine,34(4):537-541.

BISWAL B B,2012. Resting state fMRI:A personal history[J]. Neuroimage,62(2):938-944.

BLAKEMORE S-J,2008. The social brain in adolescence[J]. Nature reviews neuroscience,9(4):267-277.

BLOCK J,KREMEN A M,1996. IQ and ego-resiliency:conceptual and empirical connections and separateness[J]. Journal of personality and social psychology,70(2):349-361.

BOALS A, et al. ,2011. The relationship between self-control and health:The mediating effect of avoidant coping[J]. Psychology & health,26(8):1049-1062.

# 参考文献

BOLGER N, SCHILLING E A, 1991. Personality and the problems of everyday life: The role of neuroticism in exposure and reactivity to daily stressors [J]. Journal of personality, 59(3): 355 – 386.

BOLGER N, ZUCKERMAN A. 1995. A framework for studying personality in the stress process [J]. Journal of personality and social psychology, 69(5): 890 – 902.

BONNELLE V, et al., 2012. Salience network integrity predicts default mode network function after traumatic brain injury [J]. Proceedings of the national academy of sciences, 109(12): 4690 – 4695.

BORA E, et al., 2012. Gray matter abnormalities in major depressive disorder: a meta – analysis of voxel based morphometry studies [J]. Journal of affective disorders, 138(1 – 2): 9 – 18.

BOTVINICK M, BRAVER T, 2015. Motivation and cognitive control: from behavior to neural mechanism [J]. Annual review of psychology, 66(1): 83 – 113.

BOUCHARD T J, LOEHLIN J C, 2001. Genes, evolution, and personality [J]. Behavior genetics, 31(3): 243 – 273.

BOYATZIS R E, et al., 2000. Clustering competence in emotional intelligence: Insights from the Emotional Competence Inventory (ECI) [M]. In BAR – ON R, PARKER J D A (Eds.), Handbook of emotional intelligence. San Francisco: Jossey – Bass: 343 – 362.

BOZOGLAN B, et al., 2013. Loneliness, self-esteem, and life satisfaction as predictors of Internet addiction: A cross-sectional study among Turkish university students [J]. Scandinavian journal of psychology, 54(4): 313 – 319.

BRADBURN N M, 1969. The structure of psychological well-being [M]. Chicago: Aldine.

BRASSEN S, et al. , 2008. Ventromedial prefrontal cortex processing during emotional evaluation in late-life depression: A longitudinal functional magnetic resonance imaging study[J]. Biological psychiatry, 64(4): 349 - 355.

BREWER J A, et al. , 2011. Meditation experience is associated with differences in default mode network activity and connectivity[J]. Proceedings of the national academy of sciences, 108(50):20254 - 20259.

BROMLEY E, et al. , 2006. Personality strengths in adolescence and decreased risk of developing mental health problems in early adulthood[J]. Comprehensive psychiatry, 47(4):315 - 324.

BROWN K W, RYAN R M, 2003. The benefits of being present: Mindfulness and its role in psychological well-being[J]. Journal of personality and social psychology, 84(4):822 - 848.

BROWN K W, et al. , 2007. Mindfulness: Theoretical foundations and evidence for its salutary effects[J]. Psychological inquiry, 18(4):211 - 237.

BROWN S M, et al. , 2006. Neural Basis of Individual Differences in Impulsivity: Contributions of Corticolimbic Circuits for Behavioral Arousal and Control[J]. Emotion, 6(2):239 - 245.

BRUININKS P, MALLE B F, 2005. Distinguishing hope from optimism and related affective states[J]. Motivation and emotion, 29(4):324 - 352.

BRYANT F B, CVENGROS J A. 2004. Distinguishing hope and optimism: Two sides of a coin, or two separate coins? [J]. Journal of social and clinical psychology, 23(2):273 - 302.

BUCKNER R L, et al. , 2008. The brain's default network: anatomy, function, and relevance to disease[J]. Annals of the New York Academy of Sciences, 1124(1):1 - 38.

BURNETT S, et al. , 2011. The social brain in adolescence: Evidence from functional magnetic resonance imaging and behavioural studies[J]. Neuroscience & biobehavioral reviews,35(8):1654-1664.

BURTON N W,et al. ,2010. Feasibility and effectiveness of psychosocial resilience training:A pilot study of the READY program[J]. Psychology, health & medicine,15(3):266-277.

BUSH G,et al. ,2000. Cognitive and emotional influences in anterior cingulate cortex[J]. Trends in cognitive sciences,4(6):215-222.

BYRNE B M,2001. Structural Equation Modeling with AMOS:Basic concepts,applications,and programming[M]. Mahwah, NJ:Lawrence Erlbaum.

BZDOK D,et al. ,2012. Parsing the neural correlates of moral cognition:ALE meta-analysis on morality,theory of mind,and empathy[J]. Brain structure and function,217(4):783-796.

CABEEN R P,et al. ,2021. Frontoinsular cortical microstructure is linked to life satisfaction in young adulthood[J]. Brain imaging and behavior,15(6):2775-2789.

CAHN B R, POLICH J,2006. Meditation states and traits:EEG, ERP, and neuroimaging studies[J]. Psychological bulletin,132(2):180-211.

CAMPBELL A,1976. Subjective measures of well-being[J]. American psychologist,31(2):117-124.

CAMPBELL A,1981. The sense of well-being in America:Recent patterns and trends[M]. New York:McGraw-Hill.

CAMPBELL-SILLS L, STEIN M B,2007. Psychometric analysis and refinement of the connor-davidson resilience scale(CD-RISC):Validation of a 10-item measure of resilience[J]. Journal of traumatic Stress,20(6):1019-1028.

CAMPOS M,et al. ,2005. Supplementary motor area encodes reward expectancy in eye-movement tasks[J]. Journal of neurophysiology,94(2):1325 - 1335.

CANLI T,et al. ,2002. Amygdala response to happy faces as a function of extraversion[J]. Science,296(5576):2191 - 2191.

CANLI T,et al. ,2001. An fMRI study of personality influences on brain reactivity to emotional stimuli[J]. Behavioral neuroscience,115(1):33 - 42.

CANTRIL H,1965. The pattern of human concerns[M]. New Jersey:Rutgers University Press.

CAPRARA G V,et al. ,2009. Human optimal functioning:The genetics of positive orientation towards self,life,and the future[J]. Behavior genetics, 39(3):277 - 284.

CARDACIOTTO L,et al. ,2008. The assessment of present-moment awareness and acceptance:The Philadelphia Mindfulness Scale[J]. Assessment,15 (2):204 - 223.

CARPENTER P A,et al. ,2000. Working memory and executive function:Evidence from neuroimaging[J]. Current opinion in neurobiology,10(2): 195 - 199.

CARVER C S,et al. ,1999. How coping mediates the effect of optimism on distress:A study of women with early stage breast cancer[J]. Journal of personality and social psychology,65(2):375 - 390.

CARVER C S,SCHEIER M F,2001. On the self-regulation of behavior[M]. New York:cambridge university press.

CARVER C S,et al. ,2010. Optimism[J]. Clinical psychology review,30 (7):879 - 889.

CARVER C S,et al. ,1989. Assessing coping strategies:A theoretically based approach[J]. Journal of personality and social psychology,56(2):267 -

283.

CAVANNA A E,2007. The precuneus and consciousness[J]. CNS spectrums,12(7):545-552.

CAVANNA A E,TRIMBLE M R,2006. The precuneus:a review of its functional anatomy and behavioural correlates[J]. Brain,129(3):564-583.

CHADWICK P,et al.,2008. Responding mindfully to unpleasant thoughts and images:Reliability and validity of the Southampton mindfulness questionnaire(SMQ)[J]. British journal of clinical psychology,47(4):451-455.

CHAMBERS R,et al.,2009. Mindful emotion regulation:An integrative review[J]. Clinical psychology review,29(6):560-572.

CHAMBERS R,et al.,2008. The impact of intensive mindfulness training on attentional control,cognitive style,and affect[J]. CCognitive therapy and research,32(3):303-322.

CHANG E C,et al.,1994. Assessing the dimensionality of optimism and pessimism using a multimeasure approach[J]. Cognitive therapy and research,18(2):143-160.

CHANG E C,et al.,1997. Optimism and pessimism as partially independent constructs:Relationship to positive and negative affectivity and psychological well-being[J]. Personality and individual differences,23(3):433-440.

CHANG E C,et al.,2003. Optimism,pessimism,affectivity,and psychological adjustment in US and Korea:A test of a mediation model[J]. Personality and individual differences,34(7):1195-1208.

CHANG J-H,et al.,2015. Mindfulness,basic psychological needs fulfillment,and well-being[J]. Journal of happiness studies,16(5):1149-1162.

CHANG L J, et al. , 2013. Decoding the role of the insula in human cognition: functional parcellation and large-scale reverse inference[J]. Cerebral cortex, 23(3): 739-749.

CHAVANON M-L, et al. , 2013. Paradoxical dopaminergic drug effects in extraversion: dose-and time-dependent effects of sulpiride on EEG theta activity[J]. Frontiers in human neuroscience, 7: 117.

CHEN H-J, et al. , 2012. Changes in the regional homogeneity of resting-state brain activity in minimal hepatic encephalopathy[J]. Neuroscience letters, 507(1): 5-9.

CHEN S, et al. , 2006. Gray matter density reduction in the insula in fire survivors with posttraumatic stress disorder: A voxel-based morphometric study [J]. Psychiatry research: neuroimaging, 146(1): 65-72.

CHEN X, et al. , 2021. Self and the brain: Self-concept mediates the effect of resting-state brain activity and connectivity on self-esteem in school-aged children[J]. Personality and individual differences, 168: 110287.

CHEUNG T T, et al. , 2014. Why are people with high self-control happier? The effect of trait self-control on happiness as mediated by regulatory focus[J]. Frontiers in psychology(5): 722.

CHIB V S, et al. , 2009. Evidence for a common representation of decision values for dissimilar goods in human ventromedial prefrontal cortex[J]. Journal of neuroscience, 29(39): 12315-12320.

CHRISTOFF K, et al. , 2009. Experience sampling during fMRI reveals default network and executive system contributions to mind wandering[J]. Proceedings of the national academy of sciences, 106(21): 8719-8724.

CHU S T-W, MAK W W. 2020. How mindfulness enhances meaning in life: a meta-analysis of correlational studies and randomized controlled trials [J]. Mindfulness, 11(1): 177-193.

## 参考文献

CHURCHWELL J C, YURGELUN - TODD D A, 2013. Age-related changes in insula cortical thickness and impulsivity: Significance for emotional development and decision-making [J]. Developmental cognitive neuroscience(6): 80 - 86.

COCCHI L, et al. , 2013. Dynamic cooperation and competition between brain systems during cognitive control [J]. Trends in cognitive sciences, 17(10): 493 - 501.

COHEN M X, et al. , 2005. Individual differences in extraversion and dopamine genetics predict neural reward responses [J]. Cognitive brain research, 25(3): 851 - 861.

COHEN S, 2004. Social relationships and health [J]. American psychologist, 59(8): 676 - 684.

COHEN S, et al. , 2003. Emotional style and susceptibility to the common cold [J]. Psychosomatic medicine, 65(4): 652 - 657.

COHEN S, et al. , 2010. Childhood socioeconomic status and adult health [J]. Annals of the New York Academy of Sciences, 1186(1): 37 - 55.

COHN M A, et al. , 2009. Happiness unpacked: Positive emotions increase life satisfaction by building resilience [J]. Emotion, 9(3): 361 - 368.

CONNOR K M, DAVIDSON J R, 2003. Development of a new resilience scale: The Connor-Davidson resilience scale (CD-RISC) [J]. Depression and anxiety, 18(2): 76 - 82.

CONTE J M, 2005. A review and critique of emotional intelligence measures [J]. Journal of organizational behavior, 26(4): 433 - 440.

COOPERSMITH S, 1967. The antecedents of belf-esteem [M]. San Francisco: Freeman.

CORRADI-DELL'ACQUA C, et al. , 2012. Thalamic-insular dysconnectivity in schizophrenia: Evidence from structural equation modeling [J]. Human brain mapping,33(3):740-752.

COSTA JR P T,et al.,1987. Longitudinal analyses of psychological well-being in a national sample:Stability of mean levels[J]. Journal of gerontology, 42(1):50-55.

COSTA P T,MCCRAE R R,1992. Professional manual:Revised NEO personality inventory(NEO-PI-R)and NEO five-factor inventory(NEO-FFI)[M]. Odessa,FL:Psychological Assessment Resources.

COX C L,et al.,2012. The balance between feeling and knowing:Affective and cognitive empathy are reflected in the brain's intrinsic functional dynamics[J]. Social cognitive and affective neuroscience,7(6):727-737.

CRAIG A D,2009. How do you feel—now? The anterior insula and human awareness[J]. Nature reviews neuroscience,10(1):59-70.

CRAWFORD J R,HENRY J D,2004. The Positive and Negative Affect Schedule (PANAS):Construct validity, measurement properties and normative data in a large non-clinical sample[J]. British journal of clinical psychology,43(3):245-265.

CREAMER M,et al.,2009. Evaluation of the dispositional hope scale in injury survivors[J]. Journal of research in Personality,43(4):613-617.

CREMERS H,et al.,2011. Extraversion is linked to volume of the orbitofrontal cortex and amygdala[J]. PloS one,6(12):e28421.

CRESWELL J D,et al.,2007. Neural correlates of dispositional mindfulness during affect labeling[J]. Psychosomatic medicine,69(6):560-565.

CRICK F,KOCH C. 2003. A framework for consciousness[J]. Nature neuroscience,6(2):119-126.

CRITCHLEY H D,et al.,2000. The functional neuroanatomy of social behaviour:Changes in cerebral blood flow when people with autistic disorder process facial expressions[J]. Brain,123(11):2203-2212.

CRITCHLEY H D, et al., 2004. Neural systems supporting interoceptive awareness[J]. Nature neuroscience,7(2):189-195.

CSIKSZENTMIHALYI M,et al.,1977. The ecology of adolescent activity and experience[J]. Journal of youth and adolescence,6(3):281-294.

CUNNINGHAM W A,KIRKLAND T,2014. The joyful,yet balanced,amygdala:moderated responses to positive but not negative stimuli in trait happiness[J]. Social cognitive and affective neuroscience,9(6):760-766.

CUNNINGHAM-BUSSEL A C,et al.,2009. Diurnal cortisol amplitude and fronto-limbic activity in response to stressful stimuli[J]. Psychoneuroendocrinology,34(5):694-704.

CURRY L A,et al.,1997. Role of hope in academic and sport achievement [J]. Journal of personality and social psychology,73(6):1257-1267.

DALGLEISH T. 2004. The emotional brain[J]. Nature reviews neuroscience,5 (7):583-589.

DANNER D D,et al.,2001. Positive emotions in early life and longevity: Findings from the nun study[J]. Journal of personality and social psychology,80(5):804-813.

DAUKANTAITE D,BERGMAN L R,2005. Childhood roots of women's subjective well-being:The role of optimism[J]. European psychologist,10 (4):287-297.

DAUKANTAIT D,ZUKAUSKIENE R,2012. Optimism and subjective well-being:Affectivity plays a secondary role in the relationship between optimism and global life satisfaction in the middle-aged women. [J]. Journal of happiness studies,13(1):1-16.

DAVEY C G,et al.,2016. Mapping the self in the brain's default mode network[J]. Neuroimage,132:390-397.

DAVIDSON K W, et al. ,2010. Don't worry, be happy: Positive affect and reduced 10-year incident coronary heart disease: The Canadian Nova Scotia Health Survey[J]. European heart journal,31(9):1065 – 1070.

DAVIDSON R J,2010. Empirical explorations of mindfulness: Conceptual and methodological conundrums[J]. Emotion,10(1):8 – 11.

DAVIS K D, et al. ,2005. Human anterior cingulate cortex neurons encode cognitive and emotional demands[J]. Journal of neuroscience,25(37): 8402 – 8406.

DAVYDOV D M, et al. ,2010. Resilience and mental health[J]. Clinical psychology review,30(5):479 – 495.

DAWDA D, HART S D,2000. Assessing emotional intelligence: Reliability and validity of the Bar – On Emotional Quotient Inventory (EQ – i) in university students[J]. Personality and individual differences,28(4): 797 – 812.

DE BEECK H P O, BAKER C I,2010. The neural basis of visual object learning[J]. Trends in cognitive sciences,14(1):22 – 30.

DE PASCALIS V, et al. ,2013. Relations among EEG – alpha asymmetry, BIS/BAS, and dispositional optimism[J]. Biological psychology,94(1): 198 – 209.

DE RIDDER D T, et al. ,2011. Not doing bad things is not equivalent to doing the right thing: Distinguishing between inhibitory and initiatory self-control[J]. Personality and individual differences,50(7):1006 – 1011.

DE RIDDER D T, et al. ,2012. Taking stock of self-control: A meta-analysis of how trait self-control relates to a wide range of behaviors[J]. Personality and social psychology review,16(1):76 – 99.

DEBONO A, et al. ,2011. Rude and inappropriate: The role of self-control in following social norms[J]. Personality and social psychology bulletin,37

(1):136-146.

DECI E L, et al., 2001. Need satisfaction, motivation, and well-being in the work organizations of a former eastern bloc country: A cross-cultural study of self-determination[J]. Personality and social psychology bulletin,27(8):930-942.

DEDOVIC K, et al., 2009. What stress does to your brain: a review of neuroimaging studies[J]. Canadian journal of psychiatry,54(1):6-15.

DEMBER W N, et al., 1989. The measurement of optimism and pessimism[J]. Current psychology,8(2):102-119.

DEMIRLI A, et al., 2015. Investigation of dispositional and state hope levels' relations with student subjective well-being[J]. Social indicators research,120(2):601-613.

DEMOS K E, et al., 2011. Dietary restraint violations influence reward responses in nucleus accumbens and amygdala[J]. Journal of cognitive neuroscience,23(8):1952-1963.

DENEVE K M, COOPER H, 1998. The happy personality: a meta-analysis of 137 personality traits and subjective well-being[J]. Psychological bulletin,124(2):197-229.

DENNY B T, et al., 2012. A meta-analysis of functional neuroimaging studies of self-and other judgments reveals a spatial gradient for mentalizing in medial prefrontal cortex[J]. Journal of cognitive neuroscience,24(8):1742-1752.

DEPUE R A, FU Y, 2013. On the nature of extraversion: Variation in conditioned contextual activation of dopamine-facilitated affective, cognitive, and motor processes[J]. Frontiers in human neuroscience(7):288.

DEVUE C, BR DART S, 2011. The neural correlates of visual self-recognition[J]. Consciousness and cognition,20(1):40-51.

DEYOUNG C G,2015. Cybernetic big five theory[J]. Journal of research in personality,56:33-58.

DEYOUNG C G, et al. ,2010. Testing predictions from personality neuroscience:Brain structure and the big five[J]. Psychological science,21(6):820-828.

DI FABIO A,PALAZZESCHI L,2015. Hedonic and eudaimonic well-being: the role of resilience beyond fluid intelligence and personality traits[J]. Frontiers in psychology(6):1367.

DI M,et al. ,2021. A bifactor model of the Wong and Law Emotional Intelligence Scale and its association with subjective well-being[J]. Journal of positive psychology,16(4):561-572.

DIEDRICHSEN J,et al. ,2006. Goal-selection and movement-related conflict during bimanual reaching movements[J]. Cerebral cortex,16(12):1729-1738.

DIEKHOF E K,GRUBER O,2010. When desire collides with reason:functional interactions between anteroventral prefrontal cortex and nucleus accumbens underlie the human ability to resist impulsive desires[J]. Journal of neuroscience,30(4):1488-1493.

DIENER E,1984. Subjective well-being[J]. Psychological bulletin,95(3):542-575.

DIENER E,2009. Assessing well-being:The collected works of Ed Diener[M]. The Netherlands:Springer.

DIENER E,BISWAS-DIENER R,2008. Happiness:Unlocking the mysteries of psychological wealth[M]. Malden,MA:Blackwell Publishing.

DIENER E,DIENER M,1995. Cross-cultural correlates of life satisfaction and self-esteem[J]. Journal of personality and social psychology,68(4):653-663.

DIENER E, et al., 1985. The satisfaction with life scale[J]. Journal of personality assessment, 49(1):71-75.

DIENER E, FUJITA F, 1995. Resources, personal strivings, and subjective well-being: A nomothetic and idiographic approach[J]. Journal of personality and social psychology, 68(5):926-935.

DIENER E, et al, 2010. Introduction. International differences in well-being [M]. Oxford, United Kingdom: Oxford University Press.

DIENER E, et al, 2009. Beyond the hedonic treadmill: Revising the adaptation theory of well-being[M] The science of well-being: Springer:103-118.

DIENER E, et al., 2003. Personality, culture, and subjective well-being: Emotional and cognitive evaluations of life[J]. Annual review of psychology, 54(1):403-425.

DIENER E, SELIGMAN M E, 2002. Very happy people[J]. Psychological science, 13(1):81-84.

DIENER E, et al., 2010. New well-being measures: Short scales to assess flourishing and positive and negative feelings[J]. Social indicators research, 97(2):143-156.

DING X, et al., 2015. Short-term meditation modulates brain activity of insight evoked with solution cue[J]. Social cognitive and affective neuroscience, 10(1):43-49.

DISABATO D J, et al., 2016. Different types of well-being? A cross-cultural examination of hedonic and eudaimonic well-being[J]. Psychological assessment, 28(5):471-482.

DOLCOS S, et al., 2016. Optimism and the brain: Trait optimism mediates the protective role of the orbitofrontal cortex gray matter volume against anxiety[J]. Social cognitive and affective neuroscience, 11(2):263-271.

DOUCET G, et al., 2011. Brain activity at rest: A multiscale hierarchical functional organization [J]. Journal of neurophysiology, 105 (6): 2753 – 2763.

DRAGANSKI B, et al., 2004. Changes in grey matter induced by training[J]. Nature, 427(6972): 311 – 312.

DSOUZA J, et al., 2020. Biological Connection to the Feeling of Happiness [J]. Journal of clinical & diagnostic research, 14(10): 1 – 5.

DUCKWORTH A L, et al., 2019. Self-control and academic achievement[J]. Annual review of psychology, 70(1): 373 – 399.

DUPONT C M, et al., 2020. Does well-being associate with stress physiology? A systematic review and meta-analysis[J]. Health psychology, 39(10): 879 – 890.

DVORAK R D, SIMONS J S, 2009. Moderation of resource depletion in the self-control strength model: Differing effects of two modes of self-control [J]. Personality and social psychology bulletin, 35(5): 572 – 583.

EGNER T, 2009. Prefrontal cortex and cognitive control: Motivating functional hierarchies[J]. Nature neuroscience, 12(7): 821 – 822.

EGNER T, HIRSCH J, 2005. The neural correlates and functional integration of cognitive control in a Stroop task[J]. Neuroimage, 24(2): 539 – 547.

EID M, LARSEN R J, 2008. The science of subjective well-being[M]. New York: Guilford Press.

EISENBERGER N I, et al., 2007. Neural pathways link social support to attenuated neuroendocrine stress responses [J]. Neuroimage, 35 (4): 1601 – 1612.

EKHTIARI H, et al., 2019. Transcranial electrical and magnetic stimulation (tES and TMS) for addiction medicine: a consensus paper on the present state of the science and the road ahead[J]. Neuroscience & biobehavioral reviews, 104: 118 – 140.

## 参考文献

ELLIOT A J, et al. ,2001. A cross-cultural analysis of avoidance (relative to approach) personal goals[J]. Psychological science,12(6):505 –510.

EMMONS R A, MCCULLOUGH M E,2003. Counting Blessings Versus Burdens:An Experimental Investigation of Gratitude and Subjective well-being in Daily Life[J]. Journal of personality and social psychology,84(2):377 –389.

ENGEN H G, et al. , 2018. Structural changes in socio-affective networks: Multi-modal MRI findings in long-term meditation practitioners[J]. Neuropsychologia,116:26 –33.

EPSTEIN R A,2008. Parahippocampal and retrosplenial contributions to human spatial navigation[J]. Trends in cognitive sciences,12(10):388 –396.

ERPELDING N, et al. ,2012. Cortical thickness correlates of pain and temperature sensitivity[J]. Pain,153(8):1602 –1609.

ERTHAL F, et al. ,2021. Unveiling the neural underpinnings of optimism:A systematic review[J]. Cognitive, affective, & behavioral neuroscience,21(5):895 –916.

ETKIN A, et al. ,2011. Emotional processing in anterior cingulate and medial prefrontal cortex[J]. Trends in cognitive sciences,15(2):85 –93.

ETKIN A, WAGER T D,2007. Functional neuroimaging of anxiety:A meta-analysis of emotional processing in PTSD, social anxiety disorder, and specific phobia [J]. American journal of psychiatry, 164 (10): 1476 –1488.

EVANS K C, et al. ,2009. A PET study of tiagabine treatment implicates ventral medial prefrontal cortex in generalized social anxiety disorder[J]. Neuropsychopharmacology,34(2):390 –398.

EXTREMERA N, FERN NDEZ – BERROCAL P,2005. Perceived emotional intelligence and life satisfaction: Predictive and incremental validity using the Trait Meta-Mood Scale[J]. Personality and individual differences, 39 (5):937-948.

FAIR D A, et al. ,2008. The maturing architecture of the brain's default network[J]. Proceedings of the national academy of cciences,105(10): 4028-4032.

FALKENSTR M F,2010. Studying mindfulness in experienced meditators: A quasi-experimental approach[J]. Personality and individual differences, 48(3):305-310.

FEINSTEIN J S, et al. ,2006. Anterior insula reactivity during certain decisions is associated with neuroticism[J]. Social cognitive and affective neuroscience,1(2):136-142.

FELDMAN G, et al. ,2007. Mindfulness and emotion regulation: The development and initial validation of the Cognitive and Affective Mindfulness Scale - Revised(CAMS - R)[J]. Journal of psychopathology and behavioral assessment,29(3):177-190.

FERGUS S, ZIMMERMAN M,2005. Adolescent resilience: a framework for understanding healthy development in the face of risk[J]. Annual review of public health,26:399-419.

FERREIRA L K, et al. ,2011. Neurostructural predictors of Alzheimer's disease: A meta-analysis of VBM studies[J]. Neurobiology of aging,32 (10):1733-1741.

FITZGERALD T E, et al. ,1993. The relative importance of dispositional optimism and control appraisals in quality of life after coronary artery bypass surgery[J]. Journal of behavioral medicine,16(1):25-43.

FLEMING J S, COURTNEY B E,1984. The Dimensionality of Self-Esteem: II. Hierarchical Facet Model for Revised Measurement Scales[J]. Journal of personality and social psychology,46(2):404-421.

FORDYCE M W,1988. A review of research on the happiness measures: A sixty second index of happiness and mental health[J]. Social indicators research,20(4):355-381.

FOX G R,et al. ,2015. Neural correlates of gratitude[J]. Frontiers in psychology(6):1491.

FOX K C,et al. ,2016. Functional neuroanatomy of meditation: A review and meta-analysis of 78 functional neuroimaging investigations[J]. Neuroscience & biobehavioral reviews,65:208-228.

FOX K C,et al. ,2014. Is meditation associated with altered brain structure? A systematic review and meta-analysis of morphometric neuroimaging in meditation practitioners[J]. Neuroscience & biobehavioral reviews,43:48-73.

FOX M D, et al. , 2006. Spontaneous neuronal activity distinguishes human dorsal and ventral attention systems [J]. Proceedings of the national academy of sciences,103(26):10046-10051.

FOX M D,RAICHLE M E,2007. Spontaneous fluctuations in brain activity observed with functional magnetic resonance imaging[J]. Nature reviews neuroscience,8(9):700-711.

FRANK D, et al. , 2014. Emotion regulation: Quantitative meta-analysis of functional activation and deactivation[J]. Neuroscience & biobehavioral reviews,45:202-211.

FRANSSON P,MARRELEC G,2008. The precuneus/posterior cingulate cortex plays a pivotal role in the default mode network:Evidence from a partial correlation network analysis[J]. Neuroimage,42(3):1178-1184.

FREDRICKSON B L,2001. The role of positive emotions in positive psychology:The broaden-and-build theory of positive emotions [J]. American psychologist,56(3):218-226.

FREDRICKSON B L,2004. Gratitude, like other positive emotions, broadens and builds[M]. In EMMONS R A, MCCULLOUGH M E(Eds.), The psychology of gratitude. New York:Oxford university press:145-166.

FREDRICKSON B L, et al.,2008. Open Hearts Build Lives: Positive Emotions, Induced Through Loving-Kindness Meditation, Build Consequential Personal Resources[J]. Journal of personality and social psychology,95(5):1045-1062.

FREDRICKSON B L,LOSADA M F,2005. Positive affect and the complex dynamics of human flourishing[J]. American psychologist,60(7):678-686.

FREDRICKSON B L,et al.,2003. What good are positive emotions in crises? A prospective study of resilience and emotions following the terrorist attacks on the United States on September 11th,2001[J]. Journal of personality and social psychology,84(2):365-376.

FRETON M, et al.,2014. The eye of the self: precuneus volume and visual perspective during autobiographical memory retrieval[J]. Brain structure and function,219(3):959-968.

FREWEN P A, et al.,2013. Neuroimaging self-esteem: a fMRI study of individual differences in women[J]. Social cognitive and affective neuroscience,8(5):546-555.

FRIEDEL S,et al.,2015. Dispositional mindfulness is predicted by structural development of the insula during late adolescence[J]. Developmental cognitive neuroscience,14:62-70.

FRIESE M,et al.,2013. Suppressing emotions impairs subsequent stroop performance and reduces prefrontal brain activation[J]. PloS one,8(4):e60385.

FROH J J, et al. ,2009. Gratitude and subjective well-being in early adolescence:Examining gender differences[J]. Journal of adolescence,32(3):633–650.

FROKJAER V G,et al. ,2008. Frontolimbic serotonin 2A receptor binding in healthy subjects is associated with personality risk factors for affective disorder[J]. Biological psychiatry,63(6):569–576.

G L é,et al. ,2021. The efficacy of mindfulness meditation apps in enhancing users' well-being and mental health related outcomes:A meta-analysis of randomized controlled trials [J]. Journal of affective disorders, 279:131–142.

GALIANI S,et al. ,2018. The half-life of happiness:Hedonic adaptation in the subjective well-being of poor slum dwellers to the satisfaction of basic housing needs[J]. Journal of the european economic association,16(4):1189–1233.

GALLA B,DUCKWORTH A,2015. More than resisting temptation:Beneficial habits mediate the relationship between self-control and positive life outcomes[J]. Journal of personality and social psychology,109(3):508–525.

GALLAGHER E N, VELLA–BRODRICK D A,2008. Social support and emotional intelligence as predictors of subjective well-being[J]. Personality and individual differences,44(7):1551–1561.

GALLAGHER M W, LOPEZ S J, 2009. Positive expectancies and mental health:Identifying the unique contributions of hope and optimism[J]. Journal of positive psychology,4(6):548–556.

GALLEA C,et al. ,2015. Intrinsic signature of essential tremor in the cerebello-frontal network[J]. Brain,138(10):2920–2933.

GALLO L,MATTHEWS K. 2003. Understanding the association between socioeconomic status and physical health: Do negative emotions play a role? [J]. Psychological bulletin, 129(1):10-51.

GALLO L C, et al., 2005. Socioeconomic Status, Resources, Psychological Experiences, and Emotional Responses: A Test of the Reserve Capacity Model [J]. Journal of personality and social psychology, 88(2):386-399.

GALLUP, (2017). State of the American workplace [EB/OL]. [2019-06-27]. http://www.gallup.com/file/services/176708/State%20of%20the%20American%20Workplace%20Report%202013.pdf.

GANA K, et al., 2013. Psychometric properties of the French version of the adult dispositional hope scale [J]. Assessment, 20(1):114-118.

GARCIA D, 2011. Two models of personality and well-being among adolescents [J]. Personality and Individual Differences, 50(8):1208-1212.

GENET J J, SIEMER M, 2011. Flexible control in processing affective and non-affective material predicts individual differences in trait resilience [J]. Cognition and emotion, 25(2):380-388.

GESCHWIND N, et al., 2010. Meeting risk with resilience: high daily life reward experience preserves mental health [J]. Acta psychiatrica scandinavica, 122(2):129-138.

GILLEEN J, et al., 2015. Impaired subjective well-being in schizophrenia is associated with reduced anterior cingulate activity during reward processing [J]. Psychological medicine, 45(3):589-600.

GOLDIN P R, et al., 2008. The neural bases of emotion regulation: Reappraisal and suppression of negative emotion [J]. Biological psychiatry, 63(6):577-586.

GOLEMAN D, 1995. Emotional intelligence: Why it can matter more than IQ [M]. New York: Bantam.

GOLKAR A, et al. ,2012. Distinct contributions of the dorsolateral prefrontal and orbitofrontal cortex during emotion regulation[J]. PloS one, 7(11):e48107.

GOODMAN F R, et al. ,2018. Measuring well-being: A comparison of subjective well-being and PERMA[J]. Journal of positive psychology,13(4):321-332.

GOSLING S D, et al. ,2003. A very brief measure of the big five personality domains[J]. Journal of research in personality,37(6):504-528.

GOTTFREDSON M R, HIRSCHI T, 1990. A general theory of crime[M]. Stanford, CA: Stanford University Press.

GOTTFRIED J A, et al. ,2003. Encoding predictive reward value in human amygdala and orbitofrontal cortex[J]. Science,301(5636):1104-1107.

GRABENHORST F, ROLLS E T, 2011. Value, pleasure and choice in the ventral prefrontal cortex[J]. Trends in cognitive sciences,15(2):56-67.

GRADIN V B, et al. ,2011. Expected value and prediction error abnormalities in depression and schizophrenia[J]. Brain,134(6):1751-1764.

GRANT J A, et al. ,2010. Cortical thickness and pain sensitivity in zen meditators[J]. Emotion,10(1):43-53.

GRANT S, et al. ,2009. The big five traits as predictors of subjective and psychological well-being[J]. Psychological reports,105(1):205-231.

GRATTON C, et al. ,2018. Control networks and hubs[J]. Psychophysiology, 55(3):e13032.

GRECUCCI A, et al. ,2013. Reappraising social emotions: The role of inferior frontal gyrus, temporo-parietal junction and insula in interpersonal emotion regulation[J]. Frontiers in human neuroscience(7):523.

GREENWALD A G, FARNHAM S D, 2000. Using the Implicit Association Test to measure self-esteem and self-concept[J]. Journal of personality and social psychology,79(6):1022-1038.

GROSBRAS M H, et al.,2012. Brain regions involved in human movement perception: A quantitative voxel-based meta-analysis[J]. Human brain mapping,33(2):431-454.

GUDJONSSON G H, et al.,2009. The relationship between satisfaction with life, ADHD symptoms, and associated problems among university students[J]. Journal of attention disorders,12(6):507-515.

HAAS B W, et al.,2008. Stop the sadness: Neuroticism is associated with sustained medial prefrontal cortex response to emotional facial expressions[J]. Neuroimage,42(1):385-392.

HAAS B W, et al.,2015. Agreeableness and brain activity during emotion attribution decisions[J]. Journal of research in personality,57:26-31.

HABER S N, KNUTSON B,2010. The reward circuit: Linking primate anatomy and human imaging[J]. Neuropsychopharmacology,35(1):4-26.

HAIER R J, et al,1987. The study of personality with positron emission tomography[C]. Personality dimensions and arousal: Springer:251-267.

HAJEK T, et al.,2009. Amygdala volumes in mood disorders: Meta-analysis of magnetic resonance volumetry studies[J]. Journal of affective disorders,115(3):395-410.

HAMPSHIRE A, et al.,2010. The role of the right inferior frontal gyrus: Inhibition and attentional control[J]. Neuroimage,50(3):1313-1319.

HAN Y, et al.,2011. Frequency-dependent changes in the amplitude of low-frequency fluctuations in amnestic mild cognitive impairment: A resting-state fMRI study[J]. Neuroimage,55(1):287-295.

H NGGI J, et al.,2016. Strength of structural and functional frontostriatal connectivity predicts self-control in the healthy elderly[J]. Frontiers in Aging Neuroscience(8):307.

# 参考文献

HARE T A, et al. ,2009. Self-control in decision-making involves modulation of the vmPFC valuation system[J]. Science,324(5927):646 – 648.

HARRIS K M, MARMER J K,1996. Poverty, paternal involvement, and adolescent well-being[J]. Journal of family Issues,17(5):614 – 640.

HARVEY J, DELFABBRO P H,2004. Psychological resilience in disadvantaged youth: A critical overview [J]. Australian psychologist, 39 (1): 3 – 13.

HASENKAMP W, et al. ,2012. Mind wandering and attention during focused meditation: A fine-grained temporal analysis of fluctuating cognitive states [J]. Neuroimage,59(1):750 – 760.

HAYASAKA S, et al. ,2004. Nonstationary cluster-size inference with random field and permutation methods[J]. Neuroimage,22(2):676 – 687.

HAYES A M, FELDMAN G,2004. Clarifying the Construct of Mindfulness in the Context of Emotion Regulation and the Process of Change in Therapy [J]. Clinical psychology: science and practice,11(3):255 – 262.

HEADEY B,2008. The set-point theory of well-being: Negative results and consequent revisions[J]. Social indicators research,85(3):389 – 403.

HEADEY B,2010. The set-point theory of well-being has serious flaws: On the eve of a scientific revolution? [J]. Social indicators research,97(1): 7 – 21.

HEADEY B, WEARING A,1989. Personality, life events, and subjective well-being: Toward a dynamic equilibrium model[J]. Journal of personality and social psychology,57:731 – 739.

HEATHERTON T F, POLIVY J,1991. Development and validation of a scale for measuring state self-esteem[J]. Journal of personality and social psychology,60:895 – 910.

HEATHERTON T F, et al. ,2006. Medial prefrontal activity differentiates self from close others[J]. Social cognitive and affective neuroscience,1(1):18-25.

HECHT D,2013. The neural basis of optimism and pessimism[J]. Experimental neurobiology,22(3):173-199.

HEEREN A,et al.,2009. The effects of mindfulness on executive processes and autobiographical memory specificity[J]. Behaviour research and therapy,47(5):403-409.

HELLER A S,et al.,2013. Sustained striatal activity predicts eudaimonic well-being and cortisol output[J]. Psychological science,24(11):2191-2200.

HELLER D,et al.,2004. The role of person versus situation in life satisfaction:A critical examination[J]. Psychological bulletin,130(4):574-600.

HERN NDEZ S E,et al.,2016. Increased grey matter associated with long-term sahaja yoga meditation:a voxel-based morphometry study[J]. PloS one,11(3):e0150757.

HERRNSTEIN R J,MURRAY C,1994. The bell curve:Intelligence and class structure in American life[M]. New York:Free Press.

HIGGINS E T,2006. Value from hedonic experience and engagement[J]. Psychological review,113(3):439-460.

HINOJOSA J,et al.,2015. N170 sensitivity to facial expression:A meta-analysis[J]. Neuroscience & biobehavioral reviews,55:498-509.

HJEMDAL O,et al.,2011. The relationship between resilience and levels of anxiety,depression,and obsessive-compulsive symptoms in adolescents[J]. Clinical psychology & psychotherapy,18(4):314-321.

HOFMANN W,et al.,2009. Impulse and self-control from a dual-systems perspective[J]. Perspectives on pschological science,4(2):162-176.

## 参考文献

HOFMANN W, et al., 2014. Yes, but are they happy? Effects of trait self-control on affective well-being and life satisfaction[J]. Journal of personality, 82(4):265-277.

HOLLAND P C, GALLAGHER M, 1999. Amygdala circuitry in attentional and representational processes[J]. Trends in cognitive sciences, 3(2):65-73.

HOLMES A J, et al., 2012. Individual differences in amygdala: medial prefrontal anatomy link negative affect, impaired social functioning, and polygenic depression risk[J]. Journal of neuroscience, 32(50):18087-18100.

HÖLZEL B K, et al., 2011. How does mindfulness meditation work? Proposing mechanisms of action from a conceptual and neural perspective[J]. Perspectives on psychological science, 6(6):537-559.

HÖLZEL B K, et al., 2008. Investigation of mindfulness meditation practitioners with voxel-based morphometry[J]. Social cognitive and affective neuroscience, 3(1):55-61.

HÖLZEL B K, et al., 2007. Differential engagement of anterior cingulate and adjacent medial frontal cortex in adept meditators and non-meditators[J]. Neuroscience letters, 421(1):16-21.

HOPTMAN M J, et al., 2010. Amplitude of low-frequency oscillations in schizophrenia: A resting state fMRI study[J]. Schizophrenia research, 117(1):13-20.

HOSODA C, et al., 2020. Plastic frontal pole cortex structure related to individual persistence for goal achievement[J]. Communications biology, 3(1):1-11.

HOWELL A J, et al., 2010. Mindfulness predicts sleep-related self-regulation and well-being[J]. Personality and individual differences, 48(4):419-

424.

HOWELL A J, et al., 2016. Implicit theories of well-being predict well-being and the endorsement of therapeutic lifestyle changes[J]. Journal of happiness studies, 17(6): 2347-2363.

HSEE C K, et al., 2009. Wealth, warmth, and well-being: Whether happiness is relative or absolute depends on whether it is about money, acquisition, or consumption[J]. Journal of marketing research, 46(3): 396-409.

HU S, et al., 2014. Changes in cerebral morphometry and amplitude of low-frequency fluctuations of BOLD signals during healthy aging: correlation with inhibitory control[J]. Brain structure and function, 219(3): 983-994.

HUTA V, RYAN R M, 2010. Pursuing pleasure or virtue: The differential and overlapping well-being benefits of hedonic and eudaimonic motives[J]. Journal of happiness studies, 11(6): 735-762.

INZLICHT M, et al., 2014. Exploring the mechanisms of self-control improvement[J]. Current directions in psychological science, 23(4): 302-307.

ISHAK W W, et al., 2011. Oxytocin role in enhancing well-being: a literature review[J]. Journal of affective disorders, 130(1-2): 1-9.

IVES-DELIPERI V L, et al., 2011. The neural substrates of mindfulness: an fMRI investigation[J]. Social neuroscience, 6(3): 231-242.

JENSEN M P, et al., 2007. The impact of neuropathic pain on health-related quality of life: review and implications[J]. Neurology, 68(15): 1178-1182.

JUDGE T A, et al., 1998. Dispositional effects on job and life satisfaction: The role of core evaluations[J]. Journal of applied psychology, 83(1): 17-34.

KABAT-ZINN J, 2003. Mindfulness-Based Interventions in Context: Past, Present, and Future[J]. Clinical psychology: Science and practice,10(2): 144-156.

KAHNEMAN D,DEATON A,2010. High income improves evaluation of life but not emotional well-being[J]. Proceedings of the national academy of sciences,107(38):16489-16493.

KAHNT T,et al.,2010. The neural code of reward anticipation in human orbitofrontal cortex[J]. Proceedings of the national academy of sciences, 107(13):6010-6015.

KAMARCK T W,et al.,2009. Citalopram Intervention for Hostility:Results of a Randomized Clinical Trial[J]. J Consult Clin Psychol,77(1):174-188.

KANAI R,REES G,2011. The structural basis of inter-individual differences in human behaviour and cognition[J]. Nature reviews neuroscience,12(4):231-242.

KANG S-M,et al.,2003. Culture-specific patterns in the prediction of life satisfaction:Roles of emotion, relationship quality, and self-esteem[J]. Personality and social psychology bulletin,29(12):1596-1608.

KAPOGIANNIS D,et al.,2013. The five factors of personality and regional cortical variability in the Baltimore longitudinal study of aging[J]. Human brain mapping,34(11):2829-2840.

KARADEMAS E C,2006. Self-efficacy, social support and well-being:The mediating role of optimism[J]. Personality and individual differences,40(6):1281-1290.

KARL A,et al.,2006. A meta-analysis of structural brain abnormalities in PTSD[J]. Neuroscience & biobehavioral reviews,30(7):1004-1031.

KARNS C M,et al.,2017. The cultivation of pure altruism via gratitude:A functional MRI study of change with gratitude practice[J]. Frontiers in human neuroscience, 599.

KASHDAN T B, et al. , 2006. Gratitude and hedonic and eudaimonic well-being in Vietnam war veterans[J]. Behaviour Research and Therapy, 44(2), 177 – 199.

KATO T, SNYDER C R. 2005. The relationship between hope and subjective well-being: Reliability and validity of the dispositional hope scale, Japanese version[J]. Japanese journal of psychology, 76(3): 227 – 234.

KELLY C, et al. , 2012. A convergent functional architecture of the insula emerges across imaging modalities[J]. Neuroimage, 61(4): 1129 – 1142.

KEYES C M, 1998. Social well-being[J]. Social psychology quarterly, 61(2): 121 – 140.

KEYES C M, et al. , 2008. Evaluation of the mental health continuum – short form(MHC – SF) in setswana-speaking South Africans[J]. Clinical psychology & psychotherapy, 15(3): 181 – 192.

KILLGORE W D, et al. , 2012. Gray matter correlates of Trait and Ability models of emotional intelligence[J]. Neuroreport, 23(9): 551 – 555.

KIM H, et al. , 2011. Overlapping responses for the expectation of juice and money rewards in human ventromedial prefrontal cortex[J]. Cerebral cortex, 21(4): 769 – 776.

KIM J W, et al. , 2013. Influence of temperament and character on resilience[J]. Comprehensive psychiatry, 54(7): 1105 – 1110.

KIM T, et al. , 2020. Intrinsic functional connectivity of blue and red brains: neurobiological evidence of different stress resilience between political attitudes[J]. Scientific reports, 10(1): 1 – 10.

KING M L. 2019. The neural correlates of well-being: A systematic review of the human neuroimaging and neuropsychological literature[J]. Cognitive, affective, & behavioral neuroscience, 19(4): 779 – 796.

KINI P,et al. ,2016. The effects of gratitude expression on neural activity[J]. Neuroimage,128:1 – 10.

KIRCHER T T, et al. ,2001. Recognizing one's own face[J]. Cognition, 78 (1):B1 – B15.

KIRSCHBAUM C,et al. ,1995. Persistent high cortisol responses to repeated psychological stress in a subpopulation of healthy men[J]. Psychosomatic medicine,57(5):468 – 474.

KITAYAMA S, et al. ,2000. Culture,emotion,and well-being:Good feelings in Japan and the United States[J]. Cognition & emotion,14(1):93 – 124.

KITAYAMA S, et al. ,2006. Cultural affordances and emotional experience: Socially engaging and disengaging emotions in Japan and the United States[J]. Journal of personality and social psychology,91(5):890 – 903.

KLIMECKI O M, et al. , 2013. Functional neural plasticity and associated changes in positive affect after compassion training[J]. Cerebral cortex, 23(7):1552 – 1561.

KLINGBERG T,2006. Development of a superior frontal-intraparietal network for visuo-spatial working memory[J]. Neuropsychologia,44(11):2171 – 2177.

KLINGNER C M, et al. , 2014. Thalamocortical connectivity during resting state in schizophrenia[J]. European archives of psychiatry and clinical Neuroscience,264(2):111 – 119.

KOGAN A, et al. ,2013. Too much of a good thing? Cardiac vagal tone's non-linear relationship with well-being[J]. Emotion,13(4):599 – 604.

KONG F, 2017. The validity of the Wong and Law Emotional Intelligence Scale in a Chinese sample:Tests of measurement invariance and latent mean differences across gender and age[J]. Personality and individual differences, 116:29 - 31.

KONG F, et al. , 2015a. Mother's but not father's education predicts general fluid intelligence in emerging adulthood: Behavioral and neuroanatomical evidence[J]. Human brain mapping, 36(11):4582 - 4591.

KONG F, et al. , 2015b. Examining gray matter structures associated with individual differences in global life satisfaction in a large sample of young adults[J]. Social cognitive and affective neuroscience, 10(7):952 - 960.

KONG F, et al. , 2015c. The relationships among gratitude, self-esteem, social support and life satisfaction among undergraduate students[J]. Journal of happiness studies, 16(2):477 - 489.

KONG F, et al. , 2015d. Neural correlates of the happy life: the amplitude of spontaneous low frequency fluctuations predicts subjective well-being [J]. Neuroimage, 107:136 - 145.

KONG F, et al. , 2015e. Different neural pathways linking personality traits and eudaimonic well-being: a resting-state functional magnetic resonance imaging study [J]. Cognitive, affective, & behavioral neuroscience, 15 (2):299 - 309.

KONG F, et al. , 2018. The resilient brain: psychological resilience mediates the effect of amplitude of low-frequency fluctuations in orbitofrontal cortex on subjective well-being in young healthy adults[J]. Social cognitive and affective neuroscience, 13(7):755 - 763.

KONG F, et al. , 2015f. Neural correlates of psychological resilience and their relation to life satisfaction in a sample of healthy young adults[J]. Neuroimage, 123:165 - 172.

KONG F, et al. , 2016a. Brain regions involved in dispositional mindfulness during resting state and their relation with well-being[J]. Social neuroscience,11(4):331-343.

KONG F,et al. ,2014. Dispositional mindfulness and life satisfaction:The role of core self-evaluations[J]. Personality and individual differences,56: 165-169.

KONG F,et al. ,2016b. Amplitude of low frequency fluctuations during resting state predicts social well-being[J]. Biological psychology,118:161-168.

KONG F,et al. ,2021. How does trait gratitude relate to subjective well-being in Chinese adolescents? The mediating role of resilience and social support[J]. Journal of happiness studies,22(4):1611-1622.

KONG F,YOU X,2013. Loneliness and self-esteem as mediators between social support and life satisfaction in late adolescence[J]. Social indicators research,110(1):271-279.

KONG F,et al. ,2017. Evaluation of the gratitude questionnaire in a Chinese sample of adults:factorial validity,criterion-related validity,and measurement invariance across sex[J]. Frontiers in psychology(8):1498.

KONG F,ZHAO J,2013. Affective mediators of the relationship between trait emotional intelligence and life satisfaction in young adults[J]. Personality and individual differences,54(2):197-201.

KONG F,et al. ,2012a. Emotional intelligence and life satisfaction in Chinese university students:The mediating role of self-esteem and social support[J]. Personality and individual differences,53(8):1039-1043.

KONG F,et al. ,2012b. Social support mediates the impact of emotional intelligence on mental distress and life satisfaction in Chinese young adults[J]. Personality and individual differences,53(4):513-517.

KONG F,et al. ,2013. Self-esteem as mediator and moderator of the relationship between social support and subjective well-being among Chinese university students[J]. Social indicators research,112(1):151-161.

KONG F,et al. ,2020. Gratitude and the brain:Trait gratitude mediates the association between structural variations in the medial prefrontal cortex and life satisfaction[J]. Emotion,20(6):917-926.

KOUNEIHER F,et al. ,2009. Motivation and cognitive control in the human prefrontal cortex[J]. Nature neuroscience,12(7):939-945.

KOVEN N S,et al. ,2011. Regional gray matter correlates of perceived emotional intelligence[J]. Social cognitive and affective neuroscience,6(5):582-590.

KOZMA A,STONES M,1980. The measurement of happiness:Development of the Memorial University of Newfoundland Scale of Happiness(MUNSH)[J]. Journal of gerontology,35(6):906-912.

KREIFELTS B,et al. ,2010. Association of trait emotional intelligence and individual fMRI——activation patterns during the perception of social signals from voice and face[J]. Human brain mapping,31(7):979-991.

KREISMAN N R, ZIMMERMAN I D, 1973. Representation of information about skin temperature in the discharge of single cortical neurons[J]. Brain research,55(2):343-353.

KRINGELBACH M L,2010. The hedonic brain:A functional neuroanatomy of human pleasure [M]. In BERRIDGE K C, KRINGELBACH M L (Eds. ),Pleasures of the brain. New York:Oxford university press:202-221.

KRINGELBACH M L, BERRIDGE K C,2009. Towards a functional neuroanatomy of pleasure and happiness[J]. Trends in cognitive sciences,13(11):479-487.

KRINGELBACH M L,BERRIDGE K C,2010. The neuroscience of happiness and pleasure[J]. Social research,77(2):659-679.

## 参考文献

KRONKE K-M, et al., 2020. Functional connectivity in a triple-network saliency model is associated with real-life self-control[J]. Neuropsychologia, 149:107667.

KRUEGER F, et al., 2009. The neural bases of key competencies of emotional intelligence[J]. Proceedings of the national academy of sciences, 106 (52):22486-22491.

KUBARYCH T S, et al., 2012. A multivariate twin study of hippocampal volume, self-esteem and well-being in middle-aged men[J]. Genes, brain and behavior, 11(5):539-544.

KUMARI V, et al., 2007. Neuroticism and brain responses to anticipatory fear [J]. Behavioral neuroscience, 121(4):643-652.

KUMARI V, et al., 2004. Personality predicts brain responses to cognitive demands[J]. Journal of neuroscience, 24(47):10636-10641.

KUNTZ J R, et al., 2016. Resilient employees in resilient organizations: Flourishing beyond adversity[J]. Industrial and organizational psychology, 9 (2):456-462.

KWAN V S, et al., 1997. Pancultural explanations for life satisfaction: Adding relationship harmony to self-esteem[J]. Journal of personality and social psychology, 73(5):1038-1051.

KYEONG S, et al., 2017. Effects of gratitude meditation on neural network functional connectivity and brain-heart coupling[J]. Scientific reports, 7 (1):1-15.

LABAR K S, CABEZA R, 2006. Cognitive neuroscience of emotional memory [J]. Nature reviews neuroscience, 7(1):54-64.

LAI J C, 2009. Dispositional optimism buffers the impact of daily hassles on mental health in Chinese adolescents[J]. Personality and individual differences, 47(4):247-249.

LAMBERT N M,FINCHAM F D,2011. Expressing gratitude to a partner leads to more relationship maintenance behavior[J]. Emotion,11(1):52-60.

LANG F R,et al.,2011. Short assessment of the Big Five:Robust across survey methods except telephone interviewing[J]. Behavior research methods,43(2):548-567.

LAU M A,et al.,2006. The Toronto mindfulness scale:Development and validation[J]. Journal of clinical psychology,62(12):1445-1467.

LAW K S,et al.,2004. The construct and criterion validity of emotional intelligence and its potential utility for management studies[J]. Journal of applied psychology,89(3):483-496.

LAZAR S W,et al.,2000. Functional brain mapping of the relaxation response and meditation[J]. Neuroreport,11(7):1581-1585.

LAZARA S W,et al.,2005. Meditation experience is associated with increased cortical thickness[J]. Age,40(45):50-55.

LAZARUS R,1993. From psychological stress to the emotions:A history of changing outlooks[J]. Annual review of psychology,44:1-21.

LEE T-H,TELZER E H,2016. Negative functional coupling between the right fronto-parietal and limbic resting state networks predicts increased self-control and later substance use onset in adolescence[J]. Developmental cognitive neuroscience,20:35-42.

LEE T M,et al.,2012. Distinct neural activity associated with focused-attention meditation and loving-kindness meditation[J]. PloS one,7(8):e40054.

LEKNES S,TRACEY I,2008. A common neurobiology for pain and pleasure[J]. Nature reviews neuroscience,9(4):314-320.

LEMOGNE C,et al.,2011. Negative affectivity,self-referential processing and the cortical midline structures[J]. Social cognitive and affective neuroscience,6(4):426-433.

LEUNG M-K,et al.,2013. Increased gray matter volume in the right angular and posterior parahippocampal gyri in loving-kindness meditators[J]. Social cognitive and affective neuroscience,8(1):34-39.

LEVINE B,et al.,2004. The functional neuroanatomy of episodic and semantic autobiographical remembering: a prospective functional MRI study [J]. Journal of cognitive neuroscience,16(9):1633-1646.

LEVY B J,WAGNER A D,2011. Cognitive control and right ventrolateral prefrontal cortex:reflexive reorienting,motor inhibition,and action updating [J]. Annals of the new york academy of sciences,1224(1):40-62.

LEWIS G J,et al.,2014. Neural correlates of the 'good life': Eudaimonic well-being is associated with insular cortex volume[J]. Social cognitive and affective neuroscience,9(5):615-618.

LI C,et al.,2015a. Abnormal intrinsic brain activity patterns in leukoaraiosis with and without cognitive impairment[J]. Behavioural brain research,292:409-413.

LI H,et al.,2014a. Examining brain structures associated with perceived stress in a large sample of young adults via voxel-based morphometry [J]. Neuroimage,92:1-7.

LI L,et al.,2014b. Grey matter reduction associated with posttraumatic stress disorder and traumatic stress[J]. Neuroscience & biobehavioral reviews,43:163-172.

LI M,et al.,2015. Validation of the social well-being scale in a Chinese sample and invariance across gender[J]. Social indicators research,121(2):607-618.

LI Q,et al.,2022. How people reach their goals: neural basis responsible for trait self-control association with hope[J]. Personality and individual differences,184:111228.

LI Q,et al.,2021. Trait self-control mediates the association between resting-state neural correlates and emotional well-being in late adolescence[J]. Social cognitive and affective neuroscience,16(6):632 – 641.

LI W,et al.,2015b. Brain structure links trait creativity to openness to experience[J]. Social cognitive and affective neuroscience,10(2):191 – 198.

LI W,et al.,2021. Validation of the hedonic and eudaimonic motives for activities-revised scale in Chinese adults[J]. International journal of environmental research and public health,18(8):3959.

LIANG J,1984. Dimensions of the Life Satisfaction Index:A structural formulation[J]. Journal of Gerontology,39(5):613 – 622.

LIANG P,et al.,2011. Regional homogeneity changes in patients with neuromyelitis optica revealed by resting-state functional MRI[J]. Clinical neurophysiology,122(1):121 – 127.

LIANG Y,ZHU D,2015. Subjective well-being of Chinese landless peasants in relatively developed regions:Measurement using PANAS and SWLS[J]. Social indicators research,123(3):817 – 835.

LIN A,et al.,2012. Social and monetary reward learning engage overlapping neural substrates[J]. Social cognitive and affective neuroscience,7(3):274 – 281.

LIN C – C,2015. Gratitude and depression in young adults:The mediating role of self-esteem and well-being[J]. Personality and individual differences,87:30 – 34.

LIU C – H,et al.,2012. Abnormal baseline brain activity in bipolar depression:a resting state functional magnetic resonance imaging study[J]. Psychiatry research:neuroimaging,203(2 – 3):175 – 179.

LIU F,et al.,2013a. Abnormal amplitude low-frequency oscillations in medication-naive, first-episode patients with major depressive disorder: a resting-state fMRI study[J]. Journal of affective disorders,146(3):401 – 406.

LIU J,et al. ,2017. The association between well-being and the COMT gene: Dispositional gratitude and forgiveness as mediators[J]. Journal of affective disorders,214:115 – 121.

LIU J, et al. ,2014. Alterations in amplitude of low frequency fluctuation in treatment-naive major depressive disorder measured with resting-state fMRI[J]. Human brain mapping,35(10):4979 – 4988.

LIU W – Y, et al. ,2013b. The Big Five of Personality and structural imaging revisited: a VBM – DARTEL study[J]. Neuroreport,24(7):375 – 380.

LLOYD T J, HASTINGS R,2009. Hope as a psychological resilience factor in mothers and fathers of children with intellectual disabilities[J]. Journal of intellectual disability research,53(12):957 – 968.

LO R,2002. A longitudinal study of perceived level of stress, coping and self-esteem of undergraduate nursing students: An Australian case study[J]. Journal of advanced nursing,39(2):119 – 126.

LOGOTHETIS N K, et al. ,2001. Neurophysiological investigation of the basis of the fMRI signal[J]. Nature,412(6843):150 – 157.

LOMAS T, et al. ,2019. A systematic review and meta-analysis of the impact of mindfulness-based interventions on the well-being of healthcare professionals[J]. Mindfulness,10(7):1193 – 1216.

LOU H C, et al. ,2004. Parietal cortex and representation of the mental self [J]. Proceedings of the national academy of sciences,101(17):6827 – 6832.

LU H, et al. ,2018. The hippocampus underlies the association between self-esteem and physical health[J]. Scientific reports,8(1):1 – 6.

LU H, et al. ,2014. The brain structure correlates of individual differences in trait mindfulness: A voxel-based morphometry study[J]. Neuroscience, 272:21-28.

LU J G, et al. ,2020. Disentangling stereotypes from social reality: Astrological stereotypes and discrimination in China[J]. Journal of personality and social psychology,119(6):1359-1379.

LUCAS R, et al. , 1996. Discriminant validity of well-being measures[J]. Journal of personality and social psychology,71(3):616-628.

LUCAS R E,2005. Time does not heal all wounds: A longitudinal study of reaction and adaptation to divorce[J]. Psychological science, 16(12): 945-950.

LUCAS R E,2007. Adaptation and the set-point model of subjective well-being: Does happiness change after major life events? [J]. Current directions in psychological science,16(2):75-79.

LUCAS R E, et al. ,2004. Unemployment alters the set point for life satisfaction[J]. Psychological science,15(1):8-13.

LUDERS E, et al. , 2009. The underlying anatomical correlates of long-term meditation: larger hippocampal and frontal volumes of gray matter[J]. Neuroimage,45(3):672-678.

LUI S, et al. ,2009. High-field MRI reveals an acute impact on brain function in survivors of the magnitude 8.0 earthquake in China[J]. Proceedings of the national academy of sciences,106(36):15412-15417.

LUNDSTROM B N, et al. ,2005. The role of precuneus and left inferior frontal cortex during source memory episodic retrieval[J]. Neuroimage,27(4): 824-834.

LUO Y, et al. ,2014. Regional homogeneity of intrinsic brain activity in happy and unhappy individuals[J]. PloS one,9(1):e85181.

# 参考文献

LUTHAR S S, et al. ,2000. The construct of resilience: A critical evaluation and guidelines for future work[J]. Child development,71(3):543 – 562.

LUTZ J, et al. ,2014. Mindfulness and emotion regulation: An fMRI study[J]. Social cognitive and affective neuroscience,9(6):776 – 785.

LYKKEN D, TELLEGEN A,1996. Happiness is a stochastic phenomenon[J]. Psychological science,7(3):186 – 189.

LYUBOMIRSKY S, et al. ,2005. The benefits of frequent positive affect: Does happiness lead to success? [J]. Psychological bulletin,131(6):803 – 855.

LYUBOMIRSKY S, et al. ,2005. Pursuing happiness: The architecture of sustainable change[J]. Review of general psychology,9(2):111 – 131.

MA R, et al. ,2018. MAOA genotype modulates default mode network deactivation during inhibitory control[J]. Biological psychology,138:27 – 34.

MA Y, et al. ,2016. Oxytocin and social adaptation: insights from neuroimaging studies of healthy and clinical populations[J]. Trends in cognitive sciences,20(2):133 – 145.

MACHELSKA H,2007. Targeting of opioid-producing leukocytes for pain control[J]. Neuropeptides,41(6):355 – 363.

MAGALETTA P R, OLIVER J,1999. The hope construct, will, and ways: Their relations with self-efficacy, optimism, and general well-being[J]. Journal of clinical psychology,55(5):539 – 551.

MAGNUS K, et al. ,1993. Extraversion and neuroticism as predictors of objective life events: A longitudinal analysis[J]. Journal of personality and social psychology,65(5):1046 – 1053.

MAGUIRE E A, et al. ,2000. Navigation-related structural change in the hippocampi of taxi drivers[J]. Proceedings of the national academy of sciences,97(8):4398 -4403.

MAK W W,et al.,2011. Resilience:Enhancing well-being Through the Positive Cognitive Triad[J]. Journal of counseling psychology,58(4):610 -617.

MAKOSHI Z,et al.,2011. Human supplementary motor area contribution to predictive motor planning[J]. Journal of motor behavior,43(4):303 -309.

MALDJIAN J A,et al.,2003. An automated method for neuroanatomic and cytoarchitectonic atlas-based interrogation of fMRI data sets[J]. Neuroimage,19(3):1233 -1239.

MANNA A,et al.,2010. Neural correlates of focused attention and cognitive monitoring in meditation[J]. Brain research bulletin,82(1-2):46 -56.

MARGOLIS S,LYUBOMIRSKY S,2020. Experimental manipulation of extraverted and introverted behavior and its effects on well-being[J]. Journal of experimental psychology:General,149(4):719 -731.

MARSLAND A L,et al.,2006. Trait positive affect and antibody response to hepatitis B vaccination[J]. Brain,behavior,and immunity,20(3):261 -269.

MASAOKA Y,et al.,2012. Remembering the past with slow breathing associated with activity in the parahippocampus and amygdala[J]. Neuroscience letters,521(2):98 -103.

MASCARO J S,et al.,2013. Compassion meditation enhances empathic accuracy and related neural activity[J]. Social cognitive and affective neuroscience,8(1):48 -55.

MASON M F,et al.,2007. Wandering minds:the default network and stimulus-independent thought[J]. Science,315(5810):393 -395.

# 参考文献

MASTEN A, 2001. Ordinary magic. Resilience processes in development[J]. American Psychologist, 56(3): 227-238.

MATSUNAGA M, et al., 2016. Structural and functional associations of the rostral anterior cingulate cortex with subjective happiness[J]. Neuroimage, 134: 132-141.

MATSUO K, et al., 2009. A voxel-based morphometry study of frontal gray matter correlates of impulsivity[J]. Human brain mapping, 30(4): 1188-1195.

MATTHEWS K A, et al., 2008. Association Between Socioeconomic Status and Metabolic Syndrome in Women: Testing the Reserve Capacity Model [J]. Health psychology (Hillsdale, NJ), 27(5): 576-583.

MAUSS I B, et al., 2011. Can seeking happiness make people unhappy? Paradoxical effects of valuing happiness[J]. Emotion, 11(4): 807-815.

MAY A, GASER C. 2006. Magnetic resonance-based morphometry: a window into structural plasticity of the brain[J]. Current opinion in neurology, 19(4): 407-411.

MAYER J, et al, 1997. Emotional IQ test (CD ROM) [M]. Needham, MA: Virtual Knowledge.

MAYER J, et al, 1999. MSCEIT item booklet (research version 1.1) [M]. Toronto, Canada: Multi-Health Systems.

MAYER J D, SALOVEY P, 1997. What is emotional intelligence? [M]. In SALOVEY P, SLUYTER D J (Eds.), Emotional development and emotional intelligence: Educational implications. New York: Basic Books: 3-31.

MCCRAE R R, COSTA JR P T, 1991. Adding Liebe und Arbeit: The full five-factor model and well-being[J]. Personality and social psychology bulletin, 17(2): 227-232.

MCCULLOUGH M, et al., 2002. The grateful disposition: A conceptual and empirical topography[J]. Journal of personality and social psychology, 82(1): 112-127.

MCDOWELL I, 2010. Measures of self-perceived well-being[J]. Journal of psychosomatic research, 69(1): 69-79.

MENNES M, et al., 2011. Linking inter-individual differences in neural activation and behavior to intrinsic brain dynamics[J]. Neuroimage, 54(4): 2950-2959.

MENON V, UDDIN L Q, 2010. Saliency, switching, attention and control: A network model of insula function[J]. Brain structure and function, 214(5): 655-667.

MEYER M L, et al., 2012. Evidence for social working memory from a parametric functional MRI study[J]. Proceedings of the national academy of sciences, 109(6): 1883-1888.

MEYER M L, et al., 2015. Social working memory and its distinctive link to social cognitive ability: an fMRI study[J]. Social cognitive and affective neuroscience, 10(10): 1338-1347.

MIRANDA J O, CRUZ R N C, 2020. Resilience mediates the relationship between optimism and well-being among Filipino University students[J]. Current psychology: 1-10.

MITCHELL J P, et al., 2005. The link between social cognition and self-referential thought in the medial prefrontal cortex[J]. Journal of cognitive neuroscience, 17(8): 1306-1315.

MOBBS D, et al., 2005. Personality predicts activity in reward and emotional regions associated with humor[J]. Proceedings of the national academy of sciences, 102(45): 16502-16506.

MODINOS G, et al., 2010. Individual differences in dispositional mindfulness and brain activity involved in reappraisal of emotion[J]. Social cognitive and affective neuroscience,5(4):369-377.

MOREAN M E,et al.,2014. Psychometrically Improved, Abbreviated Versions of Three Classic Measures of Impulsivity and Self-Control[J]. Psychological assessment,26(3):1003-1020.

MOTZKIN J C,et al.,2011. Reduced prefrontal connectivity in psychopathy[J]. Journal of neuroscience,31(48):17348-17357.

MROCZEK D K,et al.,1993. Construct validation of optimism and pessimism in older men: Findings from the normative aging study[J]. Health psychology,12(5):406-409.

MUELLER E M,et al.,2014. Dopamine modulates frontomedial failure processing of agentic introverts versus extraverts in incentive contexts[J]. Cognitive,affective,& behavioral neuroscience,14(2):756-768.

MUIN D A,et al.,2015. Effect of long-term intranasal oxytocin on sexual dysfunction in premenopausal and postmenopausal women: A randomized trial[J]. Fertility and sterility,104(3):715-723.

MURAKAMI H,et al.,2012. The structure of mindful brain[J]. PloS one,7(9):e46377.

MURPHY K,et al.,2009. The impact of global signal regression on resting state correlations: are anti-correlated networks introduced? [J]. Neuroimage,44(3):893-905.

MURTY V P,et al.,2011. Reprint of: fMRI studies of successful emotional memory encoding: A quantitative meta-analysis[J]. Neuropsychologia,49(4):695-705.

NACHEV P,et al.,2008. Functional role of the supplementary and pre-supplementary motor areas[J]. Nature reviews neuroscience,9(11):856-869.

NAKAYAMA T, et al. ,2000. Validity, reliability and acceptability of the Japanese version of the General Well-being Schedule(GWBS)[J]. Quality of life research,9(5):529-539.

NES L S, SEGERSTROM S C,2006. Dispositional optimism and coping: A meta-analytic review[J]. Personality and social psychology review,10(3):235-251.

NES R, et al. ,2006. Subjective well-being: genetic and environmental contributions to stability and change[J]. Psychological medicine,36(7):1033-1042.

NETO F,1993. The satisfaction with life scale: Psychometrics properties in an adolescent sample[J]. Journal of youth and adolescence,22(2):125-134.

NEUGARTEN B, et al. ,1961. The measurement of life satisfaction[J]. Journal of gerontology,16:134-143.

NICKL-JOCKSCHAT T, et al. , 2012. Brain structure anomalies in autism spectrum disorder: A meta-analysis of VBM studies using anatomic likelihood estimation[J]. Human brain mapping,33(6):1470-1489.

NORMAN W T,1963. Personality measurement, faking, and detection: An assessment method for use in personnel selection[J]. Journal of applied psychology,47(4):225-241.

NORTHOFF G, et al. ,2006. Self-referential processing in our brain: A meta-analysis of imaging studies on the self[J]. Neuroimage,31(1):440-457.

NORTHOFF G, PANKSEPP J,2008. The trans-species concept of self and the subcortical-cortical midline system[J]. Trends in cognitive sciences,12(7):259-264.

O'DONNELL K, et al. , 2008. Self-esteem levels and cardiovascular and inflammatory responses to acute stress[J]. Brain, behavior, and immunity, 22(8):1241 – 1247.

O'SULLIVAN G,2011. The relationship between hope, eustress, self-efficacy, and life satisfaction among undergraduates [J]. Social indicators research,101(1):155 – 172.

OCHSNER K N, et al. ,2004. For better or for worse: Neural systems supporting the cognitive down-and up-regulation of negative emotion[J]. Neuroimage,23(2):483 – 499.

OCHSNER K N, et al. ,2012. Functional imaging studies of emotion regulation: a synthetic review and evolving model of the cognitive control of emotion[J]. Annals of the new york academy of sciences,1251(1): E1 – E24.

O'DOHERTY J, et al. ,2001. Abstract reward and punishment representations in the human orbitofrontal cortex[J]. Nature neuroscience,4(1):95 – 102.

OISHI S, et al,2009. Cross-cultural variations in predictors of life satisfaction: Perspectives from needs and values[M] Culture and well-being: Springer:109 – 127.

OISHI S, et al. ,2001. Pleasures and subjective well-being[J]. European journal of personality,15(2):153 – 167.

OMURA K, et al. ,2005. Amygdala gray matter concentration is associated with extraversion and neuroticism [J]. Neuroreport, 16(17):1905 – 1908.

ONG A D, et al. ,2006. Psychological resilience, positive emotions, and successful adaptation to stress in later life[J]. Journal of personality and social psychology,91(4):730 – 749.

ONODA K, et al. ,2010. Does low self-esteem enhance social pain? The relationship between trait self-esteem and anterior cingulate cortex activation induced by ostracism[J]. Social cognitive and affective neuroscience,5(4):385-391.

OSWALD A J,et al.,2015. Happiness and productivity[J]. Journal of labor economics,33(4):789-822.

OVEIS C,et al.,2009. Resting respiratory sinus arrhythmia is associated with tonic positive emotionality[J]. Emotion,9(2):265-270.

PAN W,et al.,2016. The neural basis of trait self-esteem revealed by the amplitude of low-frequency fluctuations and resting state functional connectivity[J]. Social cognitive and affective neuroscience,11(3):367-376.

PAN W,et al.,2014. Identifying the core components of emotional intelligence:evidence from amplitude of low-frequency fluctuations during resting state[J]. PloS one,9(10):e111435.

PARK I H,et al.,2008. Dysfunctional modulation of emotional interference in the medial prefrontal cortex in patients with schizophrenia[J]. Neuroscience letters,440(2):119-124.

PARK N,et al.,2009. Orientations to happiness and life satisfaction in twenty-seven nations[J]. Journal of positive psychology,4(4):273-279.

PASSAMONTI L,et al.,2015. Increased functional connectivity within mesocortical networks in open people[J]. Neuroimage,104:301-309.

PAULUS M P,et al.,2003. Increased activation in the right insula during risk-taking decision making is related to harm avoidance and neuroticism[J]. Neuroimage,19(4):1439-1448.

PAULUS M P,STEIN M B,2006. An insular view of anxiety[J]. Biological psychiatry,60(4):383-387.

PAULY K,et al.,2013. The neural correlates of positive self-evaluation and self-related memory[J]. Social cognitive and affective neuroscience,8

(8):878-886.

PAUS T, 2005. Mapping brain maturation and cognitive development during adolescence[J]. Trends in cognitive sciences, 9(2):60-68.

PAWLOWSKI T, et al. , 2011. Subjective well-being in European countries: On the age-specific impact of physical activity[J]. European review of aging and physical activity, 8(2):93-102.

PECI A S, et al. , 2006. Hedonic hot spots in the brain[J]. The Neuroscientist, 12(6):500-511.

PEL EZ - FERN NDEZ M A, et al. , 2022. Pathways from emotional intelligence to well-being and health outcomes among unemployed: Mediation by health-promoting behaviours[J]. Journal of health psychology, 27(4):879-889.

PESSOA L, PADMALA S, 2005. Quantitative prediction of perceptual decisions during near-threshold fear detection[J]. Proceedings of the National Academy of Sciences, 102(15):5612-5617.

PETERS J, B CHEL C, 2010. Neural representations of subjective reward value[J]. Behavioural brain research, 213(2):135-141.

PETERSON A, et al. , 2014. Resting-state neuroimaging studies: A new way of identifying differences and similarities among the anxiety disorders?[J]. The canadian journal of psychiatry, 59(6):294-300.

PETERSON C, et al. , 2005. Orientations to happiness and life satisfaction: The full life versus the empty life[J]. Journal of Happiness Studies, 6(1):25-41.

PETRIDES K V, FURNHAM A. 2001. Trait emotional intelligence: Psychometric investigation with reference to established trait taxonomies[J]. European Journal of Personality, 15(6):425-448.

PETROVIC P, et al. , 2016. Significant grey matter changes in a region of the orbitofrontal cortex in healthy participants predicts emotional dysregulation[J]. Social cognitive and affective neuroscience,11(7):1041 – 1049.

PHELPS E A,2006. Emotion and cognition:Insights from studies of the human amygdala[J]. Annual Review of Psychology,57:27 – 53.

PHILLIPS M L,et al. ,2003. Neurobiology of emotion perception I:The neural basis of normal emotion perception[J]. Biological psychiatry,54(5): 504 – 514.

PINQUART M,SÖRENSEN S,2000. Influences of socioeconomic status,social network,and competence on subjective well-being in later life:A meta-analysis[J]. Psychology and aging,15(2):187 – 224.

PITMAN R K,et al. ,2012. Biological studies of post-traumatic stress disorder [J]. Nature reviews neuroscience,13(11):769 – 787.

PLATEK S M,et al. ,2008. Neural correlates of self-face recognition:An effect-location meta-analysis[J]. Brain research,1232,173 – 184.

PLONER M,et al. ,2000. Differential organization of touch and pain in human primary somatosensory cortex[J]. Journal of neurophysiology,83(3): 1770 – 1776.

POWER J D,et al. ,2013. Evidence for hubs in human functional brain networks[J]. Neuron,79(4):798 – 813.

PREACHER K J,HAYES A F,2008. Asymptotic and resampling strategies for assessing and comparing indirect effects in multiple mediator models[J]. Behavior Research Methods,40(3):879 – 891.

PRUESSNER J C,et al. ,2005. Self-esteem,locus of control,hippocampal volume,and cortisol regulation in young and old adulthood[J]. Neuroimage, 28(4):815 – 826.

PU S,et al. ,2013. Association between subjective well-being and prefrontal function during a cognitive task in schizophrenia: A multi-channel near-infrared spectroscopy study[J]. Schizophrenia research,149(1 – 3):180 – 185.

QIN P, et al.,2012. Dissociation between anterior and posterior cortical regions during self-specificity and familiarity: A combined fMRI-meta-analytic study[J]. Human brain mapping,33(1):154 – 164.

QIN P,NORTHOFF G,2011. How is our self related to midline regions and the default-mode network? [J]. Neuroimage,57(3):1221 – 1233.

QUILTY L C,et al.,2008. Neuroticism as a mediator of treatment response to SSRIs in major depressive disorder[J]. Journal of affective disorders,111(1):67 – 73.

RADUA J,et al.,2010. Meta-analytical comparison of voxel-based morphometry studies in obsessive-compulsive disorder vs other anxiety disorders[J]. Archives of general psychiatry,67(7):701 – 711.

RAICHLE M E,2015. The brain's default mode network[J]. Annual review of neuroscience,38:433 – 447.

RAMESON L T, et al.,2010. The neural correlates of implicit and explicit self-relevant processing[J]. Neuroimage,50(2):701 – 708.

RAN Q,et al.,2017. The association between resting functional connectivity and dispositional optimism[J]. PloS one,12(7):e0180334.

RAND K L,et al.,2011. Hope,but not optimism,predicts academic performance of law students beyond previous academic achievement[J]. Journal of research in personality,45(6):683 – 686.

RAUCH S L,et al.,2005. Orbitofrontal thickness,retention of fear extinction, and extraversion[J]. Neuroreport,16(17):1909 – 1912.

REDDY L, KANWISHER N,2006. Coding of visual objects in the ventral stream[J]. Current opinion in neurobiology,16(4):408 – 414.

REY L,et al. ,2019. Clarifying the links between perceived emotional intelligence and well-being in older people:Pathways through perceived social support from family and friends[J]. Applied research in quality of Life, 14(1):221 –235.

REYNAUD E,et al. ,2013. Relationship between emotional experience and resilience:An fMRI study in fire-fighters[J]. Neuropsychologia,51(5): 845 –849.

RICHARDSON G E,2002. The metatheory of resilience and resiliency[J]. Journal of clinical psychology,58(3):307 –321.

RILLING J K,SANFEY A G,2011. The neuroscience of social decision-making[J]. Annual review of psychology,62(1):23 –48.

ROBINS R W,et al. ,2001. Measuring global self-esteem:Construct validation of a single-item measure and the Rosenberg Self-Esteem Scale[J]. Personality and social psychology bulletin,27(2):151 –161.

ROBINSON – WHELEN S,et al. ,1997. Distinguishing optimism from pessimism in older adults:Is it more important to be optimistic or not to be pessimistic? [J]. Journal of personality and social psychology,73(6): 1345 –1353.

ROCHAS V,et al. ,2013. Disrupting pre-SMA activity impairs facial happiness recognition:An event-related TMS study[J]. Cerebral cortex,23 (7):1517 –1525.

ROGERS C R,1959. A theory of therapy,personality and interpersonal relationships,as developed in the client-centered framework[M]. In KOCH S (Ed. ),psychology:A study of science. New York:McGraw hill:184 – 256.

ROGERS M E,et al. ,2005. Optimism and coping with loss in bereaved HIV-infected men and women[J]. Journal of social and clinical psychology,24

(3):341-360.

ROLLS E T,GRABENHORST F,2008. The orbitofrontal cortex and beyond: From affect to decision-making[J]. Progress in neurobiology,86(3): 216-244.

ROOT J C,et al.,2009. Frontolimbic function and cortisol reactivity in response to emotional stimuli[J]. Neuroreport,20(4):429-434.

ROSENBERG M. 1965. Society and the adolescent self-image[M]. Princeton, NJ:Princeton University Press.

ROTH G,DICKE U. 2005. Evolution of the brain and intelligence[J]. Trends in cognitive sciences,9(5):250-257.

RUDEBECK P H,RICH E L. 2018. Orbitofrontal cortex[J]. Current biology, 28(18):R1083-R1088.

RYAN R M,DECI E L,2001. On happiness and human potentials: A review of research on hedonic and eudaimonic well-being[J]. Annual review of psychology,52:141-166.

RYAN R M,et al.,2008. Living well: A self-determination theory perspective on eudaimonia[J]. Journal of happiness studies,9(1):139-170.

RYFF C,et al,2007. Midlife development in the United States(MIDUS II), 2004-2006[M]. Ann Arbor,MI:Inter-University Consortium for Political and Social Research.

RYFF C D. 1989. Happiness is everything,or is it? Explorations on the meaning of psychological well-being[J]. Journal of personality and social psychology,57(6):1069-1081.

RYFF C D,KEYES C L M,1995. The structure of psychological well-being revisited[J]. Journal of personality and social psychology,69(4):719-727.

SAAD Z S,et al.,2012. Trouble at rest: how correlation patterns and group differences become distorted after global signal regression[J]. Brain connectivity,2(1):25-32.

SALOVEY P,et al,1999. Coping intelligently:Emotional intelligence and the coping process[M]. In R S C(Ed.),Coping:The psychology of what works. New York:Oxford Psychology Press:141-164.

S NCHEZ-áLVAREZ N,et al.,2016. The relation between emotional intelligence and subjective well-being:A meta-analytic investigation[J]. Journal of positive psychology,11(3):276-285.

SATICI S A,2016. Psychological vulnerability,resilience,and subjective well-being:The mediating role of hope[J]. Personality and individual differences,102:68-73.

SATO W,et al.,2015. The structural neural substrate of subjective happiness[J]. Scientific reports,5(1):1-7.

SAXE R,et al.,2006. Overlapping and non-overlapping brain regions for theory of mind and self reflection in individual subjects[J]. Social cognitive and affective neuroscience,1(3):229-234.

SCHAEFER M,et al.,2011. Striatal response to favorite brands as a function of neuroticism and extraversion[J]. Brain research,1425:83-89.

SCHEIER M,et al.,1989. Dispositional optimism and recovery from coronary artery bypass surgery:The beneficial effects on physical and psychological well-being[J]. Journal of personality and social psychology,57(6):1024-1040.

SCHEIER M F,CARVER C S. 1985. Optimism,coping,and health:assessment and implications of generalized outcome expectancies[J]. Health psychology,4(3):219-247.

SCHEIER M F,et al.,1994. Distinguishing optimism from neuroticism(and trait anxiety,self-mastery,and self-esteem):A reevaluation of the Life

Orientation Test[J]. Journal of personality and social psychology,67(6):1063-1078.

SCHIMMACK U,et al.,2002. Life-Satisfaction Is a Momentary Judgment and a Stable Personality Characteristic: The Use of Chronically Accessible and Stable Sources[J]. Journal of personality,70(3):345-384.

SCHIMMACK U,OISHI S,2005. The influence of chronically and temporarily accessible information on life satisfaction judgments[J]. Journal of personality and social psychology,89(3):395-406.

SCH NBRODT F D,PERUGINI M,2013. At what sample size do correlations stabilize? [J]. Journal of research in personality,47(5):609-612.

SCHOU I,et al.,2005. The mediating role of appraisal and coping in the relationship between optimism-pessimism and quality of life[J]. Psycho-oncology of cancer,14(9):718-727.

SCHUTTE N S,MALOUFF J M,2011. Emotional intelligence mediates the relationship between mindfulness and subjective well-being[J]. Personality and individual differences,50(7):1116-1119.

SCHUTTE N S,et al.,1998. Development and validation of a measure of emotional intelligence[J]. Personality and individual differences,25(2):167-177.

SCOTT S K,JOHNSRUDE I S,2003. The neuroanatomical and functional organization of speech perception[J]. Trends in neurosciences,26(2):100-107.

SEELEY W W,et al.,2007. Dissociable intrinsic connectivity networks for salience processing and executive control[J]. Journal of meuroscience,27(9):2349-2356.

SELIGMAN M E,et al.,2009. Positive education: Positive psychology and classroom interventions[J]. Oxford review of education,35(3):293-

311.

SELIGMAN M E, et al., 2005. Positive psychology progress: Empirical validation of interventions[J]. American psychologist, 60(5):410-421.

SESCOUSSE G, et al., 2010. The architecture of reward value coding in the human orbitofrontal cortex[J]. Journal of neuroscience, 30(39):13095-13104.

SHAMAY-TSOORY S G, 2011. The neural bases for empathy[J]. The neuroscientist, 17(1):18-24.

SHAROT T, et al., 2007. Neural mechanisms mediating optimism bias[J]. Nature, 450(7166):102-105.

SHELDON K M, et al, 2013. Variety is the spice of happiness: The hedonic adaptation prevention model[M]. In BONIWELL I, DAVID S A(Eds.), The Oxford handbook of happiness. Oxford, United Kingdom: Oxford University Press:901-914.

SHELDON K M, LYUBOMIRSKY S, 2006. How to increase and sustain positive emotion: The effects of expressing gratitude and visualizing best possible selves[J]. Journal of positive psychology, 1(2):73-82.

SHELDON K M, LYUBOMIRSKY S, 2012. The challenge of staying happier: Testing the hedonic adaptation prevention model[J]. Personality and social psychology bulletin, 38(5):670-680.

SHERMAN S M, et al., 2016. Social support, stress and the aging brain[J]. Social cognitive and affective neuroscience, 11(7):1050-1058.

SHERMAN S M, GUILLERY R W, 2006. Exploring the thalamus and its role in cortical function[M]. Cambridge, MA: MIT press.

SHI L, et al., 2018. Brain networks of happiness: dynamic functional connectivity among the default, cognitive and salience networks relates to subjective well-being[J]. Social cognitive and affective neuroscience, 13

(8):851-862.

SHIBA Y,et al.,2016. Beyond the medial regions of prefrontal cortex in the regulation of fear and anxiety[J]. Frontiers in systems neuroscience, 10:12.

SHIN L M,LIBERZON I,2010. The neurocircuitry of fear,stress,and anxiety disorders[J]. Neuropsychopharmacology,35(1):169-191.

SIMEON D,et al.,2007. Factors associated with resilience in healthy adults[J]. Psychoneuroendocrinology,32(8-10):1149-1152.

SIMON O,et al.,2002. Topographical layout of hand,eye,calculation,and language-related areas in the human parietal lobe[J]. Neuron,33(3):475-487.

SINGER T,et al.,2009. A common role of insula in feelings,empathy and uncertainty[J]. Trends in cognitive sciences,13(8):334-340.

SKOK A,et al.,2006. Perceived stress,perceived social support,and wellbeing among mothers of school-aged children with cerebral palsy[J]. Journal of intellectual and developmental disability,31(1):53-57.

SLOAN R P,et al.,2017. Vagally-mediated heart rate variability and indices of well-being:Results of a nationally representative study[J]. Health psychology,36(1):73-81.

SMEETS T,et al.,2012. Introducing the Maastricht Acute Stress Test (MAST):A quick and non-invasive approach to elicit robust autonomic and glucocorticoid stress responses[J]. Psychoneuroendocrinology,37(12):1998-2008.

SNYDER C R,2002. Hope theory:Rainbows in the mind[J]. Psychological inquiry,13(4):249-275.

SNYDER C R,et al.,1991. The will and the ways:Development and validation of an individual-differences measure of hope[J]. Journal of personality and social psychology,60(4):570 –585.

SNYDER C R,et al.,1997. The development and validation of the Children's Hope Scale[J]. Journal of pediatric psychology,22(3):399 –421.

SNYDER C R,et al.,2002. Hope and academic success in college[J]. Journal of rducational psychology,94(4):820 –826.

SNYDER C R,et al.,1996. Development and validation of the State Hope Scale[J]. Journal of personality and social psychology,70(2):321 –335.

SOMERVILLE L H,et al.,2010. Self-esteem modulates medial prefrontal cortical responses to evaluative social feedback[J]. Cerebral cortex,20(12):3005 –3013.

SONG L,et al.,2019. Polygenic score of subjective well-being is associated with the brain morphology in superior temporal gyrus and insula[J]. Neuroscience,414:210 –218.

SONG Y,et al.,2015. Regulating emotion to improve physical health through the amygdala[J]. Social cognitive and affective neuroscience,10(4):523 –530.

SOWELL E R,et al.,2001. Mapping continued brain growth and gray matter density reduction in dorsal frontal cortex:Inverse relationships during postadolescent brain maturation[J]. Journal of neuroscience,21(22):8819 –8829.

SPRENG R N,GRADY C L,2010. Patterns of brain activity supporting autobiographical memory,prospection,and theory of mind,and their relationship to the default mode network[J]. Journal of cognitive neuroscience,22(6):1112 –1123.

SPRENGELMEYER R,et al.,2011. The insular cortex and the neuroanatomy of major depression[J]. Journal of affective disorders,133(1 –2):120 –

127.

SRIDHARAN D, et al. ,2008. A critical role for the right fronto-insular cortex in switching between central-executive and default-mode networks[J]. Proceedings of the national academy of sciences, 105(34): 12569 – 12574.

SRIPADA R K, et al. ,2012. Neural dysregulation in posttraumatic stress disorder: evidence for disrupted equilibrium between salience and default mode brain networks[J]. Psychosomatic medicine, 74(9): 904 – 911.

STEEL P, et al. ,2008. Refining the relationship between personality and subjective well-being[J]. Psychological bulletin, 134(1): 138 – 161.

STEGER M F, et al. ,2008. Being good by doing good: Daily eudaimonic activity and well-being[J]. Journal of research in personality, 42(1): 22 – 42.

STEPTOE A, WARDLE J, 2005. Positive affect and biological function in everyday life[J]. Neurobiology of aging, 26(1): 108 – 112.

STEPTOE A, WARDLE J, 2011. Positive affect measured using ecological momentary assessment and survival in older men and women[J]. Proceedings of the national academy of sciences, 108(45): 18244 – 18248.

STERIADE M, LLIN S R R, 1988. The functional states of the thalamus and the associated neuronal interplay[J]. Physiological reviews, 68(3): 649 – 742.

STERPENICH V, et al. ,2006. The locus ceruleus is involved in the successful retrieval of emotional memories in humans[J]. Journal of neuroscience, 26(28): 7416 – 7423.

STRAND E B, et al. ,2006. Positive affect as a factor of resilience in the pain: Nnegative affect relationship in patients with rheumatoid arthritis[J]. Journal of psychosomatic research, 60(5): 477 – 484.

STRAUSS G P, et al. ,2012. Negative symptoms and depression predict lower psychological well-being in individuals with schizophrenia[J]. Comprehensive psychiatry,53(8):1137-1144.

STROBEL M,et al.,2011. Be yourself,believe in yourself,and be happy:Self-efficacy as a mediator between personality factors and subjective well-being[J]. Scandinavian journal of psychology,52(1):43-48.

STUTZER A,MEIER A N,2016. Limited self-control,obesity,and the loss of happiness[J]. Health economics,25(11):1409-1424.

SUH E,et al.,1998. The shifting basis of life satisfaction judgments across cultures:Emotions versus norms[J]. Journal of personality and social psychology,74(2):482-493.

SUN P,KONG F,2013. Affective mediators of the influence of gratitude on life satisfaction in late adolescence[J]. Social indicators research,114(3):1361-1369.

SUN Q,et al.,2012. A validation study on a new Chinese version of the Dispositional Hope Scale[J]. Measurement and evaluation in counseling and development,45(2):133-148.

SUN Y,et al.,2016. Subjective cognitive decline:mapping functional and structural brain changes-a combined resting-state functional and structural MR imaging study[J]. Radiology,281(1):185-192.

SUSLOW T,et al.,2010. Automatic brain response to facial emotion as a function of implicitly and explicitly measured extraversion[J]. Neuroscience,167(1):111-123.

SYLVESTER C M,et al.,2012. Functional network dysfunction in anxiety and anxiety disorders[J]. Trends in neurosciences,35(9):527-535.

TABER J M,et al.,2016. Optimism and spontaneous self-affirmation are associated with lower likelihood of cognitive impairment and greater positive affect among cancer survivors[J]. Annals of behavioral medicine,50

(2):198-209.

TAKANO A, et al., 2007. Relationship between neuroticism personality trait and serotonin transporter binding[J]. Biological psychiatry, 62(6):588-592.

TAKEUCHI H, et al., 2014. Anatomical correlates of quality of life: Evidence from voxel-based morphometry [J]. Human brain mapping, 35(5): 1834-1846.

TAKEUCHI H, et al., 2013. Resting state functional connectivity associated with trait emotional intelligence[J]. Neuroimage, 83:318-328.

TAKEUCHI H, et al., 2011. Regional gray matter density associated with emotional intelligence: Evidence from voxel-based morphometry[J]. Human brain mapping, 32(9):1497-1510.

TAN Q, et al., 2021. Longitudinal measurement invariance of the flourishing scale in adolescents[J]. Current psychology, 40(11):5672-5677.

TAN Y, et al., 2014. The correlation between emotional intelligence and gray matter volume in university students[J]. Brain and cognition, 91:100-107.

TANG T Z, et al., 2009. Personality change during depression treatment: A placebo-controlled trial [J]. Archives of general psychiatry, 66(12): 1322-1330.

TANG Y-Y, et al., 2013. Brief meditation training induces smoking reduction[J]. Proceedings of the national academy of sciences, 110(34): 13971-13975.

TATARKIEWICZ W, 1976. Analysis of happiness[M]. The Hague: Martinus Nijhoff.

TAUSCHER J, et al., 2001. Inverse relationship between serotonin 5-HT1A receptor binding and anxiety: A [11C] WAY-100635 PET investigation in healthy volunteers[J]. American journal of psychiatry, 158(8):1326-

1328.

TAYLOR K S,et al. ,2009. Two systems of resting state connectivity between the insula and cingulate cortex[J]. Human Brain Mapping,30(9):2731 – 2745.

TAYLOR S E, et al. , 1992. Optimism, coping, psychological distress, and high-risk sexual behavior among men at risk for acquired immunodeficiency syndrome(AIDS)[J]. Journal of personality and social psychology,63(3):460 – 473.

THOMPSON E R,2007. Development and validation of an internationally reliable short-form of the positive and negative affect schedule (PANAS) [J]. Journal of Cross – cultural Psychology,38(2):227 – 242.

TONG Y,SONG S,2004. A study on general self-efficacy and subjective well-being of low SES-college students in a Chinese university[J]. College student journal,38(4):637 – 643.

TRUMPETER N, et al. ,2006. Factors within multidimensional perfectionism scales:Complexity of relationships with self-esteem,narcissism,self-control, and self-criticism [J]. Personality and individual differences, 41 (5):849 – 860.

TSAKIRIS M,et al. ,2007. Neural signatures of body ownership:a sensory network for bodily self-consciousness[J]. Cerebral cortex,17(10):2235 – 2244.

TSANG J – A,2006. Gratitude and prosocial behaviour:An experimental test of gratitude[J]. Cognition & emotion,20(1):138 – 148.

TUCKER K L,et al. ,2006. Testing for measurement invariance in the satisfaction with life scale:A comparison of Russians and North Americans [J]. Social indicators research,78(2):341 – 360.

TUPES E C,CHRISTAL R E,1992. Recurrent personality factors based on trait ratings[J]. Journal of personality,60(2):225-251.

TUSAIE K, EDDS K, 2009. Understanding and integrating mindfulness into psychiatric mental health nursing practice[J]. Archives of psychiatric nursing,23(5):359-365.

ULRICH-LAI Y M, HERMAN J P, 2009. Neural regulation of endocrine and autonomic stress responses[J]. Nature reviews neuroscience, 10(6): 397-409.

UNGER A, et al., 2016. The revising of the Tangney Self-control Scale for Chinese students[J]. PsyCh journal,5(2):101-116.

URRY H L, et al., 2004. Making a life worth living: Neural correlates of well-being[J]. Psychological science,15(6):367-372.

VALLE M F, et al., 2004. Further evaluation of the Children's Hope Scale[J]. Journal of psychoeducational assessment,22(4):320-337.

VAN DER WERFF S J, et al., 2013. Neuroimaging resilience to stress: A review[J]. Frontiers in behavioral neuroscience(7):39.

VAN OVERWALLE F, 2009. Social cognition and the brain: a meta-analysis[J]. Human brain mapping,30(3):829-858.

VAN REEKUM C M, et al., 2007. Individual differences in amygdala and ventromedial prefrontal cortex activity are associated with evaluation speed and psychological well-being[J]. Journal of cognitive neuroscience,19(2):237-248.

VAN TOL M-J, et al., 2010. Regional brain volume in depression and anxiety disorders[J]. Archives of general psychiatry,67(10):1002-1011.

VAN'T ENT D, et al., 2017. Associations between subjective well-being and subcortical brain volumes[J]. Scientific reports,7(1):1-11.

VAZSONYI A T, et al., 2017. It's time: A meta-analysis on the self-control-deviance link[J]. Journal of criminal justice,48:48-63.

VITTERS J, NILSEN F, 2002. The conceptual and relational structure of subjective well-being, neuroticism, and extraversion: Once again, neuroticism is the important predictor of happiness[J]. Social indicators research, 57(1):89-118.

VOELCKER - REHAGE C, NIEMANN C, 2013. Structural and functional brain changes related to different types of physical activity across the life span[J]. Neuroscience & biobehavioral reviews, 37(9):2268-2295.

VOGELEY K, et al., 2004. Neural correlates of first-person perspective as one constituent of human self-consciousness[J]. Journal of cognitive neuroscience, 16(5):817-827.

VOGT B A, LAUREYS S, 2005. Posterior cingulate, precuneal and retrosplenial cortices: Cytology and components of the neural network correlates of consciousness[J]. Progress in brain research, 150:205-217.

WACKER J, et al., 2006. Investigating the dopaminergic basis of extraversion in humans: A multilevel approach[J]. Journal of Personality and Social Psychology, 91(1):171-187.

WAGER T D, et al., 2008. Prefrontal-subcortical pathways mediating successful emotion regulation[J]. Neuron, 59(6):1037-1050.

WAGNILD G M, YOUNG H M. 1993. Development and psychometric[J]. Journal of Nursing Measurement, 1(2):165-17847.

WALACH H, et al., 2006. Measuring mindfulness: The Freiburg mindfulness inventory(FMI)[J]. Personality and Individual Differences, 40(8), 1543-1555.

WANG L, et al., 2012. Amplitude of low-frequency oscillations in first-episode, treatment - naive patients with major depressive disorder: A resting-state functional MRI study[J]. PloS one, 7(10):e48658.

WANG L, et al., 2010. Psychometric properties of the 10-item Connor - Davidson Resilience Scale in Chinese earthquake victims[J]. Psychiatry and Clinical Neurosciences,64(5):499-504.

WANG P,et al.,2017a. Effect of transcranial direct current stimulation of the medial prefrontal cortex on the gratitude of individuals with heterogeneous ability in an experimental labor market[J]. Frontiers in behavioral neuroscience,11:217.

WANG S,et al.,2017b. Hope and the brain:Trait hope mediates the protective role of medial orbitofrontal cortex spontaneous activity against anxiety [J]. Neuroimage,157:439-447.

WANG S,et al.,2018. The optimistic brain:Trait optimism mediates the influence of resting-state brain activity and connectivity on anxiety in late adolescence[J]. Human brain mapping,39(10):3943-3955.

WANG S,et al.,2020. Neurostructural correlates of hope:Dispositional hope mediates the impact of the SMA gray matter volume on subjective well-being in late adolescence[J]. Social cognitive and affective neuroscience,15(4):395-404.

WANG Y,KONG F,2014. The role of emotional intelligence in the impact of mindfulness on life satisfaction and mental distress[J]. Social indicators research,116(3):843-852.

WARD J,2015. The student's guide to social neuroscience[M]. New York: Psychology Press.

WATKINS P C,et al.,2003. Gratitude and happiness:Development of a measure of gratitude, and relationships with subjective well-being[J]. Social behavior and personality,31(5):431-451.

WATSON D,et al.,1988. Development and validation of brief measures of positive and negative affect:the PANAS scales[J]. Journal of personality and social psychology,54(6):1063-1070.

WAUGH C E, et al. ,2011. Flexible emotional responsiveness in trait resilience[J]. Emotion,11(5):1059 – 1067.

WAUGH C E, et al. ,2008. The neural correlates of trait resilience when anticipating and recovering from threat[J]. Social cognitive and affective neuroscience,3(4):322 – 332.

WAY B M, et al. ,2010. Dispositional mindfulness and depressive symptomatology:Correlations with limbic and self-referential neural activity during rest[J]. Emotion,10(1):12 – 24.

WEISS A, et al. ,2008. Happiness is a personal(ity) thing:The genetics of personality and well-being in a representative sample[J]. Psychological science,19(3):205 – 210.

WELBORN B L, et al. ,2009. Variation in orbitofrontal cortex volume:Relation to sex,emotion regulation and affect[J]. Social cognitive and affective neuroscience,4(4):328 – 339.

WERNER S,2012. Subjective well-being,hope,and needs of individuals with serious mental illness[J]. Psychiatry research,196(2 – 3):214 – 219.

WHALEN P J, et al. ,1998. Masked presentations of emotional facial expressions modulate amygdala activity without explicit knowledge[J]. Journal of neuroscience,18(1):411 – 418.

WHITTLE S, et al. ,2009. Variations in cortical folding patterns are related to individual differences in temperament[J]. Psychiatry research:neuroimaging,172(1):68 – 74.

WIESE C W, et al. ,2018. Too much of a good thing? Exploring the inverted-U relationship between self-control and happiness[J]. Journal of personality,86(3):380 – 396.

WILLIAMS L M, et al. ,2006. The mellow years?:Neural basis of improving emotional stability over age[J]. Journal of neuroscience,26(24):6422 –

6430.

WILLOCH F, et al. ,2003. Analgesia by electrostimulation of the trigeminal ganglion in patients with trigeminopathic pain:A PET activation study [J]. Pain,103(1-2):119-130.

WILSON W R. 1967,Correlates of avowed happiness[J]. Psychological Bulletin,67(4):294-306.

WINDLE G. 2011. What is resilience?:A review and concept analysis[J]. Reviews in Clinical Gerontology,21(2):152-169.

WINDLE G,et al. ,2011. A methodological review of resilience measurement scales[J]. Health and Quality of Life Outcomes,9(1):1-18.

WINECOFF A,et al. ,2013. Ventromedial prefrontal cortex encodes emotional value[J]. Journal of neuroscience,33(27):11032-11039.

WONG C-S,LAW K S,2002. The effects of leader and follwer emotional intelligence on performance and attitude:An exploratory study[J]. Leadership quarterly,13(3):243-243.

WONG S S,LIM T,2009. Hope versus optimism in Singaporean adolescents: Contributions to depression and life satisfaction[J]. Personality and individual differences,46(5-6):648-652.

WOOD A M,et al. ,2010. Gratitude and well-being:A review and theoretical integration[J]. Clinical psychology review,30(7):890-905.

WOOD A M, et al. ,2009. Gratitude predicts psychological well-being above the Big Five facets[J]. Personality and individual differences,46(4): 443-447.

WOOD A M, et al. ,2008. The role of gratitude in the development of social support,stress, and depression:Two longitudinal studies[J]. Journal of research in personality,42(4):854-871.

WROSCH C,SCHEIER M F,2003. Personality and quality of life:The importance of optimism and goal adjustment[J]. Quality of life research, 12(1):59-72.

WU J, et al., 2015. The neural correlates of optimistic and depressive tendencies of self-evaluations and resting-state default mode network[J]. Frontiers in human neuroscience(9):618.

WU T, et al., 2019. Anterior insular cortex is a bottleneck of cognitive control[J]. Neuroimage, 195:490-504.

XIANG G, et al., 2021. Goal setting and attaining: Neural correlates of positive coping style and hope[J]. Psychophysiology, 58(10):e13887.

XIANG Y, et al., 2017. Examining brain structures associated with dispositional envy and the mediation role of emotional intelligence[J]. Scientific reports, 7(1):1-8.

XU J, ROBERTS R E. 2010. The power of positive emotions: it's a matter of life or death: Subjective well-being and longevity over 28 years in a general population[J]. Health psychology, 29(1):9-19.

XU K, et al., 2014. Amplitude of low-frequency fluctuations in bipolar disorder: A resting state fMRI study[J]. Journal of Affective Disorders, 152:237-242.

XU T, et al., 2021a. Neural basis responsible for self-control association with procrastination: Right MFC and bilateral OFC functional connectivity with left dlPFC[J]. Journal of research in personality, 91:104064.

XU X, et al., 2021b. Are emotionally intelligent people happier? A meta-analysis of the relationship between emotional intelligence and subjective well-being using Chinese samples[J]. Asian journal of social psychology, 24(4):477-498.

YAN W, et al., 2021. Subjective family socioeconomic status and life satisfaction in Chinese adolescents: The mediating role of self-esteem and social support[J]. Youth & Society,53(7):1047-1065.

YAN W,et al.,2022a. How is Subjective Family Socioeconomic Status Related to Life Satisfaction in Chinese Adolescents? The Mediating Role of Resilience,Self-Esteem and Hope[J]. Child indicators research,1-17.

YAN W,et al.,2022b. Associations of family subjective socioeconomic status with hedonic and eudaimonic well-being in emerging adulthood:A daily diary study[J]. Social Science & Medicine,298:114867.

YAN X,et al.,2013. Spontaneous brain activity in combat related PTSD[J]. Neuroscience Letters,547:1-5.

YANG H,et al.,2011. Abnormal spontaneous brain activity in medication-naive ADHD children:A resting state fMRI study[J]. Neuroscience letters,502(2):89-93.

YANG J,et al.,2014. Self-esteem modulates dorsal medial prefrontal cortical response to self-positivity bias in implicit self-relevant processing[J]. Social cognitive and affective neuroscience,9(11):1814-1818.

YANG J,et al.,2013. Gray matter correlates of dispositional optimism:A voxel-based morphometry study[J]. Neuroscience letters,553:201-205.

YANG K,et al.,2021. Longitudinal relationship between trait gratitude and subjective well-being in adolescents:Evidence from the bi-factor model[J]. The journal of positive psychology,16(6):802-810.

YARCHESKI A,et al.,2001. Social support and well-being in early adolescents:The role of mediating variables[J]. Clinical nursing research,10(2):163-181.

YE J,et al.,2019. Sequential mediating effects of provided and received social support on trait emotional intelligence and subjective happiness:A longitudinal examination in Hong Kong Chinese university students[J]. International journal of psychology,54(4):478-486.

YE S, et al. , 2012. A cross-lagged model of self-esteem and life satisfaction: Gender differences among Chinese university students[J]. Personality and individual differences, 52(4):546-551.

YEUNG D Y, et al. , 2015. Attention to positive information mediates the relationship between hope and psychosocial well-being of adolescents[J]. Journal of adolescence, 42:98-102.

YIN Y, et al. , 2011. Abnormal baseline brain activity in posttraumatic stress disorder: a resting-state functional magnetic resonance imaging study[J]. Neuroscience letters, 498(3):185-189.

YOUSSEF C M, LUTHANS F. 2007. Positive organizational behavior in the workplace: The impact of hope, optimism, and resilience[J]. Journal of management, 33(5):774-800.

YU H, et al. , 2017. Neural substrates and social consequences of interpersonal gratitude: Intention matters[J]. Emotion, 17(4):589-601.

YU H, et al. , 2018. Decomposing gratitude: representation and integration of cognitive antecedents of gratitude in the brain[J]. Journal of neuroscience, 38(21):4886-4898.

YU R, et al. , 2014. Frequency-specific alternations in the amplitude of low-frequency fluctuations in schizophrenia[J]. Human brain mapping, 35(2):627-637.

YU X, ZHANG J. 2007. Factor analysis and psychometric evaluation of the Connor-Davidson Resilience Scale (CD-RISC) with Chinese people[J]. Social behavior and personality, 35(1):19-30.

YUAN K, et al. , 2013. Amplitude of low frequency fluctuation abnormalities in adolescents with online gaming addiction[J]. PloS one, 8(11):e78708.

ZAHN R, et al. , 2014. Individual differences in posterior cortical volume correlate with proneness to pride and gratitude[J]. Social cognitive and affective neuroscience,9(11):1676 – 1683.

ZAHN R,et al. ,2009. The neural basis of human social values:Evidence from functional MRI[J]. Cerebral cortex,19(2):276 – 283.

ZANG Y,et al. ,2004. Regional homogeneity approach to fMRI data analysis [J]. Neuroimage,22(1):394 – 400.

ZARATE K,et al. ,2019. Meta-analysis of mindfulness training on teacher well-being[J]. Psychology in the schools,56(10):1700 – 1715.

ZATZICK D F,et al. ,1997. Posttraumatic stress disorder and functioning and quality of life outcomes in a nationally representative sample of male Vietnam veterans[J]. American journal of psychiatry,154(12):1690 – 1695.

ZAUTRA A J,et al. ,2008. Comparison of cognitive behavioral and mindfulness meditation interventions on adaptation to rheumatoid arthritis for patients with and without history of recurrent depression[J]. Journal of consulting and clinical psychology,76(3):408 – 421.

ZAUTRA A J,et al. ,2005. Positive affect as a source of resilience for women in chronic pain [J]. Journal of consulting and clinical psychology,73(2):212 – 220.

ZEIDAN F,et al. ,2011. Brain mechanisms supporting the modulation of pain by mindfulness meditation[J]. Journal of neuroscience,31(14):5540 – 5548.

ZEIDNER M,MATTHEWS G,2016. Ability emotional intelligence and mental health:Social support as a mediator[J]. Personality and individual differences,99:196 – 199.

ZHANG H,et al. ,2016. Brain gray matter alterations in first episodes of depression:A meta-analysis of whole-brain studies [ J ]. Neuroscience & biobehavioral reviews,60:43 – 50.

ZHANG J, et al. ,2013. Specific frequency band of amplitude low-frequency fluctuation predicts Parkinson's disease[J]. Behavioural Brain Research, 252:18 – 23.

ZHOU Y, et al. ,2014. Characterization of thalamo-cortical association using amplitude and connectivity of functional MRI in mild traumatic brain injury[J]. Journal of magnetic resonance imaging,39(6):1558 – 1568.

ZILBOVICIUS M, et al. ,2006. Autism, the superior temporal sulcus and social perception[J]. Trends in neurosciences,29(7):359 – 366.

ZOU Q, et al. ,2013. Intrinsic resting-state activity predicts working memory brain activation and behavioral performance[J]. Human brain mapping, 34(12):3204 – 3215.

ZOU Q – H, et al. ,2008. An improved approach to detection of amplitude of low-frequency fluctuation (ALFF) for resting-state fMRI: Fractional ALFF[J]. Journal of neuroscience methods,172(1):137 – 141.

ZUO X – N, et al. ,2010. The oscillating brain: Complex and reliable[J]. Neuroimage,49(2):1432 – 1445.